图解建设工程细部
施工做法系列图书

蒋耿民　编著

图解 建筑水暖电工程
现场细部施工做法 　（第二版）

U0243664

化学工业出版社

·北　京·

内 容 简 介

本书以"示意图和现场图、注意事项、施工做法详解、施工总结"四大步骤为主线，以建筑水暖电工程中一个个现场细节做法为基本内容，并对大部分的细节做法都配有示意图、现场施工图片、每个施工细节操作的注意事项、精炼的施工做法以及施工重点内容的总结，从而将施工规范、设计做法、实际效果三者很好地结合在一起，让很多从事现场施工不久的技术人员能够看得懂、有具体认知、能够参照指导施工。本书在第一版的基础上对相关施工细节做法进行了补充（增加大量的示意图、施工现场图），使得内容更加全面。同时本书还增加了重点施工做法的现场操作视频，更有利于读者对内容的理解。

本书可供从事建筑水、暖、电施工的技术员、施工管理人员以及大中专院校相关专业师生参考。

图书在版编目（CIP）数据

图解建筑水暖电工程现场细部施工做法/蒋耿民编著. —2 版. —北京：化学工业出版社，2022.12
（图解建设工程细部施工做法系列图书）
ISBN 978-7-122-42265-1

Ⅰ.①图… Ⅱ.①蒋… Ⅲ.①给排水系统-建筑安装-工程施工-图解②采暖设备-建筑安装-工程施工-图解③电气设备-建筑安装-工程施工-图解 Ⅳ.①TU821-64②TU83-64

中国版本图书馆 CIP 数据核字（2022）第 178366 号

责任编辑：彭明兰	文字编辑：邹　宁
责任校对：杜杏然	装帧设计：史利平

出版发行：化学工业出版社（北京市东城区青年湖南街 13 号　邮政编码 100011）
印　　装：三河市双峰印刷装订有限公司
787mm×1092mm　1/16　印张 18　字数 440 千字　2023 年 4 月北京第 2 版第 1 次印刷

购书咨询：010-64518888　　　　　　　售后服务：010-64518899
网　　址：http://www.cip.com.cn
凡购买本书，如有缺损质量问题，本社销售中心负责调换。

定　　价：78.00 元

第二版前言

随着我国建筑行业的快速发展，土建工程领域出现了许多新理论、新技术、新材料，标准和规范也在不断更新，每一位施工人员的技术水平、处理现场突发事故的能力直接关系着现场工程施工的质量、成本、安全以及工程项目的进度，这就对工程建设现场施工人员和管理技术人员提出了更高的要求。土建施工员是完成土建施工任务最基层的技术管理人员，更是施工现场生产一线的组织者和管理者，因此，对他们的施工技术水平和管理能力要求也较高。为了满足广大现场施工人员的实际需求，编者根据自己现场多年的实践经验进行总结，编写了本书。

本书以"示意图和施工现场图、注意事项、施工做法详解、施工总结"这四个步骤为主线，对建筑工程现场的水、暖、电工程细部施工做法进行详细讲解。全书内容共分为 16 章，以土建现场水、暖、电施工技术为重点，详细介绍了水、暖、电工程的具体施工方法、施工总结以及施工注意事项等知识，具体包括室内给水系统安装、室内排水系统安装、室内热水供应系统安装、卫生器具安装、室内采暖系统安装、室外给水管网安装、室外排水管网安装、室外供热管网系统安装、供热锅炉及辅助设备安装、通风与空调安装、架空线路及杆上设备安装、变压器和箱式变电所安装、配电柜和低压电器设备安装、电缆敷设、室内配线工程、防雷及接地装置。同时，扫描前言中的二维码，还可以了解电梯安装相关内容。本书从建筑工程中水、暖、电工程施工现场出发，以一个个的工程现场细节做法为基本内容，并对大部分的细节做法都配有施工示意图、现场施工图片以及标准化的施工做法，从而将施工规范、设计做法、实际效果三者很好地结合在一起，让很多从事现场施工不久的技术人员也能够看得懂，并有一定的具体认知，具有很好的实际指导价值。

本书在编写过程中参考了有关文献和一些项目施工管理经验性文件，并且得到了许多专家和相关单位的关心与大力支持，在此表示衷心感谢。

由于编写时间和水平有限，尽管编者尽心尽力，反复推敲核实，但难免有疏漏及不妥之处，恳请广大读者批评指正，以便做进一步的修改和完善。

编著者

2022 年 10 月

电梯安装

扫码阅读文档

目录

第一节 ▶ 给水管道和附件安装

一、预留件及支架固定

1. 示意图和施工现场图

管道预留套管施工示意和施工现场分别见图 1-1 和图 1-2。

图 1-1　管道预留套管施工示意

图 1-2　管道预留套管施工现场

2. 注意事项

在混凝土楼板、梁、墙上预留孔、洞、槽和预埋件时应有专人按设计图纸测定管道及设备的位置、标高尺寸，标好孔洞的部位，将预制好的模盒、预埋铁件在绑扎钢筋前按标记固定牢，盒内塞入纸团等物，在浇筑混凝土过程中应有专人配合校对，看管模盒、埋件，以免移位。

3. 施工做法详解

工艺流程 ≫≫≫

预留件预制→测量定位→预留件安装→预留件校正→封堵孔洞看护→清理→结构板预留洞封堵。

（1）预留件预制

① 管道过楼板套管预制。先确定墙壁或楼板厚度，要充分考虑地面抹灰厚度，套管高度为：地面无防水要求的套管高出装饰后的地面20mm；地面有防水要求的套管高出装饰后的地面50mm。套管应选用比相应位置的管线外径大的焊接套管。

② 管道过墙处套管预制。必须先确定墙体厚度，套管长度为墙体厚度（包括墙体两侧抹面层）或做成可伸缩式套管。

③ 各种控制器箱暗装预埋件：用木板和木方钉成长方体（两侧最大面取消），中间用木方支撑，防止变形，厚度等于墙体（抹面层）厚度，高度和长度等于控制器箱尺寸各增加100mm。

（2）测量定位

① 过楼板孔洞定位。按图纸设计的管线位置确定套管位置。套管中心距墙的距离按等于套管外径或按图纸要求的距离预留，并使用经纬仪测定，保证上下层同一位置的套管处于同一垂线上。

② 过墙孔洞定位。按图纸设计的管线位置，用水准仪定出套管中心标高，用经纬仪测定同一轴线上的预留套管处于同一平行于某轴线的直线上。

③ 暗装控制箱定位。根据图纸设计确定控制箱位置，注意墙阴角处的控制箱距墙角距离应大于300mm。

（3）预留件安装 预留件安装按定位所标注的尺寸进行，要绑扎安装牢固，防止在对混凝土振捣和砌筑时移位变形（图1-3）。

（4）预留件校正 预留件安装完毕后，按测量定位所采用的方法重新测一遍，校正安装时所产生的误差以保证预留质量。

（5）封堵孔洞看护 在混凝土浇筑过程中，由于倾倒和浇筑混凝土易使预留孔洞所使用的预留件产生位移和变形。因此，应在混凝土浇筑或者在墙的封堵砌筑过程中，设专人看护预留件，产生位移和变形时应及时校正。

图1-3 预留套管安装

（6）清理

① 管道过楼板、过墙的预留洞清理：清除在浇筑混凝土或墙体砌筑过程中渗入到预留件内部的砂浆硬块，使预留套管内部清洁、光滑。

② 暗装控制器箱预留孔洞清理：在拆除模板或砌筑完成后，清除箱孔洞内的砂浆硬块，然后拆除预留时所安装的模板，并清理干净、分类堆放，以备以后使用。

（7）结构板预留洞封堵 管道安装完及套管安装完后，将洞口凿毛，清理干净后用清水清理干净，逐层浇筑混凝土，振捣密实，由土建施工人员做最后的饰面。

4. 施工总结

（1）预留预埋准备 施工前进行认真熟悉图纸，找出所有预埋预留点，并统一编号，在预留预埋图中标注清晰，以便于预留预埋，同时与其他专业沟通，仔细和图纸核对，避免日后安装冲突。

（2）加工制作预埋件 严格按图纸要求和标准图集制作各类穿墙套管。

（3）**穿楼板孔洞预留** 预留孔洞根据尺寸做好木盒子或钢套管，确定位置后预埋，并采用可靠的固定措施，防止其移位。预留预埋的孔洞各专业要及时复核，发现问题及时与有关单位进行沟通并改正。

（4）**穿墙套管安装** 土建专业在砌筑隔墙时，按专业施工图的标高、几何尺寸将套管置于隔墙中，用砌块找平后用砂浆固定。

（5）**混凝土结构套管安装** 主体结构钢筋绑扎好后，按照综合管线预留孔洞施工图的标高和几何尺寸找准位置，然后将套管置于钢筋中，焊接在钢筋网中，如果需气割钢筋安装的，安装后必须用加强筋加固，并做好套管的防堵工作。

二、管道的布置和敷设

1. 示意图和施工现场图

管道布置示意（部分）和管道井施工现场分别见图 1-4 和图 1-5。

图 1-4　管道布置示意（部分）

2. 注意事项

① 管道不得布置在遇水会引起燃烧、爆炸或损坏的原料、产品和设备上。

② 架空管道不得敷设在生产工艺或卫生有特殊要求的生产厂房以及食品和贵重商品仓库、通风小室和配电间内。

③ 管道不得穿过沉降缝、伸缩缝、烟道和风道，当条件限制必须穿过的时候，应采取相应的防护措施。

④ 管道不得布置在可能受重物压坏处，不得穿越生产设备基础。在特殊情况下，应与相关专业协商处理。

图 1-5　管道井施工现场

3. 施工做法详解

（1）**明装** 管道沿墙、梁、柱、地板或桁架敷设（图 1-6）。其优点是安装与维修方便、造价低；缺点是室内欠美观，夏天结露，管道表面积灰等。明装通常用于普通民用建筑和生产车间中。

（2）**暗装** 暗装是指管道敷设在地下室、吊顶、墙槽、地沟或管井内（图1-7）。其优点是不影响室内美观和整洁；缺点是安装复杂、维修不便、造价高。暗装适用于装饰和卫生标准要求高的建筑物中。

图1-6 管道沿墙敷设

图1-7 管道暗装敷设

管道暗装的要求如下。

① 给水管道暗装时，应遵守以下规定。

a. 水平干管应敷设在地下室、设备层、管廊、吊顶和管沟内。

b. 立管应敷设在管道竖井或竖向墙槽内。

c. 支管允许埋设在楼板面或地面垫层内，但铜管和聚丁烯（PB）管应设有套管。

d. 暗装管道阀门处应留有检修口，便于操作和检修。

e. 管道在适宜位置设法兰盘和检修门，以便维修或更换管道。

f. 管沟应设置更换管道的出入口装置。

② 给水管和其他管道共架敷设时，应符合下列要求。

a. 给水管应在冷冻水管、排水管的上面，热水管和蒸汽管的下面。

b. 管道与管道外壁（或保温层外壁）之间的最小间距为：管径不超过32mm时，不小于0.1m；管径超过32mm时，不小于0.15m。

c. 管道上的阀门不宜并列设置，若必须并列设置，则应满足下列规定：管径小于50mm时，外壁最小净距不小于0.25m；管径为50～150mm时，外壁最小净距不小于0.3mm。

d. 给水水平干管应有不小于0.002的坡度坡向泄水口。

e. 管沟内的管道应尽量单层布置。当采取双层或多层布置时，一般将管径小、阀门较多的管道放在上层。管沟应有与管道相同的坡度和防水、排水设施。

f. 管道在地沟内或沿墙等处敷设时，应按施工技术规范和设计要求，每隔一定距离设支、吊架加以固定。

4. 施工总结

① 管道应避免曲线偏置，当条件有限时，宜用乙字管或两个45°弯头连接。

② 管道穿过承重墙或基础处，应留预留口，且管顶上部净空不得小于建筑物的沉降量，一般不宜小于0.15m。

③ 高耸构筑物和构筑物高度在50m以上，或抗震设防烈度8度及8度以上地区的高层建筑，应在立管每隔两层设置伸缩接头。

三、给水干管安装

1. 示意图和施工现场图

给水干管安装施工示意和施工现场分别见图1-8和图1-9。

(a) 下分式给水　　　　　　(b) 上分式给水

图1-8　给水干管安装示意

2. 注意事项

① 埋地总管一般应坡向室外，以保证检查维修时能排尽管内余水。

② 对埋地镀锌钢管被破坏的镀锌表层及管螺纹露出部分的防腐，可采用涂铅油或防锈漆的方法；对于镀锌钢管大面积表面破损则应调换管体或与非镀锌钢管一样，按三油两布的方法进行防锈处理。

3. 施工做法详解

工艺流程

管道埋地敷设安装→管道架空安装→管道穿墙安装→自检和水压试验→防锈和验收。

图1-9　给水干管安装施工现场

（1）管道埋地敷设安装

① 按照设计图纸上的管道布置，确定标高并放线，经复核无误后，开挖管沟至设计要求深度。检查并贯通各预留孔洞。

② 安装一般从进水口处开始进行。总进水口端头封闭堵严以备试压用。管道应在预制后、安装前按设计要求做好防腐。

③ 把预制完的管道运到安装部位，按编号依次排开，从进水方向顺序依次安装。在挖好的管沟或房心土回填到管底标高处铺设管道时，干管安装前应清扫管膛。

④ 挖好工作坑，将预制好的管段徐徐放入管沟内（图1-10），总进水口及各甩口做好临时支撑。按施工图纸的坐标、标高找好位置和坡度以及各预留管口的方向和中心线，在合格的基础上铺设埋地管道，将管段接口相连。找平找直后，将管道固定。管道拐弯和始端处应支撑顶牢，防止连接时轴向移动，所有管口随时封堵好。

图 1-10　管道埋地敷设

图 1-11　给水铸铁管道安装

⑤ 给水铸铁管道安装（图 1-11）方法如下。

a. 在进行管道连接前，先将承口内侧插口及外侧端头的沥青除掉，承口朝来水方向顺序排列。连接的对口间隙应不小于 3mm。进行连接时要先清除承口内的污物。

b. 捻麻时将油麻绳拧成麻花状，用麻钎捻入承口内，一般捻两圈以上，约为承口深度的 1/3，使承口周围间隙保持均匀。将油麻捻实后进行捻灰，用强度等级 32.5 以上水泥加水拌匀（水灰比为 1∶9）。用捻凿将灰填入承口，随填随捣，填满后用手锤打实，直至将承口打满，灰口表面有光泽。承口捻完后应进行养护，用湿土覆盖或用麻绳等物缠住接口，定时浇水养护，一般养护 2～5d。

c. 采用青铅接口的给水铸铁管在承口油麻打实后，用定型卡箱或包有胶泥的麻绳紧贴承口，缝隙用胶泥抹严，用熔铅锅加热铅锭至 50℃ 左右（液面呈紫红颜色），水平管灌铅口位于上方，将熔铅缓慢灌入承口内，使空气排出。对于大管径管道，灌铅速度可适当加快，防止熔铅中途凝固。每个接口应一次灌满，凝固后立即拆除卡箍或泥模，用捻凿将铅口打实（铅接口也可采用捻铅条的方式）。

⑥ 镀锌钢管（给水钢塑复合管）安装方法如下。

a. 螺纹连接管道抹上铅油、缠好麻，从总进水口开始按水流方向用管钳根据编号依次上紧，螺纹外露 2～3 个螺距，不应采用沟槽及法兰连接。

b. 安装完后找直找正，复核甩口的位置、方向及变径无误。清除麻头，所有管口要加好临时丝堵。

⑦ 对湿陷性黄土、季节性冻土和膨胀性土地区，埋地管铺设应符合有关规范的规定。

⑧ 按照设计要求设置支墩（座），间距合理、牢固。管道及管道支墩（座）严禁铺设在冻土和未经处理的松土上。

⑨ 管道铺设好后，再将立管按室内地平线、坐标位置及轴线找好尺寸，接至规定高度，将预留管口装上临时丝堵。

⑩ 埋地管道安装完成后，按照施工图对铺设好的管道坐标、标高及预留管口尺寸进行自检，确认准确无误后应做水压试验。

⑪ 试验合格后，排净管道中积水并封堵各管口，并按照相应要求对管道进行防腐修补处理。

⑫ 对埋地管道进行隐检，并填写隐蔽工程验收记录，办理隐蔽工程验收手续。隐蔽验收合格后，配合土建填堵孔、洞，按规定回填土。

(2) **管道架空安装**（图1-12）

① 根据图纸要求检查确认预留孔洞、预埋套管的坐标、标高。

② 安装在管道设备层内的给水干管应根据设计要求做托、吊支架或砌砖墩架设。沟槽式连接（或卡套式连接）的管道应每段均设置管道支吊架，且与沟槽件的距离宜为300mm，必要部位应设置固定支架。

扫码观看视频

管道架空安装

图1-12　管道架空安装

③ 从总进水口开始，按水流方向将预制加工好的管段按照编号运放至相应的位置上，排列整齐。按照排列顺序依次、逐段吊至规定的标高、位置上，用钢丝等临时支承各管段。

④ 将吊装到位的管段按顺序依次连接牢固，各种管材的连接应符合相应的管材连接的要求。连接牢固，甩口准确、到位，朝向正确，角度合适。

⑤ 安装完后找直找正，复核甩口的位置、方向及变径无误。清除多余辅料，所有管口要加好临时封堵。

⑥ 管道水平安装时，应有2/1000～5/1000的坡度坡向泄水处，且管道坡度均匀。管道翻身处低点应设置泄水装置。对于热水系统，高点还应设有自动放风装置。

(3) **管道穿墙安装**　管道的穿墙处均按设计要求加好套管。管道穿人防密闭墙、人防密闭顶板处应设置刚性防水套管（图1-13）；地下室或地下构筑物外墙、水池外壁有管道穿过的应按设计要求设置防水套管。

图1-13　刚性防水套管

(4) **自检和水压试验**　管道安装完成后，按照施工图对安装好的管道坐标、标高、坡度及预留管口尺寸进行自检，确认准确无误后调整所有支吊架固定管道，并进行水压试验。

(5) **防锈和验收**　试验合格后对镀锌钢管或钢塑复合管外露螺纹和镀锌层破损处刷好防锈漆。对保温或在吊顶内等须隐蔽的管道进行隐检，并填写隐蔽工程验收记录，办理隐蔽工程验收手续。

4. 施工总结

(1) **水平净距**　给水引入管与排出管的水平净距不得小于1m；室内给水管与排水管平行敷设时，两管间的最小水平净距为500mm。

(2) **垂直敷设要求**　交叉敷设时，垂直净距150mm，给水管应敷设在排水管上方。如给水管必须敷设在排水管下方时应加套管，套管长度不应小于排水管径的3倍。

(3) **热补偿器的安装**　给水干管采用铜管、塑料管时以及热水系统干管敷设时，应按设计要求采取热补偿措施。安装补偿器必须按规定做好预拉伸。待管道固定卡件安装完毕后，除去预拉伸的支撑物，调整好坡度。

(4) **管道的连接**　公称直径≥100mm的镀锌管道可采用沟槽连接、焊接或法兰连接；

钢塑复合管可采用沟槽连接。当采用焊接或焊接法兰连接时，管道安装完应先做水压试验，无渗漏后编号再拆开法兰进行镀锌加工。加工镀锌的管道不得刷漆及污染，管道镀锌后按编号进行二次安装。

扫码观看视频
管道焊接

（5）**沿曲线敷设**　采用橡胶圈接口的管道允许沿曲线敷设，每个接口的最大偏转角不得超过 2°。承口环缝应均匀，橡胶圈应无扭曲变形。

（6）**配管和吊装**　沟槽、法兰连接每根配管长度不宜超过 6m，直管段可把几根连接在一起，使用捯链安装，但不宜过长。也可调直后编号，依次顺序吊装；吊装时，应先吊起管道一端，待稳定后再吊起另一端。

四、给水立管安装

1. 示意图和施工现场图

给水立管安装施工示意和施工现场分别见图 1-14 和图 1-15。

图 1-14　给水立管安装施工示意

图 1-15　给水立管安装施工现场

2. 注意事项

① 调直后管道上的配件若有松动，必须重新上紧。

② 上管要注意安全，且应保护好管端螺纹，不得碰坏。

③ 在管道安装过程中，管道未连接前应对接口处做临时封堵，以免污物进入管道。

3. 施工做法详解

工艺流程 >>>>>> ....

确定管道安装顺序→立管明（暗）装→热水立管安装→安装后进行自检。

① 根据工程现场实际情况，重新布置、合理安排管井内各种管道的排列，按图纸要求检查确认各层预留孔洞、预埋套管的坐标、标高。确定管井内各类管道的安装顺序。

② 按照确定的顺序，从干管甩口处开始向立管末端顺序安装。各种管材的连接应符合相应管材连接的要求，连接牢固，甩口准确、到位，朝向正确，角度合适。

③ 立管明装（图 1-16）：每层每趟立管从上至下统一吊线安装卡件，高度一致；竖井内立管安装时其卡件宜设置型钢卡架。将预制好的立管按编号分层排开，顺序安装，对好调直时的印记。校核预留甩口的高度、方向是否正确。支管甩口均加好临时丝堵。立管阀门安装朝向应便于操作和修理。安装完后用线坠吊直找正，配合土建堵好楼板洞。

④ 立管暗装：安装在墙内的立管应在结构施工中预留管槽。立管安装后吊直找正，校核预留甩口的高度、方向是否正确。准确无误后进行防腐处理并用卡件固定牢固。支管的甩

口应明露并加好临时丝堵。管道安装完毕应及时进行水压试验，试压合格后进行隐蔽工程检查，通过隐蔽工程验收后应配合土建填堵管槽。

⑤ 热水立管除应满足上述要求外，一般情况下立管与干管连接应采用2个弯头。

⑥ 给水立管上应安装可拆卸的连接件（例如：活接头、法兰等）。

⑦ 如设计要求立管采取热补偿措施，其安装同干管。

⑧ 管道安装完成后，按照施工图对安装好的管道坐标、标高、坡度及预留管口尺寸进行自检，确认准确无误后调整所有支吊架固定管道，并进行水压试验。

图1-16 立管明装施工现场

⑨ 试验合格后将镀锌钢管或钢塑复合管外露螺纹和镀锌层破损处刷好防锈漆。对保温或在吊顶内等须隐蔽的管道进行隐检，并填写隐蔽工程验收记录，办理隐蔽工程验收手续。

⑩ 管道的穿墙、穿楼板处均按设计要求加好套管，并做好封堵。

4. 施工总结

① 使用膨胀螺栓时，应先在安装支架的位置上用冲击电钻钻孔，孔的直径与螺栓外套外径相等，深度与螺栓长度相等。然后将套管套在螺栓上，带上螺母一起打入孔内，到螺母接触孔口时，用扳手拧紧螺母，使螺栓的锥形尾部将开口的套管尾部胀开，螺栓便和套管一起固定在孔内，这样就可以在螺栓上固定支架或管卡。

② 立管距墙不一致或半明半暗的原因：立管位置安排不当，安装时未吊线严格控制偏差，或隔断位移偏差太大。

③ 立管的套管向下层漏水的原因：套管露出地面高度不够，套管未按要求填堵严密，或地面抹灰太厚。

五、给水支管安装

1. 示意图和施工现场图

给水管管接头与支管的连接示意见图1-17，支管安装施工现场见图1-18。

图1-17 给水管管接头与支管的连接示意
1—O形橡胶圈；2—接头本体；
3—C形压紧环；4—螺帽

图1-18 支管安装施工现场

2. 注意事项

① 安装好的管道不得用作支撑或放脚手板，不得踏压，其支托卡架不得作为其他用途的受力点。

② 水表应有保护措施，为防止损坏，可统一在交工前装好。

③ 应注意避免管道镀锌层的破坏，压力案、套丝机或管钳日久失修，卡不住管道等都会导致破坏发生。

3. 施工做法详解

工艺流程

支管明（暗）装→热水支管安装→水表安装→阀门安装。

(1) 支管明（暗）装

① 将预制好的支管从立管甩口依次、逐段进行安装。支管穿墙处按规范要求做好套管。

② 设有截门的应将截门盖卸下再安装。设有水表的应先用与水表长度一样的短管替代安装，并按水表安装要求与墙面留出适当的距离，试压合格后在交工前拆下该连接管，安装水表。

③ 装有 3 个或 3 个以上配水点的支管始端，应安装可拆卸的连接件（例如：水表、活接头等）。

④ 支管明装：根据管道长度适当加好临时固定卡，核定不同卫生器具的冷热水预留口高度、位置是否正确、找平找正后用支管卡件固定，去掉临时固定卡，上好临时丝堵。

⑤ 支管暗装：确定支管高度后画线定位，剔出管槽，将预制好的支管敷在槽内，找平找正定位后用钩钉固定。卫生器具的冷热水预留口要做在明处，加好丝堵。

(2) 热水支管安装　冷、热水管道同时上、下平行安装时热水管应在冷水管上方；同时垂直平行安装时热水管应在冷水管左侧；支管预留口位置应为左热右冷。其余安装方法同冷水支管。

(3) 水表安装（图 1-19）　水表应安装在便于检修，不受曝晒、污染和受冻的地方。水表外壳距墙表面净距为 10～30mm，水表进水口中心标高应按设计要求，允许偏差为 ±10mm。水表下方设置表托架宜采用 25mm×25mm×3mm 的角钢制作，牢固、形式合理，与水表接触紧密。安装旋翼式水表时，表前与阀门应有不小于 8 倍水表接口直径的直线管段。

图 1-19　水表安装

(4) 阀门安装　阀门安装进出口方向正确，连接牢固、紧密，启闭灵活、有效，安装朝向合理，便于操作维修，表面洁净。成排安装时成排成线，标高一致。塑料给水管道中，阀门可采用配套产品，其阀门型号、承压能力必须满足设计要求，符合《生活饮用水卫生标准》（GB 5749—2022）的要求，构造应合理，连接牢固、严密，启闭灵活、有效，便于维修，必要时阀门的两端应设置固定支架，以免使得阀门扭矩作用在管道上。

4. 施工总结

① 支架位置应正确，木楔或砂浆不得凸出墙面。木楔孔洞不宜过大，在瓷砖或其他饰面的墙壁上打洞，要小心轻敲，尽可能避免破坏饰面。

② 支管口在同一方向开出的配水点管端，应在同一轴线上，以保证配水附件安装美观、整齐。

③ 支管安装完后，应最后检查所有的支架和管端，清除残丝和污物，并应随即用丝堵或管帽将各管口堵好，以防污物进入，并为冲水试压做好准备。

六、阀门安装

1. 示意图和施工现场图

阀门连接示意和阀门实例分别见图 1-20 和图 1-21。

图 1-20　阀门连接示意

图 1-21　阀门实例

2. 注意事项

① 阀门的手轮在安装时应卸下，交工前统一安装完好。

② 安装前应仔细检查，核对阀门的型号和规格是否符合设计要求。

③ 根据阀门的型号和出厂说明书，检查它们是否符合要求，并且按设计和规范规定进行试压，请甲方或监理验收，并填写试验记录。

④ 检查填料及压盖螺栓，必须有足够的节余量，并要检查阀杆是否转动灵活，有无卡涩现象和歪斜情况。法兰和螺栓连接的阀门应加以关闭。

⑤ 不允许安装不合格的阀门。

⑥ 在安装阀门时应根据管道介质的流向确定其安装方向。

3. 施工做法详解

工艺流程

进场材料检验→按安装顺序安装。

阀门安装：同本书第 10 页"给水支管安装"中"（4）阀门安装"的做法。

4. 施工总结

① 安装截止阀时，使介质自阀盘下面流向上面，简称"低进高出"。安装闸阀和旋塞时，允许介质从任意一端流入流出。

② 安装止回阀时，必须特别注意阀体上箭头的指向与介质流向应一致，才能保证阀盘能自由开启。对于升降式止回阀，应保证阀盘中心线与水平面相互垂直。对于旋启式止回阀，应保证其摇板的旋转枢轴水平。

③ 安装杠杆式安全阀和减压阀时，必须使阀盘中心线与水平面互相垂直，发现倾斜时应予以校正。

④ 安装法兰阀门时，应保证两法兰端面相互平行和同心。尤其是安装铸铁等材质较脆的阀门时，应避免因强力连接或受力不均引起的损坏。拧螺栓应对称或十字交叉进行。

⑤ 螺纹阀门应保证螺纹完整无缺，并按不同介质要求涂以密封填料物，拧紧时，必须用扳手咬牢拧入管道一端的六棱体上，以保证阀体不致被拧变形或损坏。

第二节 ▶ 室内消防栓系统安装

扫码观看视频

消防干管安装

一、消防干管安装

1. 示意图和施工现场图

室内消防供水系统示意和干管安装施工现场分别见图 1-22 和图 1-23。

图 1-22 室内消防供水系统示意
1—室内消火栓；2—消防立管；3—干管；4—消防水泵；
5—水泵接合器；6—安全阀

图 1-23 室内消防干管安装
施工现场

2. 注意事项

① 消防系统干管安装应根据设计要求使用管材，按压力要求选用碳素钢管或无缝钢管。当要求使用镀锌管件时（干管直径在 100mm 以上，无镀锌管件时采用法兰连接，试完压后做好标记，再拆下来镀锌），在镀锌加工前不得刷油和污染管道。需要拆装镀锌的管道应先安排施工。

② 干管用法兰连接，每根配管长度不宜超过 6m，直管段可把几根连接在一起，使用捯链安装，但不宜过长，也可调直后编号依次顺序吊装。吊起时，应先吊起管道一端，待稳定后再吊起另一端。

③ 管道连接紧固法兰时，检查法兰端面是否干净，采用 3～5mm 厚的橡胶垫片。法兰螺栓的规格应符合规定。紧固螺栓应先紧固最不利点，然后依次对称紧固。法兰接口应安装在易拆装的位置。

3. 施工做法详解

工艺流程 ▷▷▷▷

检查预留孔洞标高→吊支架安装→管道安装→安装后自检。

具体施工做法与本书第 5 页"三、给水干管安装"的做法基本相同。

4. 施工总结

① 配水干管、配水管应做红色或红色环圈标志。

② 管网在安装中断时，应将管道的敞口封闭。

③ 管道在焊接前应清除接口处的浮锈、污垢及油脂。

④ 不同管径的管道焊接：连接时如两管径相差不超过小管径的 7%，可将大管端部缩口与小管对焊；如果两管相差超过小管径 15%，应加工异径短管焊接。

⑤ 管道对口焊缝上不得开口焊接支管，焊口不得安装在支吊架位置上。

⑥ 管道穿墙处不得有接口（螺纹连接或焊接）。管道穿过伸缩缝处应有防冻措施。

⑦ 碳素钢管开口焊接时要错开焊缝，并使焊缝朝向易观察和维修的方向上。

⑧ 管道焊接时先焊三点以上，然后检查预留口位置、方向、变径等无误后，找直、找正，再焊接，紧固卡件，拆掉临时固定件。

二、消防立管安装

1. 示意图和施工现场图

消防立管穿混凝土基础示意和安装实例分别见图 1-24 和图 1-25。

图 1-24 消防立管穿混凝土基础示意

1—沥青麻油；2—黏土捣实；3—M5 水泥砂浆图

图 1-25 室内消防立管安装实例

2. 注意事项

① 消防系统施工完毕后，各部位的设备组件要有保护措施，防止碰动跑水，损坏装修成果。

② 消防管道安装与土建及其他管道发生矛盾时，不得私自拆改，要经过设计同意，办理变更洽商妥善解决。

3. 施工做法详解

施工工艺 ▶▶▶▶ ....

检查预留洞口标高→按安装顺序进行管道及配件安装→安装后进行自检。

① 根据工程现场实际情况，合理安排、重新布置管井内各种管道的排列，按图纸要求检查确认各层预留孔洞，预埋套管的坐标、标高。确定管井内各类管道的安装顺序。

② 按照确定的顺序，从干管甩口处开始向立管末端顺序安装。各种管材的连接应符合相应的管材连接要求，连接牢固，甩口准确、到位，朝向正确，角度合适。

③ 立管暗装在竖井内时，在管井内的预埋铁件上安装卡件固定（图 1-26），管底部的支架要牢固，防止立管下坠。立管明装时每层楼板要预留孔洞，立管可随结构穿入，以减少立管接口。

④ 每层每趟立管从上至下统一吊线安装卡件，高度一致；竖井内立管安装的卡件宜在管井口设置型钢。将预制好的立管按编号分层排开，顺序安装，对好调直时的印记。校核预

图 1-26 立管安装卡件固定

留甩口的高度、方向是否正确。支管甩口均加好临时丝堵。立管阀门安装朝向应便于操作和修理。安装完后用线坠吊直找正，配合土建堵好楼板洞。

⑤ 管道的穿墙、穿楼板处均按设计要求加好套管，并做好封堵。

⑥ 管道安装完成后，依据各楼层的标准线，按照施工图对安装好的管道坐标、标高、坡度及预留管口尺寸进行自检，确认准确无误后调整所有支吊架固定管道。

4. 施工总结

① 立管暗装在竖井内时，在管井内的预埋铁件上安装卡件固定，立管底部的支吊架要牢固，防止立管下坠。

② 立管明装时每层楼板要预留孔洞，立管可随结构穿入，以减少立管接口。

三、支管安装

1. 示意图和施工现场图

管道支吊架安装示意和施工现场分别见图 1-27 和图 1-28。

图 1-27　管道支吊架安装示意

图 1-28　消防栓支管安装施工现场

2. 注意事项

① 需要加工镀锌的管道应在其他管道未安装前试压、拆除、镀锌后再进行二次安装。

② 消防栓箱体要符合设计要求（其材质有木、铁和铝合金等），栓阀有单出口和双出口双控等。产品均应有消防部门的制造许可证及合格证。

3. 施工做法详解

施工工艺流程 ▶▶▶▶▶ ⋯⋯⋯⋯⋯⋯⋯⋯⋯⋯⋯⋯⋯⋯⋯⋯⋯⋯⋯⋯⋯⋯⋯⋯⋯

干管安装→支管安装。

① 先安装分层干管。各管道的分支预留口在吊装前应先预制好，所有预留口均加好临时堵头，调直后核对预留口位置确定无误后，从立管的甩口处依次、分级进行分层干管、支

管吊装。

② 各级支管起吊后，装配前必须用小线拉线，找正找直预留口的位置，不合适的及时调整。

③ 走廊吊顶内、车库的管道安装要与通风道的位置协调好。

④ 不同管径喷洒管道连接不宜采用补心，应采用异径管箍；弯头上不得用补心，应采用异径弯头。三通上最多用一个补心，四通上最多用两个补心。

⑤ 分支上的水流指示器后不得连接其他用水设施，每路分支均应设置测压装置。

⑥ 管道穿过建筑物的变形缝时，应设置柔性短管。穿过墙体应加设套管，套管长度不得小于墙体厚度，套管与管道的间隙应采用不可燃烧的材料填塞密实。

4. 施工总结

① 消防栓支管要以栓阀的坐标、标高定位甩口，核定后再稳固消防栓箱，箱体找正稳固后再把栓阀安装好。栓阀侧装在箱内时应在箱门开启的一侧，箱门开启应灵活。

② 向上洒的喷洒头有条件的可与分支干管顺序安装好。其他管道安装完后不宜操作的位置应先安装好向上喷的喷洒头。

四、喷淋头及灭火系统安装

1. 示意图和施工现场图

室内消防系统喷淋头示意和施工现场分别见图 1-29 和图 1-30。

图 1-29　室内消防系统喷淋头示意
1—顶板；2—直立式喷头；3—下垂式喷头；4—孔管

图 1-30　喷淋头施工现场

2. 注意事项

① 消防系统施工完毕后，各部位的设备组件要有保护措施，防止碰动跑水，损坏装修成品。

② 报警阀配件、消防栓箱内附件、各部位的仪表等均应加强管理，防止丢失和损坏。

③ 喷头安装时不得污染和损坏吊顶装饰面。

④ 喷头安装完毕应采取有效措施防止被磕碰损坏或者接触明火等高温物体。

⑤ 应注意喷头处是否有渗漏现象。渗漏原因可能为系统尚未进行压力试验就封闭吊顶，造成通水后渗漏。

⑥ 喷头安装后、封吊顶前必须经系统试压，并办理隐蔽工程验收手续。

3. 施工做法详解

施工工艺 ▶▶▶▶ ···

喷头支管安装→喷头安装→管网系统组件安装→消防栓及箱、支管安装→消防栓配件安装→施工试验与验收。

（1）喷头支管安装

① 指安装喷头的末端一段支管，这段管不能与分支干管同时按顺序完成。

② 喷头安装（图 1-31）在吊顶上的要与吊顶装修同步进行。吊顶龙骨装完，根据吊顶

材料厚度定出喷头的预留口标高，按吊顶装修图确定喷头的坐标，使支管预留口做到位置准确。非安装在吊顶上的喷头的支管应用吊线安装，下料必须准确，保证安装后喷头支立管垂直向上或向下，且喷头横竖成线。

③ 喷头管管径一律为 25mm，末端用 25mm×15mm 的异径管箍连接喷头，管箍口应与吊顶装修层平齐，可采用拉网格

图 1-31　喷头安装

线的方式下料、安装。支管末端的弯头处 100mm 以内应加卡件固定，防止喷头与吊顶接触不牢，上下错动。支管装完毕，管箍口须用丝堵拧紧封堵严密，准备系统试压。

（2）喷头安装

① 检查喷头的规格、类型、动作温度符合设计要求。核查各甩口位置准确，甩口中心成排成线。

② 使用特制专用扳手（灯叉型）安装喷头，填料宜采用聚四氟乙烯带。喷头的两翼方向应成排统一安装，走廊单排的喷头两翼应横向安装。护口盘要贴紧吊顶，人员能触及的部位应安装喷头防护罩。安装过程中不得损坏和污染吊顶。

③ 喷头的排布、保护面积、喷头间距及距墙、柱的距离应符合设计或规范要求。水幕喷头安装应注意朝向被保护对象，在同一配水支管上应安装相同口径的水幕喷头。

（3）管网系统组件安装

① 报警阀组（图 1-32）安装：应设在明显、易于操作的位置，距地高度宜为 1m 左右。报警阀处地面应有排水措施，环境温度不应低于 5℃。报警阀组应按产品说明书和设计要求安装，控制阀应有启闭指示装置，并使阀门工作处于常开状态。

图 1-32　报警阀组

图 1-33　水流指示器

② 水流指示器（图 1-33）安装：一般安装在每层的水平分支干管或某区域的分支干管上。应水平立装，倾斜度不宜过大，保证叶片活动灵敏，水流指示器前后应保持有 5 倍安装

管径长度的直管段，安装时注意水流方向与指示器的箭头一致。国内产品可直接安装在螺纹三通上，进口产品可在干管开口用定型卡箍紧固。水流指示器适用于在直径为 50～150mm 的管道上安装。

③ 节流装置安装：在高层消防系统中，为防止低层的喷头和消防栓流量过大，可采用减压孔板或节流管等装置均衡。减压孔板应设置在直径不小于 50mm 的水平管段上，孔口直径不应小于安装管段直径的 50%，孔板应安装在水流转弯处下游一侧的直管段上，与弯管的距离不应小于设置管段直径的两倍。采用节流管时，其长度不宜小于 1m。

④ 水泵接合器（图 1-34）安装：规格应根据设计选定，其安装位置应有明显标志，阀门位置应便于操作，接合器附近不得有障碍物。安全阀应按系统工作压力定压，防止消防车加压过高破坏室内管网及部件，接合器应装有泄水阀。

⑤ 报警阀配件安装：在交工前进行，延迟器安装在闭式喷头动喷水灭火系统上，是防止误报警的设施。可按说明书及组装图安装，应装在报警阀与水力警铃之间的信号管道上。水力警铃安装在报警阀附近，与报警阀连接的管道应采用镀锌钢管。

图 1-34　水泵接合器

（4）消防栓及箱、支管安装

① 安装消防栓支管，核定栓阀的坐标、标高定位、甩口后稳固消防栓箱。

② 对于暗装的消防栓箱应先核实预留孔洞的位置、尺寸大小，不合适的应进行修正；然后把消防栓箱预放入孔洞内，无误后用专用机具在消防栓箱上管道穿越的地方开孔，如箱体预留有穿越孔则应把该孔内铁片敲落，开孔大小合适，且应保证管道居中穿越；确定位置无误后进行稳装，先用砖石固定消防栓箱，位置准确、箱体平整牢固，安装好消防栓支管后协调土建填实封闭孔洞。

③ 对于明装的消防栓箱（图 1-35），先在箱体背面四角适当的位置上用专用工具开螺栓孔，孔应大小适宜；然后用专用机具在消防栓箱上管道穿越的地方开孔，如箱体预留有穿越孔，则应把该孔内的铁片敲落，开孔大小应合适；确定消防栓箱的安装位置，保证安装后箱体平正牢固，穿越管道居中；在墙体（可用膨胀螺栓）或支架（可采用焊接或打孔）的对应位置上安装固定螺栓，位置正确、牢固。稳装消防栓箱，消防栓箱体安装在轻质隔墙上时，应有加固措施。

图 1-35　消防栓箱明装

④ 箱体找正稳固后再把栓阀安装好，消防栓阀栓口朝外，在箱内一侧安装时应安装在箱门开启的一侧，开启灵活。

⑤ 封堵消防栓支管穿越箱体处的孔洞与箱体吻合无明显缝隙，平滑，色泽应与箱体一致。

⑥ 工程竣工安放消防栓配件前安装消防栓箱框、门，箱门开闭灵活，门框接触紧密无明显缝隙，平正牢固。

（5）消防栓配件安装

① 在交工前进行，消防水龙带应折好放在挂架、托盘、支架上或采用双头盘带的方式卷实、盘紧放在箱内，消防水枪要竖放在箱体内侧，自救式水枪和软管应放在挂卡上或放在箱底部。

② 消防水龙带与水枪快速接头的连接，一般是使用卡箍，并在里侧绑扎两道 14 号钢丝。

③ 设有电控按钮时，应注意与电气专业配合施工。

（6）施工试验与验收

① 管道系统强度及严密性试验内容如下。

a. 管道系统强度及严密性试验（水压试验）可分层、分区、分段进行。埋地、吊顶内、保温等暗装管道在隐蔽前应做好单项水压试验。管道系统安装完后进行综合水压试验。

b. 向管道内进水时最高点要有排气装置。试验部位的最高、最低点应各装一块压力表，精度不应低于 1.5 级，量程应为试验压力值的 1.5～2 倍。上满水后检查管路有无渗漏，如有法兰、阀门、卡箍等处渗漏，应在加压前紧固；升压后出现渗漏的部位应做好标记，在卸压后处理，必要时泄水处理。

c. 有吊顶的部位的自动喷洒灭火系统应在封吊顶前进行系统试压，为了不影响吊顶装修进度，可分层分段试压，试压完后冲洗管道，合格后可封闭吊顶。封闭吊顶时应把吊顶材料在管箍口处开一个 30mm 的孔，把预留口露出，吊顶装修完后把丝堵卸下安装喷头。试压合格后及时办理验收手续。

② 管道冲洗：管道系统试压完毕后、安装喷头前应对管网进行冲洗，冲洗可与试压连续进行。冲洗的水流流速、流量不应小于系统设计流速、流量。管网冲洗应连续进行，冲洗前先将系统中的流量减压孔板、过滤装置拆除，冲洗水质合格后重新装好，冲洗出的水要有排放去向，不得损坏其他成品。

③ 室内消防栓系统安装完成后，应在屋顶层（或水箱间内）取试验消防栓一处、在首层取消防栓二处做实地试射试验，栓口压力、充实水柱、水枪喷射距离等均达到设计要求为合格。

④ 消防系统通水调试应达到消防部门测试规定条件。消防水泵应接通电源并已试运转，测试最不利点的喷头和消防栓的压力和流量能满足设计要求。消防栓系统调试应具备下列条件。

a. 消防水池、消防水箱已具备有设计水量。

b. 系统供电正常；消防给水设备单机试车已完毕并符合设计要求。

c. 消防栓系统管网内已充满水；压力符合设计要求；全部系统部件均无泄漏现象。与系统配套的火灾自动报警装置处于准工作状态。

⑤ 消防栓系统调试：消防栓（箱）设置位置应符合消防验收要求，标志明显，消防栓水带取用方便，消防栓开启灵活无渗漏。开启消防栓系统最高点与最低点的消防栓，进行消防栓喷射试验，当消防栓栓口喷水时，信号能及时传送至消防中心并启动系统水泵，消防栓栓口压力＞0.5MPa，水枪的充实水柱应符合设计及验收规范要求。且按下消防按钮后消防水泵准确动作。

⑥ 喷洒系统调试：启动最不利点的一支喷头或打开末端试水装置处阀门以 0.94～1.5L/s 的流量放水，水流指示器、压力开关、水力警铃和消防水泵等及时动作，并发出准

确的信号。

4. 施工总结

(1) 喷洒管道支吊架要求 喷洒管道支吊架安装应符合设计要求，无明确规定时应遵照以下原则安装。

① 支吊架的位置以不妨碍喷头喷洒效果为原则。一般吊架距喷头应大于 300mm，对圆钢吊架可小到 70mm，与末端喷头之间的距离不大于 750mm。

② 直管段，相邻两喷头之间的吊架不得少于 1 个，喷头之间距离小于 1.8m 时，可隔段设置吊架，但吊架的间距不大于 3.6m。

③ 为防止喷头喷水时管道产生大幅度晃动，干管、立管、支管末端均应加防晃固定支架。干管或分层干管可设在直管段中间，距主管及末端不宜超过 12m。管道改变方向时，应增设防晃支架。

④ 防晃固定支架应能承受管道、零件、阀门及管内水的总重量和 50% 水平方向推动力而不损坏或产生永久变形。立管要设两个方向的防晃固定支架。

(2) 干式（预作用式）自动喷水灭火系统使用及安装要求 一般在无采暖设施或环境温度高于 70℃ 的区域，应采用干式或预作用式自动喷水灭火系统。干式或预作用式自动喷水灭火系统未装喷头前，应做好试压、冲洗工作。对于带压管道还应进行气压试验，有条件应用空压机吹扫管道。

(3) 喷头安装要求

① 喷淋头安装时，不得对喷头进行拆装、改动，并严禁给喷头附加任何装饰性涂层。

② 喷头安装时应使用专用扳手，严禁利用喷头的框架施拧；喷头的框架、溅水盘产生变形或释放元件损伤时，应采用规格、型号相同的喷头更换。

③ 安装在易受机械损伤处的喷头，应加设喷头防护罩。

④ 当喷头的公称直径小于 10mm 时，应在配水干管或配水管上安装过滤器。

第三节 ▶ 给水设备安装

一、水箱安装

1. 示意图和现场施工图

水箱安装施工示意和施工现场分别见图 1-36 和图 1-37。

图 1-36 水箱安装施工示意

图 1-37 水箱安装施工现场

2. 注意事项

① 验收基础，并填写"设备基础验收记录"。

② 做好设备检查，并写"设备开箱记录"。水箱如在现场制作，应按设计图纸或标准图进行。

③ 设备吊装就位，进行校平找正工作。

3. 施工做法详解

工艺流程 ≫≫≫≫≫

水箱箱体安装→水箱配管→水箱管道连接。

(1) 水箱箱体安装

① 水箱的安装高度：水箱的安装高度与建筑物高度、配水管道长度、管径及设计流量有关。水箱的安装高度应满足建筑物内最不利配水点所需的流出水头，并经管道的水力计算确定。根据构造上的要求，水箱底距顶层板面的最小高度不得小于 0.4m。

② 水箱间的布置：水箱间的净高不得低于 2.2m，采光、通风应良好，保证不冻结，如有冻结危险时，要采取保温措施。水箱的承重结构应为非燃烧材料。水箱应加盖，不允许被污染。

③ 托盘安装：有的水箱设置在托盘上。托盘一般用木板制作（50～65mm 厚）。外包镀锌铁皮，并刷防锈漆两道。周边高出 60～100mm，边长（或直径）比水箱大 100～200mm。箱底距盘上表面、盘底距楼板面均不得小于 200mm。

(2) 水箱配管

① 进水管：当水箱直接由管网进水时，进水管上应装设不少于两个浮球阀或液压水位控制阀，为了检修的需要，在每个阀前设置阀门。进水管距水箱上缘应有 150～200mm 的距离。当水箱利用水泵压力进水，并采用水箱液位自动控制水泵启闭时，在进水管出口处可不设浮球阀或液压水位控制阀。进水管管径按水泵流量或室内设计秒流量计算决定。

② 出水管：管口下缘应高出水箱底 50～100mm，以防污物流入配水管网。出水管与进水管可以分别和水箱连接，也可以合用一条管道，合用时出水管上应设止回阀。

③ 溢水管：溢水管的管口应高于水箱设计最高水位 20mm，以控制水箱的最高水位，其管径应比进水管的管径大 1～2 号。为使水箱中的水不受污染，溢水管通常不宜与污水管道直接连接，当需要与排污管连接时，应以漏斗形式接入。溢水管上不必安装阀门。

④ 排水管：排水管的作用是放空水箱及排出水箱中的污水。排水管应由箱底的最低处接出，通常连接在溢水管上，管径一般为 50mm。排水管上需装设阀门。

⑤ 信号管：信号管通常在水箱的最高水位处引出，然后通到有值班人员的水泵房内的污水盆或地沟处，管上不装阀门，管径一般为 32～40mm，该管属于高水位的信号，表明水箱满水。有条件的可采用电信号装置，实现自动液位控制。

⑥ 泄出管：有的水箱设置托盘和泄水管，以排泄箱壁凝结水。泄水管可接在溢流管上，管径为 32～40mm。在托盘上管口要设栅网，泄水管上不得设置阀门。

(3) 水箱管道连接

① 当水箱利用管网压力进水时，其进水管上应装设浮球阀。其安装要求为进、出水管和溢水管也可以从底部进出水箱，出水管管口应高出水箱内底 100mm。

a. 水管上通常装设浮球阀（不少于两个），只有在水泵压力管直接接入水箱，不与其他管道相接，并且水泵的启闭由水箱的水位自动控制时，才可以不设置浮球阀。

b. 每个浮球阀的直径最好不大于 50mm，其引水管上均应设一个阀门。

② 溢水管由水箱壁到与泄水管相连接处的管段的管径，一般应比进水管大 1～2 号，与泄水管合并后可采用与进水管相同的管径。由底部进入的溢水管管口应做成喇叭口，喇叭口的上口应高出最高水位 20mm。溢水管上不得设任何阀门，与排水系统相接处应做空气隔断和水封装置。

③ 当水箱进水管和出水管接在同一条管道上时，出水管上应设有止回阀，并在配水管上也设阀门。而当进水管和出水管分别与水箱连接时，只需在出水管上设阀门。

4. 施工总结

① 现场制作的水箱，按设计要求制作成水箱后须做盛水试验或煤油渗透试验。

② 盛水试验后，内外表面除锈，刷红丹防锈漆两遍。

③ 整体安装或现场制作的水箱，按设计要求其内表面刷汽包漆两遍，外表面如不做保温再刷油性调合漆两遍，水箱底部刷沥青漆两遍。

④ 水箱支架或底座安装，其尺寸及位置应符合设计规范规定，埋设平整牢固。

⑤ 按图纸安装进水管、出水管、溢流管、排污管、水位信号管等，水箱溢流管和泄放管应设置在排水地点附近，但不得与排水管直接连接。

二、水泵安装

1. 示意图和施工现场图

水泵安装示意和施工现场分别见图 1-38 和图 1-39。

图 1-38　水泵安装示意

C15混凝土

图 1-39　水泵安装施工现场

2. 注意事项

① 安装带底座的小型水泵时，先在基础面和底座面上画出水泵中心线，然后将底座吊装在基础上，套上地脚螺栓和螺母，调整底座位置，使底座上的中心线和基础上的中心线一致。

② 用水平仪在底座加工面上检查是否水平。如果不够水平时，可在底座下承垫垫铁找平。

③ 垫铁的平面尺寸一般为：（60mm×800mm）～（100mm×150mm），厚度为 10～20mm。垫铁一般放置在底座的地脚螺栓附近。每处叠加的数量不宜多于三块。

3. 施工做法详解

工艺流程

泵体的安装→水泵进、出水管路安装→水泵试运行。

（1）泵体的安装

① 泵体安装的准备工作如下。

a. 安装前应检查离心泵规格、型号扬程、流量，电动机的型号、转速、功率；其叶轮是否有摩擦现象，内部是否有污物，水泵配件是否齐全等。均合乎要求后方可安装。

b. 检查水泵基础的尺寸、位置、标高是否符合设计要求。预留地脚螺栓孔位置是否准确，深度是否满足设备要求。

c. 采用联轴器直接传动时，联轴器应同轴，相邻两个平面应平行，其间隙为 2～3mm。

d. 出厂时水泵、电机已装配试调完成，可不再解体检查和清洗。

e. 水泵进、出水管口内部及管端应清洗干净，法兰密封面不应损坏。

f. 按设计位置，在机组上定好水泵纵向和横向中心线，以便安装时控制机组位置。

② 泵的拆卸方法如下。

由于泵的结构不同，拆卸的方法也不尽相同。现以常用的 B 型泵为例，介绍一般单级离心泵的拆卸方法。

拆泵方法，一般应将联轴器（或皮带轮）拆卸下来。联轴器（或皮带轮）用键固定在轴上，采用过渡配合，与轴配合较紧，拆卸时需用三爪拉马将其慢慢地从轴端拉下来，或用铅块（或铅锤）沿轮周逐步敲打下来。拆卸时，不能用铁锤猛力敲打，以免损坏泵轴、轴承和联轴器。

a. 用扳手松开泵盖螺栓上的螺母，将所有螺母和垫圈全部拿掉，即可将轴承盖拆下。

b. 用扳手（或专用工具）松开叶轮螺母，将叶轮螺母拿掉，即可将叶轮及同轴连接的键拆下。

c. 用扳手松开托架同泵体连接螺栓上的螺母，拿掉所有螺母及垫圈，松下填料压盖上的螺栓的螺母，即可将泵体拆下，这时填料和填料环也可以从泵体上拆下来，填料压盖也可以拆下来。

d. 将挡水环从泵轴上取下，用扳手拧松下轴承压盖同支架连接的螺栓上的螺母，将前后轴承压盖拆下。

e. 用铅块（或铅锤）将轴和轴承从托架上敲下来，再使用三爪拉马或铅块将轴承从轴上拉下或逐步缓慢敲下来。

到这里，泵的全部零件被拆卸下来，经检查清洗后即可进行装配。装配顺序和拆卸程序相反。在进行装配时，一定要仔细，不能乱敲、乱打、乱装，以免漏装或损坏零件，影响水泵的正常运行。

③ 水泵基础施工：水泵基础有钢结构基础和混凝土块体基础（图 1-40）两种。钢结构基础即把水泵安装在特制钢制支架上，常用于小型水泵的安装；混凝土块体基础即把水泵安装在混凝土基础上，这是水泵安装的一种常用基础。混凝土块体基础施工方法如下。

图 1-40　水泵混凝土块体基础

a. 基础尺寸及放样。基础尺寸必须符合水泵安装详图的要求，若设计未注明时，基础平面尺寸的长和宽应比水泵底座相应尺寸加大 100～150mm。基础厚度通常为地脚螺栓在基础内的长度再加 150～200mm。基础重量不小于水泵、电动机和底座重量之和的 3～4 倍。基础应能承受机组的静荷载及振动荷载，防止基础位移。基础放线应根据设计图样，用经纬仪或拉线定出水泵进口和出口的中心线、水泵轴线位置及高程。然后按基础尺寸放好开挖线，开挖深度应保证基础面比水泵房地面高100～150mm，基础底应有100～150mm的碎石或砂垫层。

b.基础支模及浇筑。支模前应确定水泵机组地脚螺栓的固定方法。固定方法有一次灌浆法和二次灌浆法两种。

一次灌浆法是将水泵机组的地脚螺栓固定在基础模板顶部的横木上，其下部可用圆钢互相焊接起来，要求安装的基础模板尺寸、位置及地脚螺栓的尺寸、位置必须符合设计及水泵机组的安装要求，不能有偏差且应调整好螺栓标高及螺栓垂直度，然后将地脚螺栓直接浇筑在基础混凝土中。

二次灌浆法是在安装好的基础模板内，将水泵机组的地脚螺栓位置处安装上预留孔洞模板，然后浇筑基础混凝土。预留孔洞尺寸一般比地脚螺栓直径大50mm，比弯钩地脚螺栓的弯钩允许的最大尺寸大50mm，洞深应比地脚螺栓埋入深度大50～100mm，待水泵机组安装第二次灌混凝土时固定水泵机组的地脚螺栓。

基础混凝土浇筑前必须重新校定一次模板和地脚螺栓的尺寸、位置等，校正无误后才能浇筑。浇筑时必须一次浇成、振实，并应防止地脚螺栓或其预留孔模板歪斜、位移及上浮等现象发生。基础混凝土浇筑完成后应做好养护工作。

④卧式水泵安装（图1-41）：卧式水泵机组分带底座和不带底座两种形式。一般中小型卧式泵出厂时均将水泵与电机装配在同一铸铁底座上；较大型水泵出厂时不带底座，由使用者单独设置底座。

a.带底座机组的安装过程如下。

ⅰ.先在基础上弹出机组中心线，并在地脚螺栓孔的四周铲平，保证螺栓孔周围在同一水平面上。

ⅱ.将机组吊起穿入地脚螺栓，放至基础上，调整底座位置，使机组中心和基础上的中心线相吻合。

ⅲ.用水平尺在底座加工面上检查是否水平，若不水平可在底座下靠近地脚螺栓附近，放置垫铁找平。每处垫铁叠加不宜多于3块。

ⅳ.用细石混凝土浇筑底座地脚螺栓预留孔，捣实后，待混凝土达到设计强度后，再次校正水泵和电动机的同轴度和水平度，然后拧紧地脚螺栓。

图1-41 卧式水泵安装

ⅴ.用手转动检查联轴器，能轻松转动，无杂声为合格。

ⅵ.由土建人员用水泥砂浆将底座与基础面之间的缝隙填满，表面抹平压光。

b.不带底座卧式水泵机组的安装顺序为先安装水泵，再连接进出管路，待位置、标高确定后，方可安装电动机。

水泵安装顺序是先将自制底座安放在混凝土基础上，使基础上螺栓穿入底座螺栓孔中，调整底座位置，找平、找正，之后将水泵吊放到底座上，再进一步调整，具体做法如下。

ⅰ.水泵纵横中心线找正。在安装前按设计要求位置定好纵向及横向中心，然后挂上小线，用铅坠向下吊垂线，摆动水泵，使水泵纵横中心分别与垂线吻合。也可预先将纵、横线画在基础上，从水泵进、出口中心和泵轴心向下吊线，调整水泵使垂线和基础上标记的中心线吻合。

ⅱ．水平找正。调整水泵，使其水平。常用方法有吊垂线或用精密度为0.25mm的方水平来找平。吊垂线方法，是从水泵的进、出水口向下吊垂线，或者将方水平紧靠进、出水口法兰表面，调整机座下的垫铁，使水泵进、出水口法兰表面上下至垂线的距离相等；或使方水平的气泡居中。对于大型水泵，可使出水侧高程略高于进水侧0.3mm/m，以防与进水侧相接的吸水管翘起，在高处存有气体，影响水泵的正常工作。

ⅲ．水泵轴线高程找正：目的是使实际安装的水泵轴线高程和设计高程一致。常用水准仪测量，增减机座下垫块以满足高程上的要求。上述找正均应在旋紧螺栓的状态下进行。

ⅳ．电动机的安装：水泵找正后，将电动机吊放到基础上，与水泵联轴器相连，调整电动机使两者联轴器的径向间隙和横向间隙相等，使两个联轴器同轴且两端面平行，否则会使轴承发热或机组振动，影响水泵正常运行。

通常在已装好的联轴器上，用量角尺初找。要求安装精度高的大型机组，在联轴器上固定两只百分表，转动两联轴器0°、90°、180°、270°，同时读出百分表径向与轴向的间隙值。要求径向允许误差小于0.05～0.1mm；轴向允许误差小于0.1～0.2mm。否则，在电动机底座下加减垫片或左右摆动电动机位置，使其满足上述要求。

⑤ 立式水泵的安装应主要控制将叶轮轴心与电动机轴心二者的同轴度和垂直度偏差在允许偏差范围内。

施工时通常先浇筑地下部分的混凝土，此时预留机座地脚螺栓孔，待混凝土强度达到设计强度的75%以上后，在其上部支模，用铁架固定地脚螺栓，校对定位尺寸正确后，方可二次浇筑上部混凝土。

⑥ 机组隔振与安装：若设计有隔振要求时，应在机组基座与基础之间安装橡胶隔振垫或隔振器和在水泵进、出口处管路上安装可曲挠橡胶接头。

a. 隔振装置的安装要点。按设计要求选定隔振垫或隔振器定型产品，卧式水泵一般采用隔振垫，立式水泵采用隔振器。

ⅰ．隔振垫应按水泵机组的中轴线做对称布置，其平面位置可按顺时针方向或逆时针方向布置在机座四角。

ⅱ．卧式水泵安装隔振垫，一般情况下，在水泵底座下与泵基座之间无需黏结或固定。

ⅲ．立式水泵安装隔振器时，在水泵底座下宜设置型钢机座，并与橡胶隔振器之间用螺栓（加弹簧垫圈）固定。在地面上设置地脚螺栓，再将隔振器通过地脚螺栓固定在地面上。

ⅳ．隔振垫层数不宜多于5层，各层的型号、大小、块数均应相同。每层隔振垫之间用厚度不小于4mm的镀锌钢板隔开，隔振垫与钢板用胶黏剂黏结。钢板上、下层隔振垫应交错布置。

b. 可曲挠橡胶接头的安装要点。

ⅰ．用于生活给水泵进、出水口管道上的可曲挠橡胶接头，材质应符合饮用水质标准的卫生要求；安装在水泵出水口管道的可曲挠接头配件，压力等级应与水泵工作压力相匹配。

ⅱ．安装在水泵进、出水口管道上的可曲挠橡胶接头，必须设置在阀门和止回阀的内侧靠近水泵一侧，以防止接头不被因水泵突然停泵时产生的水锤压力所破坏。

ⅲ．可曲挠橡胶接头应在不受力的自然状态下安装，严禁处于极限偏差状态。

ⅳ．法兰连接的可曲挠橡胶接头的特制法兰和普通法兰连接时，螺栓的螺杆应朝向普通法兰一侧。每一端面的螺栓应对称逐步均匀加压拧紧，所有螺栓的松紧程度应保持一致。

ⅴ．法兰连接的可曲挠橡胶接头串联安装时，应在两个接头的松套法兰中间加设一个用于连接的平焊法兰。以平焊法兰为支柱体，同时使橡胶接头的端部压在平焊法兰面上，做到接口处严密。

ⅵ. 可曲挠橡胶接头及配件应保持清洁干燥，避免阳光直射和雨雪浸淋；应避免与酸、碱、油类和有机溶剂相接触，其外表严禁刷油漆。

（2）水泵进、出水管路安装 应从水泵进、出水口开始分别向外接管。管路安装时不得使管路和泵体强行组合连接，不得将管路重量传递给泵体，以防损坏泵体。

① 吸水管路安装应注意如下事项。

a. 吸水管路变径时，应采用偏心大小头，使其上平下斜，防止产生"气囊"，影响水泵正常工作。

b. 吸水管路的安装应有沿水流方向连续上升的坡度至水泵进水口，其坡度不小于 0.005。

c. 吸水管宜采用钢管焊接连接，水泵进水口处应有一段长 2～3 倍管道直径的直管段，不宜直接与弯头相接。

d. 吸水管路尽量减少管路附件，以免漏气和增加水头损失。

e. 吸水管路应设支架和柔性接头。既可避免管道重量被传给泵体，又有利于减振和便于拆卸。

② 出水管路安装的注意事项如下。

a. 出水管路一般采用钢管，除与附件处采用法兰连接外，其余多用焊接。

b. 出水管路上应设置闸阀、止回阀及弹性接头，连接位置应便于操作和检修。

c. 出水管路敷设位置可沿地面或架空敷设，其支架（座）要牢固，防止管道重量或水击力传给泵体。

（3）水泵试运行

① 试运行前的检查项目如下。

a. 水泵各紧固部位紧固良好，无松动现象。

b. 水泵润滑油脂的规格、质量和数量均符合设备技术文件的规定，有预润要求的部位已按规定进行预润。

c. 水泵所在的管道系统已冲洗干净，安全保护装置齐全、灵活、可靠。

d. 已备有可供试运转用的水源和电源。

e. 水泵已进行单机无负荷试运转。运转中无异常声音，水泵各紧固连接部分无松动现象，水泵无明显的径向振动和温升。

② 水泵试运转的操作方法如下。

a. 将泵体和吸水管充满水，并排放尽管道系统内的空气。

b. 关闭水泵出口阀门，开启水泵的入口阀门。

c. 开启电动机，水泵启动正常后（应在 1min 内）逐渐打开水泵出口阀门（不得在阀门关闭的情况下长时间运转）。

d. 水泵在设计负荷下连续运转不少于 2h，然后停泵。

③ 水泵试运转的合格标准如下。

a. 管路系统运转正常，压力、温度、流量和其他要求应符合设备技术文件的规定。

b. 运转中不应有不正常的声音，各密封部位不应泄漏，各紧固连接部位不应松动。

c. 滚动轴承的温度不应高于 75℃，滑动轴承的温度不应高于 70℃，特殊轴承的温度应符合设备技术文件的规定。

d. 轴封填料的温升应正常；普通软填料处宜有少量的泄漏（不超过 $10\sim20$ 滴/min）。机械密封的泄漏量不大于 10mL/h（约 3 滴/min）。

e. 水泵电动机的功率及电动机的电流不应超过额定值。

f. 水泵的安全、保护装置应灵活可靠。

g. 水泵的振动应符合设备技术文件的规定。

④ 水泵试运转结束后，应关闭泵的出、入水口阀门，放尽泵壳及管内积水，并填写水泵试运转记录单。

4. 施工总结

① 安装顺序是先安装水泵，待其位置与进出水管的位置找正后，再安装电动机。吊水泵可采用三脚架。起吊时一定要注意，钢线绳不能系在泵体上，也不能系在轴承架上，更不能系在轴上，只能系在吊装环上。

② 水泵就位后应进行找正。水泵找正包括中心找正、水平找正和标高找正。找正找平要在同一平面内两个或两个以上的方向上进行，找平要根据要求用垫铁调整精度，不得用松紧地脚螺栓或其他局部加压的方法调整。垫铁的位置及高度、块数均应符合有关规范要求，垫铁表面污物要清理干净，每一组放置整齐平稳、接触良好。

③ 中心线找正：水泵中心线找正的目的是使水泵摆放的位置正确，不歪斜。找正时，用墨线在基础表面弹出水泵的纵横中心线，然后在水泵的进水口中心和轴的中心分别用线坠吊垂线，移动水泵，使线锤尖和基础表面的纵横中心线相交。

④ 水平找正：水平找正可用水准仪或 $0.1\sim0.3\text{mm/m}$ 精度的水平尺测量。小型水泵一般用水平尺测量。操作时，把水平尺放在水泵轴上测其轴向水平，调整水泵的轴向位置，使水平尺气泡居中，误差不应超过 0.1mm/m，然后把水平尺平行靠边靠在水泵进出水口法兰的垂直面上，测其径向水平。

大型水泵找水平可用水准仪或吊垂线法进行测量。吊垂线法是将垂线从水泵进出水口吊下，如用钢板尺测出法兰面距垂线的距离上下相等，即为水平；若不相等，说明水泵不水平，应进行调整，直到上下相等为止。

⑤ 标高找正：标高找正的目的是检查水泵轴中心线的高程是否与设计要求的安装高程相符，以保证水泵能在允许吸水高度内工作。标高找正可用水准仪测量，小型水泵也可用钢板尺直接测量。

第四节 ▶ 管道处理措施

一、管道的防腐及除锈

1. 施工现场图
管道的除锈及防腐施工现场分别见图 1-42 和图 1-43。

2. 注意事项
① 尽量避免交叉作业，必须上下施工时应做好隔离设施。

② 脚手架应搭设必须牢固可靠。施工前必须对脚手架进行检查，发现不妥应立即进行处理。

图 1-42　管道喷砂除锈

图 1-43　管道涂刷防腐涂料

③ 沾有油漆或油料的棉纱、破布等易燃废物,应收集存放在有盖子的金属容器内,并及时清理。

3. 施工做法详解

(1) 供暖管道及设备防腐层结构　管道、设备和容器明装时,安装前先刷一道防锈漆(如有保温和防结露要求的刷两道),交工前刷两道面漆;暗装时,刷两道防锈底漆。

(2) 供暖管道及设备防腐施工

① 地面管道、设备涂漆:地面管道、设备涂漆有手工涂刷和机械喷涂两种方法。

a. 手工涂刷:手工涂刷应根据涂漆面的形状和大小选择大小合适的漆刷,油漆调制稀稠适当。涂刷时应分层纵横往复进行,涂层厚薄应均匀一致,不得漏涂或流坠。

b. 机械喷涂:机械喷涂即利用压缩空气为动力,使用喷枪将调制的油漆喷射在防腐面上。喷涂时,喷枪喷出的漆流应与防腐面垂直,喷嘴与防腐面的距离视其防腐面形状而定:平面应为 250~350mm,曲面应为 400mm 左右。喷枪应均匀移动,移动速度为 10~18m/min,压缩空气压力为 0.2~0.4MPa。

② 埋地管道防腐的方法步骤及操作要点如下。

a. 清理管道表面。将管道表面铁锈、污物清理干净。

b. 配制并涂刷冷底子油。将适量的 30 号建筑石油沥青放入沥青锅中加热并保持在 180~200℃,直到不产生气泡为止,以使沥青脱水。将脱水沥青冷却至 100~120℃,按设计比例将脱水沥青缓慢倒入计量好的无铅汽油中,并且不断搅拌直到均匀混合,即制成冷底子油。

将配制好的冷底子油均匀地涂刷在管道表面,厚度为 0.1~0.15mm。

c. 制取并涂抹沥青玛蹄脂(涂沥青涂层)。

沥青玛蹄脂由 3 份沥青和 1 份高岭土制作而成。首先将高岭土干燥并预热到 120~140℃,然后将其逐渐加入 180~200℃ 的脱水沥青中,并搅拌均匀,其混合物即为沥青玛蹄脂。

涂抹沥青玛蹄脂时,其温度应保持在 160~180℃ (当环境温度高于 30℃ 时,可降至150℃),涂层应均匀。用人工或半机械化施工时,最内层涂层应分两层,每层厚 1.5~2mm。

d. 缠包加强包扎层。加强包扎层通常采用矿棉纸油毡或玻璃丝布,螺旋形缠包在热沥青玛蹄脂涂层上。接头接长度为 30~50mm,并以热熔沥青胶结材料黏合。当采用玻璃丝布做包扎层时,需涂一道冷底子油封闭层。

e. 外保护层施工。一般采用牛皮纸、塑料布或玻璃丝布。缠包外保护层时，要趁热包扎于沥青涂层上，并且每圈之间应有 15～20mm 搭边，前后两卷的搭接长度不得小于100mm，接头应用沥青玛蹄脂或冷底子油黏合。

（3）**人工除锈**　可用钢丝刷、钢丝布、粗砂布擦拭，或者用简易的除锈机进行擦磨。除锈的程度，以达到露出金属本色为合格，最后再用棉纱或破布擦净。

（4）**喷砂除锈**

① 喷砂除锈是利用压缩空气把石英砂通过喷嘴喷射在管道的表面，靠砂子有力地撞击风管表面，除掉表面的铁锈、氧化皮等杂物。

② 喷砂除锈的优点是能彻底去掉管道表面的铁锈、氧化皮、旧有的油层及其他杂物。经过喷砂的管道，表面变得粗糙又很均匀，增加了油漆涂层的附着力，提升了漆层的质量。

③ 喷砂除锈所用的压缩空气，不能含有水分和油脂，所以在空气压缩机的出口处必须装设油水分离器。压缩空气的压力应保持在 0.4～0.6MPa。

④ 喷砂所用的砂粒应坚硬并有棱角，粒径一般为 1.5～2.5mm，而且需要过筛除去泥土和其他杂质，还应经过干燥。

⑤ 喷砂操作时，应顺气流方向；喷嘴与金属表面的夹角一般 70°～80°；喷嘴与金属表面的距离一般在 100～150mm。用喷砂除锈时，金属表面要依次进行且无遗漏处。经过喷砂的金属表面，要达到一致的灰白色。

⑥ 经喷砂除锈处理后的管道表面可用压缩空气进行清扫，然后再用汽油或甲苯等有机溶剂清洗。待管道干燥后，即可进行涂刷油漆的工作。

4. 施工总结

① 金属表面处理应洁净、彻底，底漆、面漆的层数和颜色按设计要求，经测厚仪测量，其厚度符合设计要求。

② 涂刷后，油漆表面应平整、光滑，色调一致。

③ 压力喷砂除锈时，必须配备密封的防护面罩，戴长手套，穿专业工作服，喷嘴接头应牢固，使用中严禁喷嘴对人。喷嘴堵塞时，必须在停机泄压后方可进行修理或更换。

扫码观看视频

管道保温

二、管道的保温及防护

1. 示意图和施工现场图

管道保温做法示意和施工现场分别见图 1-44 和图 1-45。

(a) 涂抹式保温　(b) 预制式保温　(c) 浇灌式保温　(d) 填充式保温

图 1-44　管道保温做法示意

2. 注意事项

① 保温施工前应对所有的保温材料做质量检验，各种材料应有产品出厂合格证及检验

报告，并附有质量保证书。各项性能指标满足设计要求。

② 保温材料开裂，缺口部分一定要重新换上合格的材料，不能使用有缺陷的保温材料。

3. 施工做法详解

(1) 涂抹式施工

① 调泥。将保温材料用水调成胶泥状，要稀稠适度。

② 缠草绳。在保温管上均匀地缠上草绳，草绳要紧密，一圈挨一圈，缝隙不能太大。

图 1-45　管道保温施工现场

③ 抹泥。将调好的胶泥用抹子直接涂抹于草绳上。如果保温层太厚，要分层涂抹，一次不能太厚。下一遍胶泥应等上一遍胶泥稍干燥后再抹。

④ 涂漆。有时为了识别或者装饰，待保温层干燥后可涂以设计要求的色漆。

(2) 预制瓦块式

① 瓦块安装。用水将备用的散装保温材料调成浆，将此浆涂在瓦块内，然后将瓦块交错扣在管子上，并用镀锌钢丝将其扎牢。

钢丝绑扎时，间距可为 150～200mm，且距离瓦块边缘为 50mm 左右。钢丝接头应在上方，并扳倒朝向瓦块。

② 弯头保温。弯头保温需将保温瓦块按弯头形状锯割成若干段，拼装上去。

③ 填缝。安装完保温瓦块之后，瓦间缝隙用保温料浆填充并抹光。

④ 抹保护壳。

(3) 缠绕式

① 裁料。将保温毡按管外壁周长加搭接长度的尺寸剪裁好毡条。

② 包扎保温毡。将剪好的毡条顺序包扎在管子上，搭接宽度 40～50mm。立管应由下向上顺序包扎，搭接缝留在上部。横向搭接缝应用矿渣棉或玻璃棉填塞。一层达不到保温层厚度要求时，可以加层。

保温毡在包扎时应同时用镀锌钢丝缠绑。当保温管外径为 500mm 及其以下时，钢丝直径为 1～1.6mm，绑线间距为 150～200mm；当管径大于 500mm 时，应再包以镀锌钢丝网，钢丝直径为 0.8～1.0mm，网孔为 (20mm×20mm)～(30mm×30mm)。

③ 保护层安装。

a. 敷设沥青油毡保护层。首先将油毡剪裁成条状，长度为保温层外周长加搭接长度 (40～50mm)，然后将油毡条顺序包扎在保温层外，并用镀锌钢丝捆紧（钢丝直径为 1～1.6mm）。油毡的纵向接缝应留在管子的侧面，缝口朝下。横向搭接缝的缝口朝向管道坡向。油毡搭接缝应用热沥青粘牢密封。

b. 缠绕材料保护层施工（图 1-46）。常用的缠绕材料有玻璃丝布、麻布、棉布等。施工时，先将布料裁成布条，然后按保温材料的施工顺序按螺旋形缠绕在保温层外部。布条搭接宽度不小于 5mm，绕缠紧密，平整无皱，无开裂。每隔 3m 用镀锌钢丝绑扎一次，防止松脱。

最后，为达到防潮目的，在布面上刷油漆或沥青。

c. 石棉水泥保护层施工。首先将石棉和水泥按比例（质量比 3∶17）搅拌均匀，用水调成胶泥状，并用抹子将其抹在保温层外面，厚度为 10～15mm；30min 后再用抹子将表面压

图1-46 缠绕材料保护层施工

光，并适当浇水养护。

4. 施工总结

① 各部位保温，均要确保保温厚度，保温面平整，并保证紧贴在保温层上，无鼓包和空层现象。

② 保温材料应绑扎牢固，每块保温材料最少为两道，绑扎材料不得倾斜，不得采用螺旋式缠绕捆扎，拧紧后的钢丝头要嵌入保温材料缝隙内，钢丝距保温端头大于100mm。

③ 保温层厚度超过80mm时，应分层施工，主保温层的拼缝应严密，并要错缝压缝敷设，有缝隙处用软质材料堵塞密实。

第五节 ▶ 中水系统安装

一、中水管道安装

1. 示意图和施工现场图

中水管道安装示意和施工现场分别见图1-47和图1-48。

图1-47 中水管道安装示意

图1-48 中水管道施工现场

2. 注意事项

① 中水给水管道不得装设取水水嘴。便器冲洗宜采用密闭型设备和器具。绿化、浇洒、汽车冲洗宜采用壁式或地下式的给水栓。

② 中水管道不宜暗装于墙槽内时，必须在管道上有明显且不会脱落的标志。

3. 施工做法详解

预制加工→干管安装→立管安装→支管安装→闭水试验。

（1）**预制加工** 根据管道设计图纸结合现场实际，测量预留口尺寸，绘制加工草图，注明尺寸。然后选择管材和管件，进行配管和预制管段。预制管段应注意以下事项。

① 塑料管切割宜使用细齿锯，切割断面垂直于管轴线。切割后清除掉毛刺，外口铣出15°角。

② 承插口黏合面，用棉布擦去尘土、油污、水渍或潮湿，以免影响黏结质量。

③ 黏结前应对承插口试插，并在插口上标出插入深度。

④ 涂抹黏结剂时，先涂抹承口，后涂抹插口，随后用力沿管轴线插入。操作时可将插口端稍做转动，以利黏结剂分布均匀，黏结时间需 30～60s。黏结牢固后立即将溢出的黏结剂擦掉。

⑤ 若多口黏结时，应注意预留口的方向，避免甩口方向留错。

（2）**干管安装** 首先根据设计图纸要求的坐标标高，预留槽洞或预埋套管。埋入地下时，按设计坐标、标高、坡向、坡度开挖槽沟并夯实。采用托、吊管安装时，应按设计坐标、标高、坡向做好托、吊架。施工条件具备时，将预制加工好的管段，按编号运至安装部位进行安装。各管段黏结时，必须按黏结工艺依次进行。全部黏结后，管道要直，坡度要均匀，各预留口位置要准确。

（3）**立管安装** 首先按设计坐标要求，将洞口预留或后剔，洞口尺寸不得过大，更不可损伤受力钢筋。安装前清理场地，根据需要支搭操作平台。将已预制好的立管运到安装部位。首先清理已预留的伸缩节，将锁母拧下，取出 U 形橡胶圈，清理杂物。复查上层洞口是否合适。立管插入端应先画好插入长度标记，然后涂上肥皂液，套上锁母及 U 形橡胶圈。安装时先将立管上端伸入上一层洞口内，垂直用力插入至标记为止（一般预留胀缩量为20～30mm）。合适后即用自制 U 形钢制抱卡紧固于伸缩节上沿。然后找正找直，并测量顶板距三通口中心是否符合要求。无误后即可堵洞，并将上层预留伸缩节封严。

（4）**支管安装** 首先剔出吊卡孔洞或复查预埋件是否合适。清理场地，按需要支搭操作平台。将预制好的支管按编号运至场地。清除各黏结部位的污物及水分。将支管水平初步吊起，涂抹黏结剂，用力推入预留管口。根据管段长度调整好坡度。合适后固定卡架，封闭各预留管口和堵洞。

（5）**闭水试验** 排水管道安装后，按规定要求必须进行闭水试验。凡属暗装管道必须按分项工序进行。卫生器具及设备安装后，必须进行通水试验。且应在油漆粉刷最后一道工序前进行。

4. 施工总结

① 中水高位水箱应与生活高位水箱设在不同的房间内，如条件不允许只能设在同一房间时，与生活高位水箱的净距离应大于 2m。

② 中水管道与生活饮用水管道、排水管道平行埋设时，其水平净距离不得小于 0.5m；交叉埋设时，中水管道应位于生活饮用水管道下面，排水管道的上面，其净距离不小于 0.15m。

二、中水处理工艺

1. 处理工艺流程图

中水处理工艺流程图见图 1-49 和图 1-50。

为了将污水处理成符合中水水质标准的出水，一般对水源进行三个阶段的处理。

图 1-49 生活排水作为中水水源的处理工艺

图 1-50 二级污水厂出水作为中水水源的处理工艺

① 预处理阶段：预处理阶段主要有格栅和调节池两个处理单元，主要作用是去除污水中的固体杂质和均匀水质。

② 主处理阶段：主处理阶段是中水回用处理的关键，主要作用是去除污水中的溶解性有机物。

③ 后处理阶段：后处理阶段主要以消毒处理为主，对出水进行深度处理，保证出水达到中水水质标准。

2. 注意事项

① 中水管道严禁与生活饮用水给水管道连接。

② 中水管道不宜暗装在墙体和楼面内。

③ 中水管道、设备及受水器具应按规定着色，以免误饮、误用。

3. 工艺及设备选用

(1) 中水处理工艺流程及工艺选择 中水处理流程的选择，取决于中水水源的水质及用水要求。此外，还应进行技术经济比较，确定最佳处理方案。确定工艺流程时，必须掌握中水原水的水量、水质和中水的使用要求，选择运行可靠、经济合理的处理工艺；在选择工艺流程时，应考虑装置所占的面积和周围环境的限制以及噪声和臭气对周围环境带来的影响；中水水源的主要污染物为有机物，目前大多以生物处理为主要处理方法。在工艺流程中，消毒灭菌工艺必不可少，一般采用碘、氯联用的强化消毒技术。

根据中水水源的水质情况，通常采用物化和生化处理工艺。

当以较清洁的杂排水作为中水水源时，可采用以物理化学处理为主的工艺流程，当采用以化粪池出水的生活排水为中水水源时，一般用生化处理加后物化处理的组合工艺。利用二级处理厂出水作为中水水源时，处理的目的主要是去除水中残留的悬浮物，降低水的浊度和色度，应选用物理化学处理工艺。

除了以上介绍的基本处理工艺流程外，根据国内外水处理技术的发展状况，还有一些其他的中水处理工艺流程。

(2) 中水处理设备 中水处理设备应根据中水水源和处理后水质要求而选定，一般包括以下设备。

① 以生活污水为原水的中水处理流程，应在建筑物排水系统末端设置化粪池。

② 以厨房排水为原水的中水处理流程，厨房排水应经隔油池处理后，再进入调节池。

③ 中水处理系统应设置格栅，截留水中较大悬浮物。

④ 在格栅后与处理设备前应设置调节池，调节来水水质和水量。调节池应设有集水坑和排泄管及溢流管。调节池可与提升泵吸水井合建。

⑤ 中水需进行生化处理时，主要构筑物为生物接触氧化池。接触氧化池由池体、填料、布水装置和曝气装置等部分组成。

⑥ 生化处理后的二次沉淀或物理化学处理的絮凝沉淀，均应设置沉淀池。沉淀池宜用斜板（管）沉淀池或立式沉淀池。

⑦ 中水经过沉淀后进入过滤池，过滤宜采用接触过滤或机械过滤。滤料一般采用石英砂、无烟煤、纤维球及陶粒等。

⑧ 中水处理后，在出厂前必须设有消毒设施。消毒剂一般采用液氯、次氯酸钠、臭氧、漂白粉、二氧化氯等。

4. 施工总结

① 中水管道与生活饮用水管道、排水管道平行埋设时，其水平净距离不得小于 0.5m；交叉埋设时，中水管道应位于生活饮用水管道下面，排水管道的上面，其净距离不小于 0.15m。

② 中水管道不宜暗装于墙体和楼板内。如必须暗装于墙槽内时，必须在管道上有明显且不会脱落的标志。

三、中水处理站施工

1. 示意图和施工现场图

中水处理站的土层除臭结构示意和施工现场分别见图 1-51 和图 1-52。

图 1-51 土层除臭结构示意

图 1-52 处理站施工现场

2. 注意事项

① 中水处理站应设置在所收集污水的建筑物的建筑群与中水回用地点便于连接之处，并符合建筑总体规划要求。如为单栋建筑物的中水工程可以设置在地下室或附近。

② 建筑群的中水工程处理站应靠近主要集水和用水点，并应注意建筑隐蔽、隔离和环境美化。有单独的进、出口和道路，便于进、出设备及排除污物。

3. 施工做法详解

（1）中水处理站的设置

① 中水处理站的面积按处理工艺需要确定，并预留发展位置。

② 处理站除有设置处理设备的房间外，还应有化验室、值班室、储藏室、维修间及必要的生活设施等附属房间。

③ 中水处理站如在主体建筑内，应和主体建筑同时设计、同时施工、同时投入使用。

④ 必须具备处理站所产生的污染，废渣及有害废水及废物的处理设施，不允许随意堆放，污染环境。

（2）**中水处理站隔声降噪**　中水处理站设置在建筑内部地下室时，必须与主体建筑及相邻房间严密隔开并做建筑隔音处理，以防空气传声，所有转动设备其基座均应采取减振处理，用橡胶垫、弹簧或软木基础隔开。所有连接振动设备的管道均应做减振接头和吊架，以防固体传声。

（3）**中水处理站防臭技术措施**　中水处理中散出的臭气，必须妥善处理以防对环境造成危害。

尽量选择产生臭气较少的工艺以及处理设备封闭性较好的设备，或对产生臭气的设备加盖加罩使其尽少地逸散出来。

对不可避免散出的臭气及集中排出的臭气应采取防臭措施。常用的臭味处置方法如下。

① 防臭法。对产生臭气的设备加盖、加罩防止散发或收集处理。

② 稀释法。把收集的臭气高空排放，在大气中稀释。设计时要注意对周围环境的影响。

③ 燃烧法。将废气在高温下燃烧除掉臭味。

④ 化学法。采用水洗、碱洗及氧气、氧化剂氧化除臭。

⑤ 吸附法。一般采用活性炭过滤吸附除臭。

⑥ 土壤除臭法。土壤除臭法的土层应采用松散透气性好的耕土，层厚500mm，向上通气流速为5mm/s，上面可植草皮。其方法如下。

a. 直接覆土，在产生臭气的构筑物上面直接覆土。其结构为支承网、砾石，透气好的土壤。土壤上部植草绿化。

b. 土壤除臭装置，用风机将臭气送至土壤除臭装置。

4. **施工总结**

① 处理间应考虑处理设备的运输、安装和维修要求。设备之间的间距不应小于0.6m，主要通道不小于1.0m，顶部有人孔的建筑物及设备距顶板不小于0.6m。

② 处理工艺中采用的消毒剂、化学药剂等可能产生直接及二次污染，必须妥善处理，采取必要的安全防护措施。

③ 处理间必须设有必要的通风换气设施及保障处理工艺要求的供暖、照明及给排水设施。

第二章
室内排水系统安装

第一节 ▶ 排水管道及配件安装

一、室内排水管道的布置与敷设

1. 示意图和施工现场图

室内排水管道的布置与敷设示意和施工现场分别见图2-1和图2-2。

图2-1 室内排水管道的布置与敷设示意

图2-2 室内排水管道施工现场

2. 注意事项

① 卫生器具及生产设备中的污水或者废水应就近排入立管。

② 排水管道的布置应安全可靠，且不影响室内环境卫生。

③ 管道应尽量避振，避开基础以及伸缩缝、沉降缝。

3. 施工做法详解

施工工艺 ▷▷▷ ....

安装准备→管道预制加工→管道的安装→排水干管安装→排水立管安装。

（1）安装准备

① 认真熟悉图纸，参看有关专业设备图和装修建筑图，核对各种管道的坐标、标高是否有交叉，管道排列所用空间是否合理。根据施工方案决定的施工方法和技术交底的具体措施做好准备工作。

② 按照设计图纸，检查、核对预留孔洞大小尺寸是否正确，将管道坐标、标高位置画线定位。经预先排列各部位尺寸都能达到设计和技术交底的要求后，方可下料。

③ 确定各部位采用的材料以及连接方式，并熟悉其性能。各种材料、施工机具等已按照施工进度及安装要求运输到指定地点。

（2）管道预制加工

① 按设计图纸画出施工草图，包括管道走向、分支、变径、管径、管件、预留管口位置等。

② 在实际安装的结构位置上做好标记，按标记量出实际安装的准确尺寸，并记录在施工草图上。

（3）管道的安装

① 柔性排水铸铁管道预制安装方法及注意事项如下。

a. 根据需要的长度在直管上画上标志线，用夹具垂直固定，用砂轮切割机按标志线断开管道。断面应垂直，端面清理光滑，无飞边及毛刺。计算管道长度时，应考虑连接余量及切割损耗量。

b. 卡箍式柔性接口（W形接口）安装：先将卡箍套入一连接件接口处；再将橡胶圈套入另一连接件接口上，再把卡箍套入橡胶圈上，使两个接口对好、平整且管道接缝应处于橡胶圈中心位置上。

c. 法兰柔性接口（A形接口）安装应注意：承插口端部的间隙为5～10mm，在插口外壁画好安装线，安装线所在平面与管的轴线垂直。

② 排水塑料管道预制安装方法及注意事项如下。

a. 粘接连接

ⅰ. 管子或管件在黏合前应将承口内侧和插口外侧擦拭干净，必要时应使用中性清洁剂。

ⅱ. 管材应根据管件实测承口深度在管端表面画出插入深度标记。

ⅲ. 先在承口内侧涂刷胶黏剂，然后涂刷插口外侧从管端到插入深度标线之间的部位。涂刷应迅速、均匀、适量。找正管件方向（有预留口的应与实际要求方向垂直），将插口匀速插入承口内至标线处并将管子旋转90°，并使得管件预留口位置符合现场实际要求。将挤出的胶黏剂擦净，静置至接口胶黏剂固化为止。

b. 锁母连接方式（伸缩节等）

ⅰ. 先将按要求截取的管子插口插入承口底部，并按要求将管子拉出预留间隙，在管端画出标记，取出。

ⅱ. 将管端插口依次平直插入承口锁母、橡胶圈中，用力均衡，不得摇挤。

图2-3 排水铸铁管安装

ⅲ. 按标记深度平直插入承口内找正管件方向并用专用工具拧紧锁母。

（4）排水干管安装

① 排水铸铁管安装（图2-3）方法及注意事项如下。

a. 挖好工作坑，将预制好的管段平稳放入管沟内，封闭堵严总出水口，做好临时支撑，按施工图纸的坐标、标高找好位置和坡度，以及各预留管口的方向和中心线，在合格的基础上铺设埋地管道，将管段承插口相连。

b. 在管沟内抢灰口前，先将管道调直、找正，用麻纤或薄捻凿将承插口缝隙找均匀，把苎麻绳打实，把管道校直、校正，管道两侧用土培好，以防捻灰口时管道移位。

c. 将水灰比为 1 : 9 的水泥捻口灰拌好后，装在灰盘内放在承插口下部，人跨在管道上，一手填灰，一手用捻凿捣实，先填下部，由下而上，边填边夯实，填满后用手锤打实，再填再打，将灰口打满打平为止。

d. 捻好的灰口，用湿麻绳缠好养护或回填湿润细土掩盖养护。

② 塑料管道安装方法及注意事项如下。

a. 埋地管道的管沟底面应平正，无凸出尖硬物，宜铺设厚度 100～150mm 厚砂垫层，垫层宽度应不小于管外径的 2.5 倍，其坡度应与管道坡度相同。

b. 将预制好的管段平稳放入管沟内，封闭堵严总出水口，做好临时支撑，按施工图纸的坐标、标高找好位置和坡度以及各预留管口的方向和中心线，在合格的基础上铺设埋地管道将管段相连。

c. 当埋地管段做预留孔洞时，应配合土建按设计的坐标、标高进行施工，当设计无要求时，管顶上部净空不宜小于 150mm。

d. 管道铺设好后，再将立管及首层卫生器具的排水预留管口，按室内地平线、坐标位置及轴线找好尺寸，接至规定高度，将预留管口装上临时封堵。

e. 埋地管道安装完成后，按照施工图对铺设好的管道坐标、标高及预留管口尺寸进行自检，确认准确无误，接口强度达到规定要求后做灌水试验。灌水试验合格，排净管道中积水并封堵各管口。

f. 塑料管道宜先经填砂保护后，方可进行细土回填。细土回填不少于 200mm，压实后，再分层回填。每层厚度宜为 15mm，回填土密实度应符合设计要求，回填高度至设计标高。

（5）排水立管安装（图 2-4）

① 结构施工时，按设计要求坐标、位置预留孔洞；立管安装前，应校正洞口坐标，如需剔修时洞口尺寸不得过大，更不可损伤受力钢筋。安装前清理现场，并根据结构高度按需支搭操作平台。

② 立管安装前，应按图纸坐标确定卡架位置，预装立管卡架。立管底部的弯管处应设支墩或采取固定措施。金属排水管道上的吊钩或卡箍应固定在承重结构上。固定件间距不大于 3m，楼层高度不大于 4m，立管可安装 1 个固定件。

③ 立管安装时应按预留口位置核对图纸坐标，确定管道中心线后，依次安装管道、管件和伸缩节，并连接各管口。

图 2-4　排水立管安装

④ 在立管上应每隔一层设置一个检查口；但在最底层和有卫生器具的最高层必须设置。如为两层建筑时，可仅在底层设置立管检查口；如有乙字弯管时，则在该层乙字弯管的上部设置检查口。

⑤ 立管插入承口后，下层的人把甩口及立管检查口方向找正，上层的人用木楔将管在楼板洞处临时卡牢、吊直，按不同管材的连接方式连接管道。复查立管垂直度，将立管临时固定牢固。

⑥ 立管安装完毕后，配合土建用不低于楼板强度等级的混凝土将洞灌满堵实，并拆除临时支架。如系高层建筑或管道井内，应按照设计要求用型钢做固定支架。堵洞时应分两次浇筑，对有防水要求的房间地面应留好防水密封口。

4. 施工总结

① 通向室外的排水管，穿过墙壁或基础必须下返时，应采用45°三通和45°弯头连接，并应在垂直管段顶部设置清扫口。

② 用于室内排水的水平管道与水平管道、水平管道与立管的连接，应采用45°三通或45°四通和90°斜三通或90°斜四迪，立管与排出管端部的连接，应采用两个45°弯头或曲率半径不小于4倍管径的90°弯头。

二、硬聚氯乙烯排水管道的安装

1. 示意图和施工现场图
排水管道穿楼层示意和施工现场图分别见图2-5和图2-6。

图2-5 排水管道穿楼层示意

图2-6 排水管道施工现场

2. 注意事项

（1）管子切割注意事项

① 硬聚氯乙烯材料线膨胀系数较大，当存放场地和安装现场温差较大时，应放置一段时间，使管子表面温度接近施工环境温度，以保证安装质量。

② 塑料管切割应使用细齿锯，切割断面必须垂直于管轴线，以确保管端能接触到管件或管材的承口底部。切割后应清除毛刺，防止溶剂粘接时，在插入承口的过程中，毛刺刮掉胶黏剂，影响接口质量。

（2）管口粘接注意事项

① 检验管材与管件不应有外部损伤，切割面平直且同轴线垂直，清理毛刺、切削坡口合格，黏合面若有油污、尘砂、水渍或潮湿，会影响黏结强度和密封性能，故应用软纸、细棉布或是棉纱擦净，必要时蘸丙酮等清洁剂擦净，对难擦净的黏附物，可采用细砂纸轻轻打磨，但不得损伤材料表面。砂纸打磨后，再用清洁布擦净。

② 插口插入承口内，应在插口上标出插入深度。画标记时，避免用尖硬工具划伤管材，管端插入承口要有足够深度，目的是保证有足够的黏合面。

③ 粘接涂胶宜采用鬃刷，若采用其他材料时，则应防止与胶黏剂发生化学作用，刷子

宽度为管径的 1/3～1/2。涂刷胶黏剂宜先涂承口内壁再刷插口外壁，重复两次。涂刷时均匀、迅速、适量、无漏涂。胶黏剂涂刷结束后将管子插口立即插入承口，轴向用力准确，使管端插入深度符合所画标记，并稍加旋转，注意不得使管子弯曲。因插入后一般不能再变更或拆卸，管道插入后应扶持 1～2min，静置以待完全干燥和固化。110mm、125mm 及 160mm 管轴向力比较大，应两人共同操作，不可猛力击打。黏结后迅速擦净溢出的多余胶黏剂，以免影响外壁美观。

④ 不可在具有水分的塑料管上涂刷胶黏剂，不可在雨、雪中施工。

⑤ 管材、管件和胶黏剂在使用前至少在相同温度下搁置 1h。

3. 施工做法详解

工艺流程

预留孔洞及预埋件→按顺序安装管道→施工后进行自检。

① 按照管道系统和卫生设备排水口的位置、尺寸及管口施工要求，在墙、梁、楼板上预留孔或预埋件。

② 按管道走向与横管坡度进行放线、测量绘制下料详图，注明尺寸。

③ 按实测下料详图选择管材和管件，进行配管及预制管段。预制后的管段完成后核对节点尺寸及管件接口朝向。

④ 遵照规范要求栽埋管道支承架，以满足设计要求的坡度和标高。管道支承内壁应光滑，滑动支承同管身之间留有微隙，固定支承的内壁同管身之间夹一层橡胶垫。

⑤ 依次安装管道、伸缩节，需安装防火套管或阻火圈楼层的管段，在安装时应先套上防火套管或阻火圈，然后再进行接口连接。

⑥ 管道安装应自下而上分层进行，先安装立管，再安装横管，连续进行。若中间间断时，敞口管口应临时封堵。

⑦ 安装立管时，应先将管段扶正，装上伸缩节，然后将管子插口试插入伸缩节承口底部，按规定将管子拉出预留间隙，在管上画出标记。待可进行安装时，将管端插口垂直插入伸缩节承口橡胶圈中，应用力均匀，不得摇挤。随时将立管固定。

⑧ 横管安装（图 2-7）时，先将预制好的管段临时用钢丝吊挂，检查无误后，再进行接口粘接，粘接后应尽快摆正位置和坡度。待接口固化后，再紧固支承件。

⑨ 管道系统安装完毕后，需进行外观质量检查，核查无误后方可进行试压、冲洗工作。

4. 施工总结

① 埋地管道应敷设在原状土基上，不可用木块、砖头支垫管道。若基础不平，可用 100～150mm 厚砂垫层找平，回填时，先用细土回填100mm 以上，再按正常要求分层回填。

② 硬聚氯乙烯排水立管和横管上应当按设计要求设置伸缩节。若设计无具体要求，其伸缩节间距不宜大于 4m。

图 2-7 排水横管安装

③ 当层高小于或等于 4m 时，污水立管和通气立管应每节设置一个伸缩节；当层高大于 4m 时，其数量由设计确定。

④ 污水横干管、横支管、器具通气管、环形通气管及汇合通气管上无汇合管件的直线

管段大于 2m 时，应设置伸缩节，且伸缩节间距不宜大于 4m。

三、排水铸铁管的安装

1. 示意图和施工现场图

排水铸铁管施工示意和施工现场分别见图 2-8 和图 2-9。

图 2-8　排水铸铁管施工示意

图 2-9　排水铸铁管施工现场

2. 注意事项

① 在预留口的临时丝堵不得随意打开，以防掉进杂物造成管道堵塞。

② 在回填房心土时，对已铺好的管道，上部要先用细土覆盖，并逐层夯实，不允许在管道上部用蛤蟆夯等机械夯土。

③ 预制好的管道要码放平整，垫平、垫牢，不许用脚踩或物压，也不得双层平放。

④ 不许在安装好的拖、吊管道上搭设架子或拴吊物品，竖井内管道在每层楼板处做型钢支架固定。

3. 施工做法详解

工艺流程

准备工作→干管安装→立管安装→支管安装。

（1）准备工作

① 根据设计图纸及技术交底、复核预留洞位置、尺寸大小是否正确。将管道敷设位置、标高画线定位。

② 对进场管材、管件、附件进行检查，清除管口内浮砂。

③ 为减少安装中固定接口的工作量，可实测管段长度及连接管件，绘出草图进行预制加工，并编号码放在平坦场地待用。

④ 接好灰口的预制管段应进行湿养护。冬季要采取防冻措施。一般常温下需养护 24h 以后才能移动使用。

（2）干管安装

① 敷设在管沟或直埋室内地坪±0.000 以下管道时，应将预制好的管段按承口朝向来水方向、自排出口处向室内顺序排管，按设计位置、标高、坡度进行稳管，核对甩口的方向及中心线，随后将管段承插口相连。

② 安装在地下室或设备层内的铸铁排水干管，按设计要求做好托、吊架栽埋。并将立

管预留口位置及首层卫生器具的排水预留管口,按室内地坪线、坐标及轴线找好尺寸,接至规定高度,将甩口装上临时丝堵。

③ 管道敷设时,调直、找正后,用麻钎将承插口缝隙找匀、找正。打麻时要分层打实。再用水灰比为1:9的水泥灰填打,也要分层填打密实。

④ 捻好后的灰口,应用湿麻绳或湿麻布缠好进行养护。

⑤ 安装以后管道及时进行灌水试验,隐检合格后,临时封堵各预留管口。

（3）立管安装

① 核对预留洞位置、尺寸是否正确。若需要剔凿楼板时,画好位置后进行剔凿。

② 安装立管支架用吊线锤及水平尺定出各支架位置尺寸,统一编号加工,按编号就位安装支架、固定安牢。

③ 安装立管需两人上下配合,上拉下托将立管预制段下端插口插入下层管承口内。将支管甩口、检查口等朝向找正后,临时用木楔在穿楼板处卡牢。

④ 按承插口接口要求,进行打麻、捻灰,复查立管垂直度,然后固定管卡或支架。

⑤ 配合土建施工,用不低于楼板强度的豆石混凝土将穿楼板孔洞填实抹平。

⑥ 高层建筑管道立管应严格按设计要求设置补偿装置。

⑦ 高度50m以上的高层建筑排水铸铁管,抗震设防8度地区,在立管上设置柔性接口。

⑧ 在立管转弯处应安装固定装置。

⑨ 高层建筑采用辅助透气管,用辅助透气异型管件连接。

（4）支管安装

① 支管的预制与安装,应以所连接的卫生器具安装中心线至已安装好的排水立管斜三通及45°弯头承口内侧为量尺基准,确定各组成管段的管段长度,用比量法下料,打灰口预制。

② 比量下料时,除蹲式大便器采用P形存水弯连接时允许使用正三通外,排水横管上的三通均应采用斜三通并配45°弯头（或用顺水三通）进行比量。比量后画出各组成管段中间横管长度,然后割管、接口。

③ 支管安装应先搭好架子,将吊架按设计坡度安装好,复核吊杆尺寸及管线坡度,将预制好的管道放到管架上,再将支管插入立管预留口的承口内,固定好支管,然后打麻捻灰。

④ 支管设在吊顶内,末端有清扫口者,应将清扫口接到上层地面上,以便清扫。

⑤ 支管安装完后（图2-10）,可将卫生器具或设备的预留管安装到位,找准尺寸并配合土建将楼板孔洞堵严,将预留管口临时封堵起来。

4. 施工总结

施工中常见问题及原因如下。

① 立、支管距墙过远、过近,半明半暗,造成使用面积较少,维修施工不便。主要原因是管道安装定位不当或墙体移位。

② 排水管的插口倾斜,造成灰口漏水。原因是预留口方向不准,灰口缝隙不均匀。

③ 立管检查口渗、漏水。原因是堵盖不严密。检查口堵盖必须加盖,以防渗漏。

④ 卫生器具的排水管预留口距地偏高或偏低。原因是标高没找准,或下料量尺有误。

图2-10　排水支管安装

四、排水塑料管的安装

1. 示意图和施工现场图

排水塑料管施工示意和施工现场分别见图 2-11 和图 2-12。

图 2-11　排水塑料管施工示意

图 2-12　排水塑料管施工现场

2. 注意事项

① 对已施工完毕的管道应在土建抹灰喷白前进行保护，可用旧报纸或塑料膜将管道扎好，防止污染管道外壁。

② 预留管口的临时封堵不得随意打开，以防掉进杂物造成管道堵塞。

③ 预制好的管道要码放整齐，垫平、垫牢，不允许用脚踩或物压，也不得双层叠放。

④ 不允许在安装好的托、吊管道上搭设架子或拴吊物品，管井内管道在每层楼板处要做钢支架固定。

⑤ 管道通水时，应分开立管单独通水，防止由于人员少而造成跑水现象，污染墙面和地面。通水前应事先清理堵塞物。

3. 施工做法详解

工艺流程 >>>>> ....

伸缩节安装→塑料管粘接→干管安装→立管安装→支管安装。

(1) 伸缩节安装

① 塑料管伸缩节（图 2-13）必须按设计要求的位置和数量进行安装。

图 2-13　塑料管伸缩节

a. 横干管应根据设计伸缩量确定。横支管上合流配件至立管超过 2m 时应设伸缩节，但伸缩节之间的最大距离不得超过 4m。

b. 管端插入伸缩节处预留的间隙夏季应为 5～10mm，冬季为 15～20mm。

c. 伸缩节一般宜逐层设置。清扫口带伸缩节的可设置在每层地面以上 1m 的位置。

② 安装伸缩节时，应按制造厂说明书的要求设置好固定管卡，在伸缩节中安放好橡胶密封圈，在管子承插口粘接固定后，应拆除限位装置，以利热胀冷缩。

(2) 塑料管粘接

① 排水塑料管的切断宜选用细齿锯或割管机具，端面应平整并垂直于轴线，且应清除

端面毛刺，管口端面处不得有裂痕和凹陷。插口端可用中号板锉锉成15°～30°坡口，坡口厚度宜为管壁厚度的1/3～1/2。

② 在粘接前应将承口内面和插口外面擦拭干净，无灰尘和水渍。若表面有油污，要用丙酮等清洁剂擦净。插接前要根据承口深度在插口上画出插入深度标记。

③ 胶黏剂应先涂刷承口内面，后涂插口外面所做插入深度标记的范围以内。注意胶黏剂的涂刷应迅速、均匀、适量且无漏涂。插口涂刷胶黏剂后，应即找正方向将管子插入承口，施加一定压力使管端插入至预先画出的插入深度标记处，并将管子旋转约90°，把挤出的胶黏剂擦净，让接口在不受外力的条件下静置固化，低温条件下应适当延长固化时间。

（3）干管安装

① 首先根据设计图纸要求的坐标和标高预留槽洞或预埋套管。埋入地下时，按设计坐标、标高、坡向和坡度开挖槽沟并夯实。采用托吊管安装时应按设计坐标、标高和坡向做好托、吊架。

② 施工条件具备时，将预制加工好的管段按编号运至安装部位进行安装。各管段粘接时也必须按粘接工艺依次进行。全部粘好后，管道要直，坡度要均匀，各预留口位置应准确。

③ 安装立管需装伸缩节，伸缩节上沿距地坪或蹲便台应有70～100mm。干管安装完后应做闭水试验，出口用充气橡胶堵封闭，以达到不渗漏、水位不下降为合格。地下埋设管道应先用细砂回填至管上皮100mm，上覆过筛土，夯实时勿碰损管道。托吊管粘牢后再按水流方向找坡度。最后将预留口封严和堵洞。

（4）立管安装

① 首先按设计坐标要求，将洞口预留或后剔，洞口尺寸不应过大，更不可损伤受力钢筋。

② 安装前清理场地，根据需要支搭操作平台，将已预制好的立管运到安装部位。首先清理已预留的伸缩节，将锁母拧下，取出U形橡胶圈，清理杂物，并复查上层洞口是否合适。立管插入端应先画好插入长度标记，然后涂上肥皂液，套上锁母及U形橡胶圈。

③ 安装时先将立管上端伸入上一层洞口内，垂直用力插入至标记为止（一般预留胀缩量为20～30mm）。合适后即用自制U形钢制抱卡紧固在伸缩节上沿，然后找正找直，并测量顶板与三通口中心的距离，检查是否符合要求，若无误后，即可堵洞，并将上层预留伸缩节封严。

（5）支管安装 首先剔出吊卡孔洞或复查预埋件是否合适，然后清理场地，按需要支搭操作平台，并将预制好的支管按编号运至场地。支管安装时，可将支管水平初步吊起，擦除粘接部位的污物及水渍，然后涂抹黏结剂，用力推入预留管口。根据管段长度调整好坡度，合适后固定卡架，封闭各预留管口和堵洞。

4. 施工总结

① 管道接口时要将接口和管内的泥土及污物清理干净，甩口应封好堵严。卫生器具的排水口在未通水前应堵好。安装排水横管、水平干管及排出管应满足或大于最小坡度要求。管件安装时尽量采用45°三通或45°四通和90°斜三通、四通，排水立管与排出管端部的连接，应尽量采用两个45°弯头，以防管道堵塞。

② 管道安装前认真查管材、管件是否有裂纹等缺陷，防止施工完毕后进行灌水试验造成通水后管道漏水。

③ 管道预制或安装时，接口处要保护好，强度不够时不能受到震动，防止产生裂纹而漏水。

五、柔性抗振承插式排水铸铁管的安装

1. 示意图和施工现场图

柔性接口和承插式排水铸铁管施工现场分别见图 2-14 和图 2-15。

图 2-14　柔性接口

1—承口；2—法兰压盖；3—橡胶圈；4—螺栓；5—插口

图 2-15　承插式排水铸铁管施工现场

2. 注意事项

① 管道不得作拉攀、吊架、支架等他用。

② 横管接口较多时，在各接口处不得发生拱塌、扭曲和歪斜现象，要保证三通、弯头接口在同一轴线上，严禁产生倒坡。

③ 立管检查口设置数量规定为：顶层、底层必须设，其他每隔两层设一个，乙字弯上游端应增设检查口。

3. 施工做法详解

施工工艺流程

准备工作→预制加工→接口安装→管道安装。

（1）准备工作

① 管道安装前，应检查管子和管件外观有没有重皮、砂眼、裂缝等缺陷，管道接头配合公差是否符合要求，并清除管道及管件的污物。

② 检查接口用橡胶密封胶圈内外径和倒角的尺寸应当符合公差配合的要求，胶圈内径应与管子外径相等。

③ 检查管子承口的倒角面是否有明显的凸凹和沟槽，保证倒角面平滑。

④ 检查接口配套法兰压盖是否有裂缝，埋地敷设的铸铁管的接口用螺栓、螺母是否涂刷防腐材料。

⑤ 现场及时配合管道穿墙、楼板等结构的预埋洞、预埋件、预埋套管及凿洞等工序。

（2）预制加工

① 切管：按施工图测绘管段加工草图，用比量法进行排管下料；管子用机械切管机或断管器切断，切口断面应垂直于管轴线。

② 组装配管：预制时应尽量把每层立管所带的管件、配件在操作台或地面上进行组装。预制管段若带有数个不同方向的管件，须严格找准朝向。

扫码观看视频

管道预制加工

（3）接口安装　接口安装步骤如下。

① 将承口、插口及法兰压盖工作面上的污物清除干净。

② 在插口外壁画出插入承口深度定位标记线，承插口间隙应留 5～10mm 空隙。

③ 在插口端先套入法兰压盖，再套入橡胶圈，橡胶圈边缘应与定位线对齐。将插口端插入承口内，在推进过程中应保证插入管的轴线和承口管的轴线在同一直线上。

④ 对正法兰孔拧紧螺栓。为使橡胶圈受力均匀，三耳压盖 3 个角的螺栓应逐个逐次拧紧；四耳压盖的螺栓应按对角位置拧紧。

（4）管道安装

① 管子安装前应先埋设支、吊架卡具。管道支架间距：立管上每 2m 设一个，横管每 1m 设一个，每楼层不宜少于 2 个。支吊架应设置于承口以下或附近。

② 立管安装时，应按由下而上的顺序进行，分段层层连接并用支架找正固定。

③ 横管安装可采用在地面组装连接、分段逐节安装、整体吊装等方法。

4. 施工总结

① 管卡或吊卡位置应准确、埋设应平整、与管道接触面应紧密，不得损伤管道表面，必要时可采用塑料或橡胶衬垫。

② 管卡和吊卡为金属材质，并由管材、管件生产厂配套供应。为了方便安装，压盖宜优先采用三耳形式。

③ 管道在楼、屋面板预留孔洞处，需设置钢套管，其直径比立管大 50mm，套管高出地面 20mm，钢套管上下口内侧应倒成圆角，钢套管同排水铸铁管间的空隙采用油麻和石棉水泥填充。

第二节 ▶ 雨水管道及配件安装

一、雨水斗的制作与安装

1. 示意图和施工现场图

雨水斗安装示意和施工现场分别见图 2-16 和图 2-17。

图 2-16　雨水斗安装示意

图 2-17　雨水斗安装施工现场

2. 注意事项

① 雨水斗的连接应固定在屋面承重结构上，雨水斗边缘和屋面相连处应严密不漏。连接管管径当设计无要求时，不得小于 100mm。

② 雨水斗安装完毕,随雨水管露明表面设计要求刷面漆。

3. 施工做法详解

(1) 制作要求 制作雨水斗时,要求排泄雨水时的夹气量尽可能小。因此,雨水斗要求在保证拦截粗大杂质的前提下,承担的汇水面积越大越好;顶部无孔眼,以防止内部与大气相通;结构上要求导流畅通、水流平稳且阻力要小,其构造高度一般为 50~80mm;制造加工要简单。雨水斗的斗前水深一般不宜超过 100mm,以免影响屋面排水。

(2) 雨水斗制作

① 画线:依照图纸尺寸、材料品种、规格进行放样画线,经与图纸复核无误,进行裁剪。为节约材料,宜合理进行套裁,先画大料,后画小料,画料形状及尺寸应准确,用料品种、规格无误。

② 样板:画线后,先裁剪出一套样板,裁剪尺寸准确,裁口垂直平正。

③ 成型:将裁好的块料采用电焊对口焊接,焊接之后经校正符合要求。

④ 刷防锈层:加工制作好的雨水斗(包括铸铁雨水斗)应刷防锈层。对于铸铁雨水口应先除掉焊缝熔渣,再用钢丝刷刷掉锈斑,然后均匀刷一道防锈漆。镀锌白铁雨水斗应涂刷磷化底漆。

(3) 雨水斗的布置 雨水斗的布置位置,要考虑集水面积比较均匀及便于与悬吊管及雨水立管的连接,确保雨水能通畅流入。其布置要求如下。

① 布置雨水斗时,应首先考虑以伸缩缝或沉降缝作为分水线。

② 在有伸出屋面的防火墙时,由于其隔断了天沟,因此可考虑将防火墙作为天沟排水分水线,否则应在伸缩缝、沉降缝或防火墙的两侧均设雨水斗。

a. 伸缩缝或沉降缝两侧的两个雨水斗,如连接在一根立管或总的悬吊管上时,应采用伸缩接头并保证密封。

b. 防火墙两侧的雨水斗如连接在一根立管或总悬吊管上时,可不必考虑设置伸缩接头和固定支点。

③ 雨水斗的位置不宜太靠近变形缝,以免遇暴雨时,天沟水位涨高从变形缝上部流入建筑内。

④ 一般屋面天沟中每隔一定距离装一个雨水斗。雨水斗的布置既要考虑屋面与天沟的构造,又要保证流水畅通。

a. 在工业厂房中,常采用管径为 100mm 的雨水斗,其间距为 12~24m,并与柱距相配合。

b. 雨水斗的间距要适宜,雨水斗的间距过小会增加工程造价;间距过大则汇水面积过大,会因排放量不足而致使屋面积水,甚至造成屋面漏水。

(4) 水落口的构造

① 挑檐板的雨水斗按设计要求,先剔出挑檐板钢筋,找好雨水斗位置,核对标高,装卧雨水斗,用 $\phi 6$ 钢筋架固,支好托模板,用和挑檐同强度等级的混凝土浇筑密实,雨水口上平不能凸出找平面层。

② 女儿墙雨水斗口:根据设计位置及要求,在结构施工时,应预先留出水落口孔洞。

在水落口的雨水斗安装前,应先弹出雨水斗的中心线,找好标高,将雨水斗用水泥砂浆卧稳,用细石混凝土嵌固,填塞严密;外侧是砌筑清水墙时,应按砌筑排砖贴砌,与外墙缝子一致。

（5）**雨水斗安装**　雨水斗做法见图 2-18。屋面防水层应伸入环形筒下，雨水斗四周防水油毡弯折应平缓；雨水斗下的短管应牢固固定在屋面承重结构上，以防止由于屋面水流冲击以及连接管自重的作用而削弱或破坏雨水斗与天沟沟体连接处的强度，造成接缝处漏水。

4. **施工总结**

① 雨水斗水平高差应不大于 5mm。设置在阳台的雨水斗，上口距阳台板底应为 180～400mm。

② 雨水管伸入雨水斗上口深度 30～40mm，且雨水管口距雨水斗内壁不小于 20mm。

③ 雨水斗排水口和雨水管连接处，雨水管上端面应当留有 6～10mm 的伸缩余量。

图 2-18　雨水斗做法

二、雨水管安装

1. 示意图和施工现场图

雨水管安装示意和完成实例分别见图 2-19 和图 2-20。

图 2-19　雨水管安装示意

图 2-20　雨水管安装完成实例

2. 注意事项

① 雨水管安装前，对雨水斗采取措施，不应使雨水斗的排水浇到墙，造成墙面污染。

② 雨水管的安装必须牢固，固定方法、间距应符合设计要求，排水流畅，不漏水。

③ 雨水管的质量必须符合设计要求，表面无空鼓起泡现象、颜色一致。

3. 施工做法详解

工艺流程 ≫≫≫ ....

预制加工→干管安装→立支管安装→配件安装→卡架安装。

（1）**预制加工**　根据图纸要求及技术交底并结合实际情况，按预留口准确位置测量尺寸，绘制加工草图。根据草图计算管段尺寸，进行断管。断口要平齐，用刮刀或铣刀除掉断口内外飞刺，外棱铣出 150°角。黏结前应对承插口先插入试验，不得全部插入，一般为承口的 3/4 深度。试插合格后，用棉纱将承插口需黏结部位的灰尘、水渍擦拭干净。如有油污需用丙酮除掉。用毛刷涂抹黏结剂，先涂抹承口、后涂抹插口，随即用力垂直插入，插入黏结时将插口转动 90°，以利于黏结剂分布均匀，30～60s 即可黏结牢固。黏结牢固后立即将溢出的黏结剂擦拭干净。多口黏结时应注意预留口方向。

（2）干管安装

① 首先根据设计图纸要求的坐标、标高结合预留槽洞或预埋套管进行放线。埋入地下时，按设计坐标、标高、坡向、坡度开挖槽沟并夯实。地下埋设管道应先用细砂回填至管上皮100mm，上覆过筛土，夯实时勿碰损管道。

② 采用托吊管安装时应按设计坐标、标高、坡向做好托、吊架。施工条件具备时，将预制加工好的管段，按编号运至安装部位进行安装。各管段黏结时也必须按编号依次进行。全部黏结连好后，管道要直，坡度应均匀，各预留口位置准确。托吊管黏结牢固后再按水流方向找坡度。最后将预留口封严和堵洞。

③ 干管安装完后应做灌水试验。

（3）立支管安装

① 按设计坐标、管径要求校核预留孔洞，洞口尺寸可比管道外径大50～100mm，不可损伤受力钢筋。安装前根据需要支搭操作平台。

② 立管安装时，宜先下后上，逐段逐层安装，流水接口宜设置在伸缩节位置，每次安装时先清理已预留的伸缩节，将锁母拧下，取出橡胶圈，清理杂物。立管插入应先计算插入长度并做好标记，然后涂上肥皂液，套上锁母及橡胶圈，将管端插入标记处锁紧锁母。

③ 应先将立管上端伸入上一层洞口内，下端口垂直用力插入至标记为止。合适后用U形抱卡紧固，找正找直，三通口中心应符合设计要求，有防水要求须安装止水环，保证止水环在板洞中位置，止水环可用自制品或成品。完成后即可堵洞，临时封堵各个管口。

④ 排水立管（图2-21）管中距净墙面距离为100～120mm，立管距灶边净距不得小于400mm，与供暖管道的净距不得小于200mm，且不得因热辐射使管外壁温度高于40℃。

⑤ 管道穿越楼板处为非固定支承点时，应加装塑料或金属套管，套管内径可比穿越管外径大两号管径，套管高出地面不得小于50mm。

⑥ 排水塑料管与铸铁管连接时，宜采用专用配件。当采用水泥捻口连接时，应先将塑料管插入承口部分的外侧，用砂纸打毛或涂刷胶黏剂，滚粘干燥的粗砂；插入后应用油麻丝填嵌均匀，用水泥捻口。

⑦ 地下埋设管道及出屋顶透气立管，如不采用UPVC排水管件而采用下水铸铁管件时，可采用水泥捻口。为防止渗漏，塑料管插接处用粗砂纸将塑料管横向打磨粗糙。

⑧ 连接管是连接雨水斗和悬吊管的竖向短管，下端用斜三通与悬吊管连接。

⑨ 悬吊管连接雨水斗与雨水立管，是雨水内排水系统中架空布置的横向管道，其管径不宜小于连接管管径，但不应大于300mm，悬吊管沿屋架悬吊，坡度不小于5/1000；在悬吊管的端头和长度大于15m的悬吊管上设检查口或带法兰盘的三通，位置宜靠近墙柱，以利检修；1根立管连接的悬吊管根数不多于2根，立管管径不得小于悬吊管管径。

图2-21　排水立管

（4）配件安装

① 雨水斗：根据建筑屋面做法校核预留孔洞位置，确定雨水斗坐标、标高，稳装雨水斗，找平找正，固定牢固，做好雨水斗临时封堵。雨水斗和悬吊管采用连接管连接，下端用斜三通与悬吊管连接。

② 伸缩节

a. 管端插入伸缩节处预留的间隙应为：夏季5～10mm；冬季15～20mm。

b. 如立管连接件本身具有伸缩功能，可不再设伸缩节。

c. 排水支管在楼板下方接入时，伸缩节应设置于水流汇合管件之下；排水支管在楼板上方接入时，伸缩节应设置于水流汇合管件之上；立管上无排水支管时，伸缩节可设置于任何部位；污水横支管超过2m时，应设置伸缩节，但伸缩节最大间距不得超过4m，横管上设置伸缩节应设于水流汇合管件的上游端。

d. 当层高小于或等于4m时污水管与通气立管应每层设一伸缩节，当层高大于4m时应根据管道设计伸缩量和伸缩节最大允许伸缩量确定。伸缩节设置应靠近水流汇合管件（如三通、四通）附近。同时，伸缩节承口端（有橡胶圈的一端）应逆水流方向，朝向管路的上流侧（伸缩节承口端内压橡胶圈的压圈外侧应涂胶黏剂和伸缩节黏结）。

e. 立管在穿越楼层处固定时，在伸缩节处不得固定；在伸缩节固定时，立管穿越楼层处不得固定。

③ 检查口和清扫口：立管在楼层转弯时，应在立管适当位置设置检查口；立管底部和横干管连接时应在立管适当位置设置检查口，检查口的朝向应便于检修；距离较长的横干管应按表2-1的规定设置检查口，当立管安装在管井或横管敷设在吊顶内时，检查口处应设检修门。

表 2-1　雨水管道的检查口间距

悬吊管直径/mm	检查口间距/m	悬吊管直径/mm	检查口间距/m
≤150	≤15	≥200	≤20

④ 阻火圈：高层建筑中，立管明设且其管径大于或等于110mm时，在立管穿越楼层处应设置阻火圈或长度不小于500mm的防火套管，管径大于或等于110mm的横支管和暗设立管相连时，墙体贯穿部位应设置阻火圈或长度不小于300mm的防火套管，且防火套管的明露部分长度不宜小于200mm；横干管穿越防火分区隔墙时，管道穿越墙体的两侧应设置阻火圈或长度不小于500mm的防火套管；在需要安装阻火圈或防火套管的楼层，先将阻火圈或防火套管套在管段外，然后进行管道接口连接。防火套管及阻火圈的耐火极限不低于贯穿部位建筑构件的耐火极限。

(5) 卡架安装

① 支架：非固定支撑件的内壁应光滑，与管壁之间应留有微隙；管道支撑件的间距，立管不得大于2m。固定支撑在与管道外壁连接处应用柔性材料隔离。

② 支撑件可采用注塑成型塑料吊卡、墙卡等；当采用金属材料时，应做防腐处理。

③ 当雨水管道在地下室、半地下室或架空布置时，立管底部宜设支墩或采取固定措施。

4. 施工总结

施工中常见的问题及预防措施如下。

① 雨水管安装不直：安装卡箍时未认真找正。预防措施为：应弹线；侧向应控制距墙的距离，目测顺直。

② 雨水斗高于找平层，造成屋面积水。预防措施为：应加强管理；操作应认真，保证防水层按设计要求的坡度做。

③ 雨水管固定不牢靠：主要是在基层下木塞用圆钉或木螺钉固定造成的。预防措施为：固定点严禁下木塞，雨水管卡箍采用水泥砂浆固定，其他采用射钉或螺栓。

第三章
室内热水供应系统安装

第一节 ▶ 管道及配件安装

一、管道支架及套管安装

1. 示意图和施工现场图

管道支架施工示意和施工现场分别见图 3-1 和图 3-2。

冲孔SL型钢　吊杆　高强度膨胀螺栓　SS-MS重型管束

图 3-1　管道支架施工示意

图 3-2　管道支架施工现场

2. 注意事项

① 套管应随同干管、立管、支管安装，把预制好的套管套在管道上，放在指定位置。

② 铜管过墙及穿楼板应加钢套管，套管内添加绝缘物。

③ 管道支架、吊架的结构尺寸应符合设计图纸要求。

④ 支架的横梁应牢固地固定在墙、柱或其他构筑物上。横梁长度方向应水平，顶面应和管子中心线平行，和管壁面接触。

3. 施工做法详解

工艺流程 ▶▶▶▶

设置套管→管道固定。

（1）**设置套管**　管道穿过墙壁和楼板，应设置钢质套管如金属或塑料套管。

（2）**管道固定**

① 管道安装时，必须按不同管径和要求设置管卡或支托吊卡架。其位置应正确、合理，

安装平整、牢固。管卡与管道接触应紧密，但不得损伤管材表面。管道末端、各用水点处均应设置固定卡架。当管材为铜管、塑料管、复合管或不锈钢管等，且采用金属卡件时，卡件与管道间应用塑料或橡胶垫隔垫，不得使用硬物隔垫。

② 沿墙面或楼地面敷设的管道，必须采用管卡固定，并用固定件固定在依托的墙体或楼板上。吊装的管道或有保温的管道应采用吊架或托架固定管道。

③ 给水及热水供应系统的金属管道立管管卡安装应符合下列规定。

a. 楼层高度小于或等于 5m，每层必须安装 1 个；楼层高度大于 5m，每层不得少于 2 个。

b. 管卡安装高度，距地面应为 1.5~1.8m，2 个以上管卡应匀称安装，同一房间管卡应安装在同一高度上。

4. 施工总结

① 过楼板套管安装时，可在套管上焊一横钢筋棍，担在预留孔的地面上，防止脱落。待干管、立管安装完成并找正后再调整好间隙加以固定，进行封固。

② 必须按设计位置设置好固定支架，在两个伸缩器中间应设固定支架，利用弯管做自然补偿时应设固定支架。固定支架的结构应符合设计要求，以保证固定牢固，使管道不能移动。

③ 导向支架滑托与滑槽两侧间应留有 3~5mm 的间隙。

④ 有热伸长的管道的吊杆，应向热膨胀的反方向偏移。

二、热水管道的布置与安装

1. 示意图和施工现场图

热水管道安装施工示意和施工现场分别见图 3-3 和图 3-4。

图 3-3　热水管道安装施工示意

图 3-4　热水管道安装施工现场

2. 注意事项

① 安装好的管道不得吊拉负荷及用作支撑或放脚手板，不得踏压，其支托卡架不得作为其他用途的受力点。

② 搬运材料、机具及施焊时，要有具体防护措施，不得将已做好的墙面和地面弄脏、破坏。

③ 在管道安装过程中，应及时对接口或甩口处做好临时封堵，以免污物进入管道。

④ 管道在喷浆前要加以保护，防止灰浆污染管道。试水完毕后要及时泄水，防止受冻。

⑤ 搬运材料、机具及施焊时，要有具体防护措施，不得将已做好的墙面和地面弄脏、破坏。

3. 施工做法详解

（1）热水管道的布置

热水管道的布置和给水管道基本相同。管道的布置应该在满足安装和维修管理的前提下，使管线尽量短、尽量简单。

① 一般建筑物的热水管线为明装，只有在卫生设备标准要求高的建筑物及高层建筑热水管道才暗装。

② 暗装管线放置在预留沟槽、管道竖井内。明装管道尽可能布置在卫生间或非居住房间，一般与冷水管平行。

③ 当热水水平和与垂直管道不能靠自然补偿达到补偿效果时，应通过计算设置补偿器。

④ 热水上行下给配水管网最高点应设置排气装置，下行上给立管上配水阀可代替排气装置。

（2）热水管道的安装

① 热水干管管线较长时，应考虑自然补偿或装设一定数量的补偿器，以防管道由于热胀冷缩被破坏。补偿器可选用方形或套筒式补偿器。补偿器安装时，要进行预拉（或预压），同时设置好固定支架及滑动支架。

② 热水横管应有不小于 3/1000 的坡度，为了便于排气和泄水，坡向与水流方向相反。在上分式系统配水干管的最高点应设排气装置，如自动排气阀、集气罐或膨胀水箱。在系统的最低点应设泄水装置或利用最低配水龙头泄水，泄水装置可为泄水阀或丝堵，其口径为 1/10～1/5 管道直径。为了集存热水中析出的气体，以防被循环水带走，下分式系统回水立管应在最高配水点以下 0.5m 处与配水立管连接。为避免干管伸缩时对立管的影响，热水立管和水平干管连接时，立管应加弯管。

③ 热水管穿过基础、墙壁和楼板时均应设置套管，套管直径应大于穿越管道直径 1～2 号，穿楼板用的套管要高出地面 5～10cm，套管与管道之间用柔性材料填满，以防楼板积水时水由楼板孔流到下一层。穿基础的套管应密封，以防地下水渗入室内。

④ 为了便于检修，在配水立管的始端、回水立管的末端、居住建筑中从立管接出的支管始端以及配水点多于 5 个的支管的始端，均应安装阀门。为了防止热水倒流或串流，在水加热器或储水器的冷水供水管上，机械循环第二回水管上，直接加热混合器的冷、热水供水管上都应装设止回阀。

⑤ 为了减少散热，热水系统的配水干管道、机械循环回水干管、有冻结可能的自然循环回水管、水加热器、储水罐等应保温。保温材料应选取热导率小、耐热性能高和价格低的材料。

4. 施工总结

① 安装好的管道不得吊拉负荷及用作支撑或放脚手板，不得踏压，其支托卡架不得作为其他用途的受力点。

② 在管道安装过程中，应及时对接口或甩口处做好临时封堵，以免污物进入管道。

③ 管道在喷浆前要加以保护，防止灰浆污染管道。试水完毕后要及时泄水，防止受冻。

④ 埋地管要避免受外荷载破坏而产生变形。埋设在楼板内的管道在土建打完垫层进行地面装饰层施工前，应在地面上弹线示意管道的位置，弹线范围内严禁剔凿、打眼、钉钉等，以免装修时被破坏。

⑤ 如果分层立管上下对不正，距墙不一致，立管不垂直，主要就是因为在剔板洞、安

装时未吊线严格控制偏差，或隔断墙位移偏差太大；支管尺寸不准，或推、拉立管，立管支架未安装牢固，出现了松动。

⑥ 施工中容易出现支管揻弯上下不一致的现象，主要就是因为上下尺寸不一致，揻弯的大小不同，角度不均，长短不一。

⑦ 施工中容易出现套管在过墙两侧或楼板下方外露现象，或者穿越管穿过套管时未居中，与墙及楼板的交接部位观感较差。主要原因是：套管长度不准确，或套管没有采取固定措施；套管或预留孔洞的位置不准确；套管未按要求封堵严密，土建装饰面没有进行处理。

三、管道防腐与保温

1. 示意图和施工现场图
管道保温示意和防腐施工现场分别见图 3-5 和图 3-6。

图 3-5　管道保温示意

图 3-6　管道防腐施工现场

2. 注意事项
① 尽量避免交叉作业，必须上下施工时应做好隔离设施。

② 脚手架应搭设必须牢固可靠。施工前必须对脚手架进行检查，发现不妥应立即进行处理。

③ 沾有油漆或油料的棉纱、破布等易燃废物，应收集存放在有盖子的金属容器内，并及时清理。

④ 保温施工前应对所有的保温材料做质量检验，各种材料应有产品出厂合格证及检验报告，并附有质量保证书，各项性能指标满足设计要求。

⑤ 保温材料开裂、缺口部分一定要重新换上合格的材料，不能使用有缺陷的保温材料。

3. 施工做法详解
（1）管道涂抹法保温
① 涂抹法保温层结构施工方法和要点如下。

a. 将石棉硅藻土或碳酸镁石棉粉用水调成胶泥待用。

b. 再用 6 级石棉和水调成稠浆并涂抹在已涂刷防锈漆的管道表面上，涂抹厚度为 5mm 左右。

c. 等该涂抹底层干燥后，再将待用胶泥往上涂抹。涂抹应分层进行，每层厚度为 10～15mm，前一层干燥后，再涂抹后一层，直至获得所要求的保温厚度为止。管道转弯处保温层应有伸缩缝。

d. 施工直立管道段的保温层时，应先在管道上焊接支承环，然后再涂抹保温胶泥。支承环由 2～4 块宽度等于保温层厚度的扁钢组成。当管径 ϕ<150mm 时，可直接在管道上捆扎几道钢丝作为支承环。支承环的间距为 2～4m。

e. 进行涂抹式保温层施工时，环境温度应在 0℃以上。为了加速干燥，可在管内通入≤150℃的蒸汽。

② 涂抹法保温层配料比，如设计无要求时可按表 3-1 进行。

表 3-1 涂抹法保温层配料及比例

配料名称	配料规格	配方 Ⅰ	配方 Ⅱ	配方 Ⅲ
硅酸盐水泥/kg	42.5 级	150	—	200
工业用硅酸钠(水玻璃)/kg	相对密度 1.25～1.3	—	300	—
石棉纤维/kg	3～5 级	—	50	—
膨胀珍珠岩/kg	密度≤100kg/m³	100	—	—
石棉灰或石棉硅藻土/kg		—	50	50
耐火黏土/kg		—	50	—
氟硅酸钠/kg		—	30	—
膨胀蛭石	粒度 3.5～7mm		2m³	1.6～1.7m³

③ 涂抹法保护层的施工方法如下。

a. 油毡玻璃丝保护层施工方法如下。

ⅰ. 将 350 号石油沥青油毡剪成宽度为保温层外圆周长加 50～60mm、长度为油毡宽度的长条待用。

ⅱ. 将待用长条以纵横搭接长度约 50mm 的方式包在保温层上，横向接缝用沥青封口，纵向接缝布置在管道侧面，且缝口朝下。

ⅲ. 油毡外面用 ϕ1～1.6 镀锌钢丝捆扎，并应每隔 250～300mm 捆扎一道，不得连续缠绕；当绝热层外径>600mm 时，则采用 50mm×50mm 的镀锌钢丝网捆扎在绝热层外面。

ⅳ. 用厚 0.1mm 的玻璃丝布以螺旋形缠绕于油毡外面，再以 ϕ1 镀锌钢丝每隔 3m 捆扎一道。

ⅴ. 油毡玻璃丝布保护层表面应缠绕紧密，不得有脱落、松动、皱褶、翻边和鼓包等缺陷，且应按设计要求涂刷沥青或油漆。

b. 石棉水泥保护层施工方法如下。

ⅰ. 当设计无要求时，可用 72%～77% 的 32.5 级以上水泥、20%～25% 的 4 级石棉、3% 的防水粉（质量比），用水搅拌成胶泥。

ⅱ. 当涂抹保温层外径 ϕ≤200mm 时，可直接往上抹胶泥，形成石棉水泥保护层；当保温层外径 ϕ>200mm 时，先在保温层上用 30mm×30mm 镀锌钢丝网包扎，外面用 ϕ1.8 镀锌钢丝捆扎，之后再抹胶泥。

ⅲ. 当设计无明确规定时，保护层厚度可按保温层外径大小来决定，即：保温层外径<350mm 者为 10mm，外径≥350mm 者为 15mm。

ⅳ. 石棉水泥保护层表面应平整、圆滑，无明显裂纹，端部棱角应整齐，并按设计要求涂刷油漆或沥青。

(2) 管道缠包式保温

① 管道缠包式保温的施工方法与要点如下。

a. 先将矿渣棉毡或玻璃棉毡按管道外圆周长加搭接长度剪成条块待用。

b. 按管子规格剪成的条块缠包在已涂刷防锈漆的相应管径的管道上。缠包时应将棉毡压紧，如果一层棉毡厚度达不到保温厚度时，可用两层或三层棉毡。

c. 缠包时，应使棉毡的横向接缝路结合紧密，如有缝隙应用玻璃棉或矿渣棉填塞；其纵向接缝应放在管道顶部，搭接宽度为 50～300mm（按保温层外径确定）。

d. 当保温层外径小于 $\phi500$ 时，棉毡外面用 $\phi1～1.4$ 镀锌钢丝包扎，间隔为 150～200mm；当外径大于等于 $\phi500$ 时，除用镀锌钢丝捆扎以外，还应以 30mm×30mm 镀锌钢丝网包扎。

e. 使用石棉绳（带）时，可将石棉绳（带）直接缠绕在管道上。根据保温层厚度及石棉绳直径可缠一层或两层，两层之间应错开，缝内填石棉泥，外面也可不做保护层。

石棉泥保温可用在高温蒸汽管道或临建工程上，主要为了便于施工和拆卸，通常可用在小直径热水管道上。

② 保护层施工方法如下。

油毡玻璃丝布保护层，具体做法与"管道涂抹法保温"施工相同。

金属保护层（也适用于预制装配式保温）做法如下。

a. 将厚度 0.3～0.5mm 的镀锌铁皮（内外先刷红丹底漆两遍）或厚度为 0.5～1mm 的铝皮，以管周长作为宽度剪切下料，再用压边机压边，用滚圆机滚圆成圆筒状。

b. 将金属圆筒套在保温层上，且不留空隙，使纵缝搭接口朝下；环向接口应和管道坡度一致；每段金属圆筒的环向搭接长度为 30mm，纵向搭接长度不少于 30mm。

c. 金属圆筒紧贴保温层后，用半圆头自攻螺钉进行紧固。螺钉间距为 200～250mm，螺钉孔以手电钻钻孔；禁止采用冲孔或其他不适当的方式装配螺钉。

d. 在铁皮保护层外壁按设计要求涂刷油漆。

（3）管道预制装配式保温

预制装配式保温结构见图 3-7。

① 保温层的施工方法及要点如下。

a. 将泡沫混凝土、石棉蛭石、硅藻土等预制成能抱管道的扇形块（或半圆形管壳）待用。构成环形块数可参照管外径大小而定，但应是偶数，最多不超过 8 块；厚度不大于 100mm，否则应做成双层。

b. 将管壳用镀锌钢丝直接绑扎在管道上。还有一种施工方法是在已涂刷防锈漆的管道外表面上，先涂一层 5mm 厚的石棉硅藻土或碳酸镁石棉粉胶泥（若用矿渣棉或玻璃棉管壳保温时，可用直接绑扎法）。

图 3-7 预制装配式保温结构

c. 将待用的扇形块按对应规格装配到管道上面。装配时应使横向接缝与纵向接缝相互错开；分层保温时，其纵向缝里外应错开 15°以上，而环形对缝应错开 100mm 以上，并用石棉硅藻土胶泥将所有接缝填实。

d. 预制块保温可用有弹性的胶皮带临时固定；也可用胶皮带按螺旋形松缠在一段管子上，再顺序添入各种经过试配的保温材料，并用 $\phi1.2～1.6$ 的镀锌钢丝或薄铁皮箍（20mm×1.5mm）将保温层逐一固定，方可解下胶皮带移至下一段管上进行施工。

e. 当绝热层外径 $\phi>200mm$ 时，应用（30～50）mm×50mm 镀锌钢丝网对其进行捆扎。

f. 在直线管段上，每隔 5～7m 应留一膨胀缝，间隙为 5mm，在弯管处，管径小于或等于 300mm 应留一条膨胀缝，间隙为 20～30mm 膨胀缝须用柔性保温材料（石棉绳或玻璃棉）填充。

② 保护层的施工方法如下。用材、方法、外涂漆等和涂抹式的保护层要求相同，但用矿渣棉或玻璃棉的管壳作保温层的，应选用油毡玻璃丝布保护层。

采用麻刀石灰或石棉水泥保护层，其厚度不小于10mm。采用铁皮保护层，纵缝搭口应朝下，环形缝铁皮的搭接长度为30mm。弯管处铁皮保护层的结构如图3-8所示。

图3-8 弯管处铁皮保护层结构
1—0.5mm铁皮保护层；2—保温层；3—半圆头自攻螺钉4mm×16mm

（4）管道防腐

① 表面清理：金属管道表面常有泥灰、氧化物、浮锈、油脂等杂物，影响防腐层同金属表面的结合，因此在刷油前必须除掉这些污物。除采用稳化型带锈底漆允许有80μm以下的锈层外，一般都要露出金属本色。

表面清理方法通常是除油除锈。

a. 除油：管道表面粘有较多的油污时，可先用汽油或浓度为5%的热苛性钠溶液洗刷，然后用清水冲洗，干燥后再进行除锈。

b. 除锈：方法有喷砂、酸洗（化学）等方法。

② 涂漆：涂漆一般采用刷漆、喷漆、浸漆、浇漆等方法。管道工程大多采用刷漆和喷漆方法。人工涂漆要求涂刷均匀，用力往复涂刷，不应有"花脸"和局部堆积现象。机械喷涂时，漆流要和喷漆面垂直，喷嘴和喷漆面距离为400mm左右，喷嘴的移动应当均匀平稳，速度为每分钟10～18m，压缩空气压力为0.2～0.4MPa。

涂漆时的环境温度不得低于5℃，否则应采取适当的防冻措施；遇雨、霜、雾、露及大风天气时，不宜在室外涂漆施工。

涂漆的结构和层数按设计规定，涂漆层数在两层或两层以上时，要待前一层干燥后再涂下一层，每层厚度应均匀。

有些管道在出厂时已按设计要求做过防腐处理，当安装施工完并试压后，要对连接部位进行补涂，以防遗漏。

③ 管道着色：管道涂漆除为了防腐外，还有一种装饰和辨认作用。特别是工厂厂区和车间内，各类工业管道很多，为了便于操作者管理和辨认，常在不同介质的管道表面或保温层表面涂上不同颜色的油漆和色环。

4. 施工总结

① 金属表面处理应洁净、彻底，底漆、面漆的层数和颜色按设计要求，经测厚仪测量，其厚度符合设计要求。

② 涂刷后，油漆表面应平整、光滑，色调一致。

③ 压力喷砂除锈时，必须配备密封的防护面罩，戴长手套，穿专业工作服，喷嘴接头牢固，使用中严禁喷嘴对人。喷嘴堵塞时，必须在停机泄压后方可进行修理或更换。

④ 各部位保温，均要确保保温厚度，保温面平整，并保证紧贴在保温层上，无鼓包和空层现象。

⑤ 保温材料应绑扎牢固，每块保温材料最少为两道，绑扎材料不得倾斜，不得采用螺旋式缠绕捆扎，拧紧后的钢丝头要嵌入保温材料缝隙内，钢丝距保温端头大于100mm。

⑥ 保温层厚度超过80mm时，应分层施工，主保温层的拼缝应严密，并要错缝压缝敷设，有缝隙处用软质材料堵塞密实。

第二节 ▶ 辅助设备安装

一、太阳能热水器安装

1. 示意图和施工现场图

集热器并联排列示意和太阳能热水器安装施工现场分别见图3-9和图3-10。

冷水进

热水出

图3-9　集热器并联排列示意

图3-10　太阳能热水器安装施工现场

2. 注意事项

① 热水器系统安装完毕，在交工前按设计要求安装温控仪表。

② 凡以水作为介质的太阳能热水器，在冬季气温0℃以下的地区使用，应采取防冻措施。热水箱及上、下集管等循环管道均应保温。

③ 太阳能热水器系统交工前进行调试运行。系统上满水，排除空气，检查循环管路有无气阻和滞流，机械循环系统应检查水泵运行情况及各回路温升是否均衡，做好温升记录，水通过集热器一般应升温3～5℃。符合要求后办理交工验收手续。

3. 施工做法详解

工艺流程 ⟫⟫⟫ ···

安装准备→支座架安装→太阳能设备安装→储热水箱制作安装→自然循环系统管道安装。

（1）**安装准备**

① 根据设计要求开箱检查，核对热水器的规格型号是否正确，配件是否齐全。

② 清理现场，画线定位。

（2）**支座架安装**　支座架应根据设计详图配制，一般为半成品现场组装。支座架地脚盘安装应符合设计要求，安装应牢固。

（3）**太阳能设备安装**

① 管板式集热器是目前广泛使用的集热器，与储热水箱配合使用，倾斜安装。集热器玻璃安装宜顺水搭接或框式连接。

② 集热器安装方位：在北半球集热器的最佳方位是朝向正南，最大偏移角度不得大于15°。

③ 集热器安装倾角：最佳倾角应根据使用季节和当地纬度确定。

（4）**储热水箱制作安装**

① 给水应引至水箱底部，可采用补给水箱或漏斗配水方式。

② 热水应从水箱上部流出，接管高度一般比上循环管进口低 50～100mm，为保证水箱内的水能全部使用，应从水箱底部接出管与上部热水管并联。

③ 上循环管接至水箱上部，一般比水箱顶低 200mm 左右，但要保证正常循环时淹没在水面以下，并使浮球阀安装后工作正常。

④ 下循环管接自水箱下部，为防止水箱沉积物进入集热器，出水口宜高出水箱底 50mm 以上。

⑤ 由集热器上、下集管接往热水箱的循环管道，应有不小于 5/1000 的坡度。

⑥ 水箱应设有泄水管、透气管、溢流管和需要的仪表装置。

⑦ 储热水箱安装要保证正常循环，储热水箱底部必须高出集热器最高点 200mm 以上，上下集管设在集热器以外时应高出 600mm 以上。

(5) 自然循环系统管道安装

① 为减少循环水头损失，应尽量缩短上、下循环管道的长度和减少弯头数量，应采用大于 4 倍曲率半径、内壁光滑的弯头和顺流三通。

② 管路上不宜设置阀门。

③ 在设置几台集热器时（图 3-11），集热器可以并联、串联或混联，但要保证循环流量均匀分布，为防止短路和滞流，循环管路要对称安装，各回路的循环水头损失平衡。

图 3-11　多台集热器设置

④ 为防止气阻和滞流，循环管路（包括上下集管）安装应保证不小于 10/1000 的坡度，以便于排气，管路最高点应设通气管或自动排气阀。

⑤ 循环管路系统最低点应加泄水阀，使系统存水能全部泄完。每台集热器出口应加温度计。

4. 施工总结

太阳能热水器的集热效果不好的可能原因如下。

① 正确调整集热器的安装方位和倾角，使其保证最佳日照强度。

② 调整上下循环管的坡度和缩短管路，防止气阻滞留和减小阻力损失。

③ 太阳能热水器的安装位置应避开其他建筑物的阴影，保证充分的日照强度。

④ 太阳能热水器安装时，应避免设在烟囱和其他产生烟尘设施的下风向，以防烟尘污染透明罩影响透光。

二、水泵安装

1. 示意图和施工现场图

水泵安装示意和施工现场分别见图 3-12 和图 3-13。

2. 注意事项

① 输送高、低温液体用的泵，启动前必须按设备技术条件的规定进行预热和预冷。

② 离心水泵不应在出口阀门全闭的情况下长时间运转，也不应在性能曲线驼峰处运转。

③ 循环水泵的流量或扬程必须满足热水采暖系统的要求，否则，系统热媒循环速度缓慢，会造成送回水温度之差超过正常值，系统回水温度过低。

图 3-12　水泵安装示意

图 3-13　水泵安装施工现场

3. 施工做法详解

工艺流程 >>>>

水泵基础施工→水泵与隔振安装→管道隔振安装→自检。

（1）**水泵基础施工**　对水泵房地面或楼面进行清扫凿毛；按水泵基础图进行放线、支模；要求水泵基础高度至少高于水泵房装修好的地面 50mm；按设计混凝土强度等级或不小于 C20 的混凝土灌注基础；待水泵基础达到永久强度后，用 1：2 水泥砂浆基础四周抹光压平，不需预埋任何埋件；浇筑混凝土及抹灰后都应进行浇水养护。

（2）**水泵与隔振安装**

① 水泵搬运：最好连同包装箱一起运输。水泵在地上及地下时，有提升设备，采用提升设备搬运；水泵在地下有坡道，可由坡道运下；水泵在地下有吊装孔时，可用卷扬机送下。

② 水泵开箱检查：水泵开箱检查应按下列项目进行，并记录箱号和箱数以及包装情况：设备名称、型号和规格；设备有无缺件、损坏和外观油漆等情况，进出管保护物和封盖完好。

③ 测量放线：测出基础纵横中心线，根据水泵底座尺寸定隔振器的位置。

（3）**管道隔振安装**　管道隔振是在水泵进、出水管上安装可曲挠橡胶接头、不锈钢软管或泵补偿器。由于不锈钢软管及泵补偿器等金属元件具有极好的位移补偿功能，欠缺横向和角度位移功能，因而欠缺隔振功能。在一般情况下优先选用橡胶可曲挠接头。只在水质要求极高的情况下，才选择不锈钢软管或泵补偿器，并且需经详细设计。在水泵进水管上可优先选择可曲挠偏心异径橡胶接头、可曲挠橡胶接头。在水泵出水管上可优先选择可曲挠同心异径橡胶接头、可曲挠橡胶接头，可曲挠橡胶弯头。

（4）**自检**　水泵安装完成后应按规定自检，及时排除故障。

4. 施工总结

① 为防止吸水管中积存空气而影响水泵运转，吸水管的安装应以沿水流方向连续上升的坡度接至水泵入口，坡度应不小于 5/1000。

② 吸水管靠近水泵进口处，应有一长为 2～3 倍管道直径的管段，避免直接安装弯头，否则水泵进口处流速分布不均匀，会使流量减少。

③ 吸水管应设支撑，以保证应有的吸水坡度。

④ 吸水管长度要短，配件和弯头数量要少，力求减少管道损失。

三、换热器安装

1. 示意图和施工现场图

换热器示意图见图 3-14，其安装施工现场见图 3-15。

图 3-14　换热器示意图

图 3-15　换热器安装施工现场

2. 注意事项

换热器进场后应进行本体水压试验，试验压力应为工作压力的 1.5 倍。蒸汽部分应不低于蒸汽压力加 0.3MPa；热水部分应不低于 0.4MPa。以在试验压力下 10min 内压力不下降、不渗漏为合格。

3. 施工做法详解

施工工艺流程 >>>>>

换热器整体安装→换热器附件安装。

（1）换热器整体安装　热水供应系统使用的换热器一般均为整体式安装，即换热器由生产厂家整体运输进场，施工安装单位组织检查验收后临时存放在现场。

安装时，还应进行复查，检查无损伤后方可组织安装，其安装就位的方法如下。

① 用滚杠法将换热器运到安装部位。

② 将随设备进场的钢支座依据定位要求固定在混凝土底座或地面上。

③ 根据现场条件采用拔杆（人字架）、悬吊式滑轮组等设备工具，将换热器吊到预先准备好的支座上，同时进行设备定位复核，直至合格。

（2）换热器附件安装

① 换热器的安全阀、压力表、温度计及设计要求安装的温度控制器等附件安装，应符合设计要求。

② 安全阀的安装，必须按下列规定进行。

a. 安装前，必须核对安全阀上的铭牌参数及标记是否符合设计文件的规定。安全阀安装前须到规定检测部门进行测试定压。

b. 安全阀必须垂直安装，其排出口应设排泄管，将排泄的热水引至安全地点。

c. 安全阀的压力必须与热交换器的最高工作压力相适应，其开启压力一般为热水系统工作压力的 1.1 倍。

d. 安全阀的安装应符合劳动人事部《压力容器监察规程》的规定，并经劳动部门试验调试后方可使用。

e. 安全阀开启压力、排放压力及回座压力调整好后，应进行铅封，以防止随意改动调整好的状态，并做好调试记录。

③ 温度控制器（阀）安装要求如下。

a. 温度控制器（阀）的进出口方向应和被调热源流向一致。

b. 温包应全部浸没在被调介质中，并水平或倾斜向下安装。

c. 导压管的最小弯曲半径不小于 75mm，最大长度 3000mm，并确保导压管在自然状态下，以防折断。

d. 在不用热水时，应关闭温度控制器（阀）前的阀门。

换热设备和与其连接的管道防腐要求由设计确定。防腐涂料的颜色、品种、涂刷层数等应符合设计要求。

4. 施工总结

施工安装单位应按设备基础设计图预制混凝土基础，一般采用 C15 素混凝土，并需要预埋地脚螺栓，在安装之前再在支座表面抹 M10 水泥砂浆找平，待基础强度达到要求后再进行设备安装。

第四章

卫生器具安装

第一节 ▶ 卫生器具主体安装

一、坐便器和水箱安装

1. 示意图和施工现场图

坐便器结构示意和安装施工现场分别见图 4-1 和图 4-2。

图 4-1　坐便器结构示意

图 4-2　坐便器安装施工现场

2. 注意事项

① 坐便器排出口与排水管甩头的接头处，冲洗管与便器和水箱的连接处，必须严密、不漏水。

② 要求木砖防腐良好，埋设平正牢固，器具放置平稳、牢固，表面无损伤，零件应保护良好，污垢清除干净。

③ 坐便器与低水箱的坐标允许偏差 10mm；标高允许偏差＋15mm；水平度允许偏差 2mm；垂直度允许偏差 3mm；低水箱给水管截止阀标高允许偏差＋10mm。

④ 各配件应完好无损伤，接口严密，开启部分灵活。

3. 施工做法详解

 ··········

背水箱配件安装→背水箱、坐便器稳装→安装后自检。

（1）背水箱配件安装

① 背水箱中带溢流管的排水口安装根据设计要求进行。溢流管口应低于水箱固定螺孔10～20mm。

② 背水箱浮球阀安装与高水箱相同，有补水管者把补水管上好后撮弯至溢水管口内。

③ 安装扳手时，先将圆盘塞入背水箱左上角方孔内，把圆盘上方螺母用管钳拧至松紧适度，把挑杆煨好勺弯，将扳手轴插入圆盘孔内，套上挑杆拧紧顶丝。

④ 安装背水箱翻板式排水时，将挑杆与翻板用尼龙线连接好，扳动扳手使挑杆上翻板活动自如。

（2）背水箱、坐便器稳装

① 将坐便器预留排水管口周围清理干净，取下临时管堵，检查管内有无杂物。

② 将坐便器出水口对准预留排水口放平找正，在坐便器两侧固定螺栓眼处画好印记后，移开坐便器，将印记做好十字线。

③ 在十字线中心处使用电锤打 $\phi14$ 孔（如果是使用内胀螺栓则打 $\phi12$ 的孔），将 $\phi10$ 膨胀螺栓插入孔洞内拧紧固定。再将螺母拧下，将坐便器试稳，使固定螺栓与坐便器吻合，移开坐便器。将坐便器排水口及排水管口周围抹上油灰后将便器对准螺栓放平、找正，螺栓上套好胶皮垫、平光垫上螺母拧至松紧适度。

④ 对准坐便器尾部中心，在墙上画好垂直线，在距地装饰面 800mm 高度（安装孔位置）画水平线。根据水箱背面固定孔眼的距离，在水平线上画好十字线。在十字线中心处用电锤打 $\phi14$ 孔（如果是使用内胀螺栓则打 $\phi12$ 的孔），将 $\phi10$ 膨胀螺栓插入孔洞内拧紧固定。再将螺母拧下，将背水箱挂在螺栓上放平、找正，与坐便器中心对正，螺栓上套好胶皮垫、带上平光垫、螺母拧至松紧适度。

⑤ 坐便器无进水锁母的可采用胶皮碗的连接方法。上水角阀的连接方法与高水箱相同。

（3）安装后自检　安装后还应检查其位置是否符合图纸的要求，检查其有无渗水漏水现象。

4. 施工总结

① 坐便器安装前，应根据房屋设计画出十字线。坐便器安装应用不小于 6mm 的镀锌膨胀螺栓固定，坐便器与螺母间应用软性垫片固定，污水管应露出地面以上 10mm。

② 坐式大便器安装前应用水泥砂浆找平，大便器接口填料宜采用油腻子，并用带尼龙垫圈的木螺钉固定在预埋的木砖上。

③ 高位水箱安装应以大便器进水口为基准，找出中心线并画线，用带尼龙垫圈的木螺钉固定于预埋的木砖上。水箱拉链应位于使用方向的右侧。

二、小便器安装

1. 示意图和施工现场图

小便器安装施工示意和实例分别见图 4-3 和图 4-4。

2. 注意事项

① 安装后的小便器应用草袋子等覆盖，防止被砸碰损坏。

② 在釉面砖、水磨石墙面剔孔洞时，宜用手电钻或其他工具轻轻剔掉釉面，待见到砖灰层方可用力，但也不可过猛，以免振坏其他装饰面层。

③ 各镀铬件应完好无损伤，接口严密，启闭部分应灵活。

3. 施工做法详解

工艺流程 ➤➤➤➤ ··

小便器稳装→小便器给水管道连接→配件安装。

图 4-3 小便器安装施工示意

图 4-4 小便器安装实例

（1）小便器稳装

① 挂式小便器稳装步骤如下。

a. 安装前应检查给、排水预留管口是否在一条垂线上，间距是否一致。符合要求后按照管口找出中心线。将下水管周围清理干净，取下临时管堵，抹好油灰。对准给水管中心画一条垂线。由地平线向上量出规定的高度，画一水平线。根据产品规格尺寸，由中心向两侧固定孔眼的距离。在横线上画好十字线，再画出上、下孔眼的位置，用十字线标示出来。

b. 在孔眼位置用电锤打好 $\phi 10 \times 60mm$ 的孔眼，栽入 $\phi 6$ 膨胀螺栓，托起小便器，挂在螺栓上。把胶垫、平光垫套入螺栓，将螺母拧至松紧适度。

c. 将小便器与墙面的缝隙嵌入白水泥浆补齐、抹光。

② 立式小便器稳装步骤如下。

a. 立式小便器安装前应检查给、排水顶留管口是否在一条垂线上，间距是否一致。符合要求后按照管口找出中心线。将下水管周围清理干净，取下临时管堵，抹好油灰。

b. 在立式小便器下铺垫水泥、白灰膏的混合灰（比例为1∶5），将立式小便器排水口对准排水管放下，找平、找正，稳装牢固。

c. 立式小便器与墙面、地面缝隙嵌入水泥浆抹平、抹光，打匀防水密封胶。

（2）小便器给水管道连接

① 将角阀或冲洗阀螺纹缠好生料带、装上护口盘带入给水口，用扳子上至松紧适度。其护口盘应与墙面靠严。角阀出口对准鸭嘴锁口，量出尺寸，断好冲洗管，套上锁母及扣碗，分别插入鸭嘴和角阀出水口内，拧紧锁母至松紧适度。然后将扣碗加油灰或密封胶安平、正。

② 小便槽冲洗管应采用镀锌钢管、PP-R管、薄壁不锈钢管或复合管制作。

③ 按照小便槽的长度截取管材，并套螺纹。使用手枪钻或台钻在管道上制作冲洗孔，

通常为$\phi 2\sim 3cm$，均匀排布，间距不宜过密，安装前清除管腔。镀锌钢管钻孔后应进行二次镀锌。

（3）配件安装

① 隐蔽自动感应出水冲洗阀及水龙头安装

a. 根据设计图纸及施工图集在所要设置的墙体上标出安装位置及盒体的尺寸。

b. 依据墙体材质及做法的不同进行电磁阀盒的安装固定。对于砌筑墙体应采用剔凿的方式；对于轻钢龙骨隔墙应使用螺栓或铆钉将盒体固定在预留的轻钢龙骨上。

c. 将电磁阀的进水管与预留的给水管进行连接安装。

d. 将电磁阀的出水口与出水管进行连接，并连接电源线（电源供电）及控制线（感应龙头）。

e. 将感应面板安装到位，应采用吸盘进行操作，以免损坏面板。

② 明装式自动感应出水冲洗阀的安装

a. 将电磁阀与外保护盒盒体进行固定安装。

b. 用短管将给水管预留口与电磁阀进水口连接固定。安装后应保持盒体平正。

c. 用出水冲洗短管连接电磁阀出水口及卫生器具冲洗口，并连接电源线或安放电池。

4. 施工总结

① 小便器上水管应暗装，用角阀与小便器连接。

② 角阀出水口中心应对准小便器进出口中心。

③ 配管前应在墙面上弹出小便器安装中心线，根据设计高度确定位置。

④ 用木螺钉加尼龙垫圈轻轻将小便器拧靠在木砖上，不允许偏斜。

⑤ 小便器排水接口为承插口时，就用油腻子封闭。

⑥ 各压盖、锁母安装后，应锁紧，无松动。

三、盥洗沐浴类卫生器具安装

1. 示意图和施工现场图

洗脸盆安装示意和实例分别见图 4-5 和图 4-6。

2. 注意事项

① 与排水管道连接的各卫生器具的受水口和立管均应采取妥善可靠的固定措施，管道与楼板的结合部位应采取牢固可靠的防渗、防漏措施。

② 连接卫生器具的排水管道接口应紧密不漏，其固定支架、管卡等支撑位置应正确、牢固，与管道的接触应平正。

③ 卫生器具的型号、规格、质量必须符合要求，卫生器具排水的出口的连接处必须严密不漏。

④ 卫生器具的排水管径和最小坡度，必须符合设计要求和施工规范的规定。

3. 洗脸盆安装施工做法详解

工艺流程 ▶▶▶▶ ···

洗脸盆零件安装→洗脸盆安装→洗脸盆排水管连接→洗脸盆给水管连接。

（1）洗脸盆零件安装

① 安装脸盆下水口：先将下水口根母、平光垫、胶垫卸下，将上垫垫好油灰后插入脸盆排水孔内，下水口中的溢水口要对准脸盆排水口中的溢水口眼。外面垫好胶垫，套上平光垫，带上根母，再用自制扳手卡住排水口十字筋，用平口扳手上根母至松紧适度。

图 4-5　洗脸盆安装示意

图 4-6　洗脸盆安装实例

② 安装脸盆水嘴：先将水嘴根母、锁母卸下，插入脸盆给水孔眼，下面再套上胶垫、平光垫，带上根母后左手按住水嘴，右手用自制八字死扳手将锁母紧至松紧适度。

（2）洗脸盆安装

① 独立支架洗脸盆安装方法如下。

a. 安装洗脸盆支架。应按照排水管口中心在墙上画出竖线，由地面向上量出规定的高度，画出水平线，根据盆宽在水平线上画出支架位置的十字线。按印记剔成 $\phi 30 \times 120mm$ 的孔洞。

b. 稳装洗脸盆。将脸盆支架找平栽牢，再将脸盆置于支架上找平、找正。将架钩钩在盆下固定孔内，拧紧盆架的固定螺栓，找平找正。

② 设有洗脸盆台面的洗脸盆安装方法如下。

a. 台上盆安装：将脸盆放置在依据脸盆尺寸预制好的脸盆台面上，保证脸盆边缘能与台面严密接触，且接触的部位能有效保证承受脸盆水满时的重量。洗脸盆安装好后在脸盆边缘与上台面接触部位的接缝处使用防水性能较好的硅酮（聚硅氧烷）密封胶或玻璃胶进行抹缝处理，宽度均匀、光滑、严密连续，宜为白色或透明的，以保证缝隙处理美观。

b. 台下盆安装：依据脸盆尺寸、台面设置高度及脸盆自带固定支架（或固定卡）形式、尺寸在固定墙面上画出固定点，使用电锤在墙上打出膨胀螺栓安放孔，使用膨胀螺栓固定住脸盆支架。在脸盆支架的高度微调螺栓与脸盆间垫入橡胶垫，利用微调螺栓调整脸盆高度，使脸盆上口与台面下平面严密接触。洗脸盆安装好后在脸盆边缘与台面下平面接触部位的内接缝处使用防水性能较好的硅酮（聚硅氧烷）密封胶或玻璃胶进行抹缝处理，宽度均匀、光滑、严密连续，宜为白色或透明的，以保证缝隙严密不漏。

③ PT 型支柱式洗脸盆的安装（图 4-7）方法如下。

a. 洗脸盆配件安装步骤如下。

图 4-7　支柱式洗脸盆安装示意

ⅰ．混合水嘴的安装：将混合水嘴的根部加 1mm 厚的胶垫、油灰。插入脸盆上沿中间孔眼内，下端加胶垫和平光垫，扶正水嘴，拧紧根母至松紧适度，带好给水锁母。

ⅱ．将冷、热水阀门上盖卸下，退下锁母，将阀门自下而上地插入脸盆冷、热水孔眼内。阀门锁母和胶圈套入四通横管，在将门上根母加油灰及 1mm 厚的胶垫，将根母拧紧与螺纹平。盖好阀门盖，拧紧门盖螺钉。

ⅲ．脸盆排水口加 1mm 厚胶垫、油灰，插入脸盆排水孔眼内，外面加胶垫和平光垫，螺纹处涂油、缠麻。用自制扳手卡住下水口十字筋，拧入下水三通口，使中口向后，溢水口要对准脸盆溢水眼。

ⅳ．将手提拉杆和弹簧万向珠装入三通中心，将锁母拧至松紧适度。再将立杆穿过混合水嘴空腹管至四通下口，四通和立杆接口处缠油盘根，拧紧压紧螺母。立、横杆交叉点用卡具连接好，同时调整定位。

b．洗脸盆稳装步骤如下。

ⅰ．按照排水管口中心画出竖线，将支柱立好，将脸盆转放在支柱上，使脸盆中心对准竖线，找平后画好脸盆固定孔眼位置。同时将支柱在地面位置做好印记。

ⅱ．按墙上印记用电锤打孔载入 $\phi 10 \times 80mm$ 的膨胀螺栓。将地面支柱印记内放好灰膏，稳好支柱及脸盆，将固定螺栓加胶皮垫、平光垫，带上螺母拧至松紧适度。

ⅲ．将脸盆面找平，支柱找直。将支柱与脸盆接触处及支柱与地面接触处用白水泥勾缝抹光。

ⅳ．洗脸盆给、排水管连接方法参照洗脸盆给排水管道安装，连接时必须遵守注意左热右冷的原则，不得接反。

（3）洗脸盆排水管连接

① S 形存水弯的连接（图 4-8）：应在脸盆排水口螺纹下端涂铅油，缠少许麻丝，或缠绕生料带。将存水弯上节拧在排水口上，松紧适度。再将存水弯下节套上护口盘，下端缠油盘根或油麻插在排水管口内，将胶垫放在存水弯的连接处，把锁母用手拧紧后调直找正，再用扳手拧至松紧适度。用油灰或防水油膏等将下水管口塞严、抹平，盖好护口盘找平、按

实。把外露的多余物清理干净。

②P形存水弯的连接：应在脸盆排水口螺纹下端涂铅油，缠少许麻丝。将存水弯立节拧在排水口上，松紧适度。再将存水弯横节按需要长度配好。把锁母和护口盘背靠背套在横节上，在端头缠好油盘根，试试安装高度是否合适，如不合适可用立节调整，然后把脚垫放在锁口内，将锁母拧至松紧适度。把下水管口内用油灰或防水油膏等塞严、抹平后，盖好护口盘找平、按实。把外露的多余物清理干净。

图4-8 S形存水弯的连接

(4) 洗脸盆给水管连接

① 量好尺寸，配好短管，缠上生料带，装上角阀。将短管另一端螺纹处涂油、缠麻，拧在预留给水管口（如果是暗装管道，带护口盘，要先将护口盘套在短节上，管子上完后，将护口盘内填满油灰，向墙面找平、按实，清理外溢油灰）至松紧适度。

② 将铜管（或塑料管）按尺寸断好，需搣弯者把弯搣好。将角阀与水嘴的锁母卸下，背靠背套在铜管（或塑料管）上，分别缠好油盘根或铅油麻线，上端插入水嘴根部，下端插入角阀中口，分别拧好上、下锁母至松紧适度。找直、找正，并将外露麻丝清理干净。

③ 目前常用的是采用长度适宜的软管进行连接，将软管两端锁母分别带入阀门及水嘴进水口螺纹，调整好软管的走向使其顺直后，拧紧锁母。

4. 浴盆安装施工做法详解

浴盆安装现场见图4-9。

(1) 浴盆稳装　浴盆稳装前应将浴盆内表面擦拭干净，同时检查瓷面是否完好。带腿的浴盆先将腿部的螺钉卸下，将拔销母插入浴盆底卧槽内，把腿扣在浴盆上，带好螺母拧紧找平。浴盆如砌砖腿时，应配合土建施工把砖腿按标高砌好。将浴盆稳于砖台上，找平、找正。在排水口处浴盆的侧面或地面处留出检查的位置，设置检查口、装饰检查门。浴盆与砖腿缝隙处用1∶3水泥砂浆填充抹平。

(2) 浴盆排水管安装（图4-10）

图4-9 浴盆安装现场

图4-10 浴盆排水管安装

① 将浴盆排水三通套在排水横管上，缠好油盘根，出入三通中口，拧紧锁母。三通下口装好钢管，插入排水预留管口内（铜管下端板边）。将排水口圆盘下加胶垫、油灰，插入浴盆排水孔眼，外面再套胶垫、平光垫，螺纹处涂铅油、缠麻。用自制叉扳手卡住排水口十字筋，上入弯头内。

② 将溢水立管下端套上锁母，缠上油盘根，插入三通上口对准浴盆溢水孔，带上锁母。溢水管弯头处加 1mm 厚的胶垫、油灰，将浴盆堵水的螺栓穿过溢水孔花盘，上入弯头"一"字螺纹上，无松动即可，再将三通上口锁母拧至松紧适度。浴盆排水三通出口和排水管接口处缠绕油盘根捻实，再用油灰封闭。

③ 混合水嘴安装：将冷、热水管口找平、找正。把混合水嘴转向对丝抹铅油，缠麻丝，带好护口盘，用自制扳手插入转向对丝内，分别拧入冷、热水预留管口，校好尺寸，找平、找正，使护口盘紧贴墙面。然后将混合水嘴对正转向对丝，加垫后拧紧锁母找平、找正，用扳手拧至松紧适度。

④ 水嘴安装：先将冷、热水预留管口用短管找平、找正。如暗装管道进墙较深者，应先量出短管尺寸，套好短管，使冷、热水嘴安完后距墙一致。将水嘴拧紧找正，除净外露麻丝。

5. 淋浴器安装施工做法详解

淋浴器实例见图 4-11。

① 镀铬淋浴器安装：暗装管道先将冷、热水预留管口加试管找平、找正。量好短管尺寸，断管、套螺纹、涂铅油、缠麻，将弯头上好。

② 淋浴器锁母外丝丝头处抹油、缠麻。用自制扳手卡住内筋，上入弯头或管箍内。再将淋浴器对准锁母外丝，将锁母拧紧。将固定圆盘上的孔眼找平、找正。画出标记，卸下淋浴器，将印记用电锤打好 $\phi 10 \times 40mm$ 的孔眼，裁好铅皮卷。再将锁母外丝口加垫抹油，将淋浴器对准锁

图 4-11 淋浴器实例

母外丝口，用扳手拧至松紧适度，再将固定圆盘与墙面靠严，孔眼平正，用木螺钉固定在墙上。

③ 将淋浴器上部铜管预装在三通口上，使立管垂直，固定圆盘与墙面贴实，孔眼平正，画出孔眼印记，栽入铅皮卷，锁母外加垫抹油，将锁母拧至松紧适度。上固定圆盘采用木螺钉固定在墙面上。

④ 铁管淋浴器的组装：铁管淋浴器的组装必须采用镀锌管及管件，阀门及各部尺寸必须符合规范规定。

⑤ 由地面向上量出 1150mm，画一条水平线，为阀门中心标高。再将冷、热阀门中心位置画出，测量尺寸，配管，上零件。阀门上应加活接头。

⑥ 根据组数预制短管，按顺序组装，立管，栽固定立管卡，将喷头卡住。立管应吊直，喷头找正。安装时应注意喷头的高度。

6. 施工总结

① 洁具在搬运和安装时要防止磕碰。稳装后洁具排水口应用防护用品堵好，镀铬零件用发泡塑料或软质材料包好，以免堵塞或损坏。

② 洁具稳装后，为防止配件丢失或损坏，较小的配件应在竣工前统一安装。

③ 安装完的洁具应加以保护，防止洁具瓷面受损或整个洁具损坏。

第二节 ▶ 卫生器具管道及配件安装

一、卫生器具给水配件安装

1. 示意图和施工现场图

卫生器具配件安装示意和施工现场分别见图 4-12 和图 4-13。

图 4-12 卫生器具配件安装示意

图 4-13 卫生器具配件安装施工现场

2. 注意事项

① 给水配件安装前应妥善保管，防止损伤。

② 安装过程中轻拿轻放，采用软接触方式安装配件。

③ 稳装后镀铬零件用纸包好，以免损坏。

3. 施工做法详解

(1) PT 型支柱式洗脸盆配件安装

① 混合水嘴的安装：将混合水嘴的根部加 1mm 厚的胶垫、油灰。插入脸盆上沿中间孔眼内，下端加胶垫和眼圈，扶正水嘴，拧紧根母至松紧适度，带好给水螺母。

② 将冷、热水阀门上盖卸下，退下螺母，将阀门自下而上地插入脸盆冷、热水孔眼内。阀门锁母和胶圈套入四通横管，再将阀门上的根母加油灰及 1mm 厚的胶垫拧紧至与螺纹平。盖好阀门盖，拧紧门盖螺钉。

(2) 洗脸盆配件安装

① 安装脸盆水嘴（图 4-14）：先将水嘴根母、锁母卸下，在水嘴根部垫好油灰，插入脸盆给水孔眼，下面再套上胶垫眼圈，带上根母后左手按住水嘴，右手用自制八字死扳手将螺母紧至松紧适度。

② 洗脸盆给水管连接：首先量好尺寸，配好短管。装上八字水门，再将短管另一端螺纹处涂油、缠麻，拧在预留给水管口（如果是暗装管道，带护口盘，要先将护口盘套在短节上，管道上完后，将护口盘内填满油灰，向墙面找平、按实，清理外溢油灰）至松紧适度。将铜管（或塑料管）按尺寸断好，需煨弯者把弯煨好。将八字水门与水嘴的锁母卸下，背靠背套在铜管（或塑料管）上，分别缠好油盘根或铅油麻线，上端插入水嘴根部，下端插入八

图 4-14 脸盆水嘴安装示意图

字水门中口，分别拧好上、下螺母至松紧适度。找直、找正，并将外露麻丝清理干净。

（3）净身盆配件安装

① 将混合阀门及冷、热水阀门的门盖卸下，下根母调整适当，以三个阀门装好后上根母与阀门颈螺纹基本相平为宜。将预装好的喷嘴转芯阀门装在混合开关的四通口下口。

② 将冷、热水阀门的出口锁母套在混合阀门四通横管处，加胶圈或缠油盘根组装在一起，拧紧锁母，将三个阀门门颈处加胶垫，同时由净身盆自下而上穿过孔眼。三个阀门上加胶垫、眼圈，带好根母。混合阀门上加角型胶垫及少许油灰，扣上长方形镀铬护口盘，带好根母，然后将空心螺栓穿过护口盘及净身盆。盆下加胶垫、眼圈和根母，拧紧根母至松紧适当。

③ 将混合阀门上根母拧紧，其根母应与转芯阀门颈丝相平为宜。将阀门盖放入阀梃旋转，能使转芯阀门盖旋转 30°即可，再将冷、热水阀门的上根母对称拧紧。分别装好三个阀门门盖，拧紧冷、热水阀门门盖上的固定螺钉。

④ 喷嘴安装：将喷嘴靠瓷面处加 1mm 厚的胶垫抹少许油灰，将定型铜管一端与喷嘴连接，另一端与混合阀门四通下转芯阀门连接。拧紧螺母，转芯阀门阀梃须朝向与四通平行一侧，以免影响手提拉杆的安装。

（4）高水箱配件安装

① 应先将虹吸管、锁母、根母、下垫卸下，涂抹油灰后将虹吸管插入高水箱出水孔。将管下垫、眼圈套在管上，拧紧根母至松紧适度。将锁母拧在虹吸管上，虹吸管的方向、位置视具体情况确定。

② 将浮球拧在漂杆上，并与浮球阀连接好。

③ 拉把支架安装：将拉把上螺母眼圈卸下，再将拉把上螺栓插入水箱一侧的上沿（侧位方向视给水预留口情况而定）加垫圈紧固。调整挑杆距离（挑杆的提拉距离一般为 40mm 为宜）。挑杆另一端连接拉把（拉把可于交验前统一安装），将水箱备用上水眼用塑料胶盖堵死。

（5）背水箱配件安装

① 背水箱中带溢流管的排水口安装根据设计要求进行，溢水管口应低于水箱固定螺栓孔 10~20mm。

② 背水箱浮球阀安装与高水箱相同，有补水管者把补水管上好后撇弯至溢水口内。

③ 安装扳手时，先将圆盘塞入背水箱左上角方孔内，把圆盘上方螺母内用管钳拧至松

紧适度，把挑杆煨好匀弯，将扳手轴插入圆盘孔内，套上挑杆拧紧顶丝。

④ 安装背水箱翻板式排水时，将挑杆与翻板用尼龙线连接好。扳动扳手使挑杆上翻板活动自如。

⑤ 高水箱冲洗管的连接：先上好八字门，测量出高水箱浮球阀距八字水门中口给水管的尺寸，配好短节，装在八字门上及给水管口内。需要煨弯者把弯煨好，然后将浮球阀和八字水门锁母卸下，背对背套在铜管或塑料管上，两头缠铅油麻线或石棉绳，分别插入浮球阀和八字水门进出口内拧紧锁母。

（6）延时自闭冲洗阀安装

① 根据冲洗阀至胶皮碗的距离，断好 90°弯的冲洗管，使两端合适。将冲洗阀的锁母和胶圈卸下，分别套在冲洗管直管段上，将弯管下端插入胶皮碗内 40～50mm，用喉箍卡牢。再将上端插入冲洗阀内，推上胶圈，调直找正，将锁母拧至松紧适度。

② 扳把式冲洗阀的扳手应朝向右侧。按钮式冲洗阀的按钮应朝向正面。

（7）洗涤盆配件安装

① 水嘴安装：将水嘴螺纹处涂油缠麻，装在给水管口内，找平、找正，拧紧，除净外露麻丝等。

② 堵链安装：在瓷盆上方 50mm 并对准排水口中心处剔成 $\phi10\times50mm$ 孔眼，用水泥浆将螺栓注牢。

（8）浴盆配件安装

① 混合水嘴安装：将冷、热水管口找平、找正。把混合水嘴转向对丝抹铅油、缠麻丝，带好护口盘，用自制扳手插入转向对丝内，分别拧入冷、热水预留管口，校好尺寸，找平、找正。使护口盘紧贴墙面，然后将混合水嘴对正转向对丝，加垫后拧紧锁母找平、找正，用扳手拧至松紧适度。

② 水嘴安装：先将冷、热水预留管口用短管找平、找正。如暗装管道进墙较深者，应先量出短管尺寸，套好短管，使冷、热水嘴安完后距墙一致。将水嘴拧紧找正，除净外露麻丝。

③ 浴盆软管淋浴器挂钩的高度，如设计无要求，应距地面 1.8m。

（9）冲洗管安装　小便槽冲洗管应采用镀锌管或硬质塑料管。冲洗孔应斜向下方安装，冲洗水流同墙面成 45°角。镀锌钢管钻孔后应进行二次镀锌。

（10）通水检查　卫生器具安装完毕后通水时进行检查，看给水配件连接是否严密。

4. 施工总结

① 卫生器具给水配件在安装前应进行检查、验收。配件与卫生器具应配套，部分卫生器具应进行预制再安装。

② 大便器、低水箱角阀及截止阀的允许偏差为 ±10mm；水嘴的允许偏差为 ±10mm；淋浴器喷头下沿的允许偏差为 ±15mm；浴盆软管沐浴器挂钩的允许偏差为 ±20mm。

二、卫生器具排水管道安装

1. 示意图和施工现场图

卫生器具与排水管道连接示意和安装施工现场分别见图 4-15 和图 4-16。

2. 注意事项

① 稳装后卫生器具排水口应用防护品堵好，镀铬零件用纸包好，以免堵塞或损坏。

图 4-15 卫生器具与排水管道连接示意

② 卫生器具稳装后，为防止配件丢失或损坏，如拉链、堵链等材料、配件应在竣工前统一安装。

③ 冬期室内不通暖时，各种洁具必须将水放净。存水弯应无积水，以免将洁具和存水弯冻裂。

④ 通水之前，将器具内污物清理干净，不得借通水之便将污物冲入下水管内，以免管道堵塞。

⑤ 与排水横管连接的各卫生器具的受水口和立管均应采取妥善可靠固定措

图 4-16 卫生器具管道安装施工现场

施，管道与楼板的接合部位应采取牢固可靠的防渗、防漏措施。

⑥ 连接卫生器具的排水管道接口应紧密不漏，其固定支架、管卡等支撑位置应正确、牢固，与管道的接触应平整。

3. 施工做法详解

(1) PT 型支柱式洗脸盆配件安装

① 脸盆排水口加 1mm 厚的胶垫、油灰，插入脸盆排水孔眼内，外面加胶垫和眼圈，螺纹处涂油、缠麻。用自制扳手卡住下水口十字筋，拧入下水三通口，使中口向后，溢水口要对准脸盆溢水眼。

② 将手提拉杆和弹簧万向珠装入三通中心，将锁母拧至松紧适度。再将立杆穿过混合水嘴空腹管至四通下口，四通和立杆接口处缠油盘根，拧紧、压紧螺母。立、横杆交叉点用卡具连接好，同时调整定位。

(2) 洗脸盆配件安装

① 安装脸盆下水口：先将下水口根母、眼圈、胶垫卸下，将上垫垫好油灰后插入脸盆排水口孔内，下水口中的溢水口要对准脸盆排水口中的溢水口眼。外面加上垫好油灰的胶垫，套上眼圈，带上根母，再用自制扳手卡住排水口十字筋，用平口扳手上根母至松紧适度。

② 洗脸盆排水管连接

a. S形存水弯的连接：应在脸盆排水口螺纹下端涂铅油，缠少许麻丝。将存水弯上节拧在排水口上，松紧适度，再将存水弯下节的下端缠油盘根插在排水管口内，将胶皮垫放在存水弯的连接处，把锁母用手拧紧后调直找正。再用扳手拧至松紧适度，用油灰将下水口塞严、抹平。

b. P形存水弯的连接：应在脸盆排水口螺纹下端涂铅油，缠少许麻丝。将存水弯立节拧在排水口上，松紧适度。再将存水弯横节按需要长度配好。把锁母和护口盘背靠背套在横节上，在端头缠好油盘根。检查安装高度是否合适，如不合适可用立节调整，然后把胶垫放在锁口内，将螺母拧至松紧适度。把护口盘内填满油灰后向墙面找平、按实。将外溢油灰除掉，擦净墙面。将下水口处外露麻丝清理干净。

（3）净身盆配件安装

① 排水口安装：将排水口加胶垫，穿入净身盆排水孔眼。拧入排水三通上口，同时检查排水口与净身盆排水孔眼的凹面是不是紧密，如有松动及不严密现象，可将排水口锯掉一部分，尺寸合适后，将排水口圆盘下加抹油灰，外面加胶垫、眼圈，用自制叉扳手卡入排水口十字筋，将溢水口对准净身盆溢水孔眼，拧入排水三通上口。

② 手提拉杆安装：将挑杆弹簧珠装入排水三通口中，拧紧螺母至松紧适度。然后将受提拉杆插入空心螺栓，用卡具与横挑杆连接，调整定位，使手提拉杆活动自如。

（4）洗涤盆排水管安装 先将排水口根母松开卸下，放在洗涤盆排水孔眼内，测量出距排水预留管口的尺寸。将短管一端套好螺纹，涂油、缠麻。将存水弯拧至外露2～3个螺距，按量好的尺寸将短管断好，插入排水管口的一端应做扳边处理。将排水口圆盘下加1mm厚的胶垫、抹油灰，插入洗涤盆排水孔眼，外面再套上胶垫、眼圈，带上根母。在排水口的螺纹处抹油、缠麻，用自制扳手卡住排水口内十字筋，使排水口溢水眼对准洗涤盆溢水口眼，用自制扳手拧紧根母至松紧适度。吊直找正。接口处捻实，环缝要均匀。

（5）浴盆安装

① 将浴盆排水三通套在排水横管上，缠好油盘根，插入三通中口，拧紧锁母。三通下口装好铜管，插入排水预留管口内（铜管下端扳边）。将排水口圆盘下加胶垫、油灰，插入浴盆排水孔眼，外面再套胶垫、眼圈，螺纹处涂铅油、缠麻。用自制叉扳手卡住排水口十字筋，上入弯头内。

② 将溢水立管下端套上锁母，缠上油盘根，插入三通上口对准浴盆溢水孔，带上锁母。溢水管弯头处加1mm厚的胶垫、油灰，将浴盆堵螺栓穿过溢水孔花盘，上入弯头"一"字螺纹上，无松动即可，再将三通上口锁母拧至松紧适度。

4. 施工总结

① 卫生器具排水配件在安装前应进行检查、验收。配件与卫生器具应配套，部分卫生器具排水配件应进行预制再安装。

② 与排水横管连接的各卫生器具的受水口和立管均应采取妥善可靠固定措施，管道与楼板的接合部位应采取牢固可靠的防渗、防漏措施。

③ 连接卫生器具的排水管道接口应紧密不漏，其固定支架、管卡等支撑位置应正确、牢固，与管道的接触应平整。

第五章

室内采暖系统安装

第一节 ▶ 管道及配件安装

一、热水管道布置与安装

1. 示意图和施工现场图

热水管道连接示意和安装施工现场分别见图 5-1 和图 5-2。

图 5-1 热水管道连接示意

图 5-2 热水管道安装施工现场

2. 注意事项

① 一般建筑物的热水管线为明装，只有在卫生设备标准要求高的建筑物及高层建筑热水管道才暗装。

② 暗装管线放置在预留沟槽、管道竖井内。明装管道尽可能布置在卫生间或非居住房间，一般与冷水管平行。

③ 热水水平与垂直管道当不能靠自然补偿达到补偿效果时应通过计算设置补偿器。

④ 热水上行下给配水管网最高点应设置排气设置，下行上给立管上配水阀可代替排气装置。

3. 施工做法详解

工艺流程 ▶▶▶▶▶ ⋯⋯⋯⋯⋯⋯⋯⋯⋯⋯⋯⋯⋯⋯⋯⋯⋯⋯⋯⋯⋯⋯⋯⋯⋯⋯⋯

安装准备→预制加工→干管安装→立管安装→热计量表安装→阀门安装。

（1）**安装准备**

① 认真熟悉图纸，核对已经配合土建施工进度预留的槽、洞及安装预埋件。

② 按设计图纸画出管路的位置、管径、变径、预留口、坡向、卡架位置等施工草图，包括干管起点、末端和拐弯、节点、预留口、坐标位置等。

③ 低温热水地板辐射供暖施工前，应了解建筑物的结构，熟悉设计图纸、施工方案及和其他工种的配合措施。

④ 管道安装前应熟悉管材的一般性能，掌握基本操作要点，严禁盲目施工。

（2）预制加工

① 按施工草图进行管段的加工预制，包括断管、套螺纹、上管件、调直、核对尺寸。按环路分组编号，码放整齐。

② 焊接钢管的连接，管径小于或等于 32mm，应采用螺纹连接；管径大于 32mm，采用焊接或法兰连接。

（3）干管安装

① 清理现场，核对各项预留槽洞及预埋件的坐标、标高，不合适的应及时调整修正。

② 安装卡架，按设计要求或规定间距按管道坡度、坡向拉线安装。

③ 先把管子选好调直，清理好管腔，将管按顺序运到安装地点。干管安装应从进户或分支路点开始。管道穿过墙体、楼板、伸缩缝或过沟处，必须先穿好套管。水平干管应按排气要求采用偏心变径，变径位置距离分支点不宜大于 300mm。

④ 吊卡安装（图 5-3）时，先把吊卡按坡向调整好坡度，按顺序依次穿在型钢上，吊环按间距位置套在管上，再把管抬起穿上螺栓、拧上螺母，将管固定。安装托架上的管道时，先把管就位在托架上，把第一节管装好 U 形卡，然后安装第二节管，以后各节管均照此进行。管道安装完毕，上紧所有应紧固的螺母。滑动支架应只上紧一侧螺母。

图 5-3 吊卡安装

⑤ 管道螺纹连接时在丝头处涂好铅油、缠好麻，一人在末端扶平管道，一人在接口处把管相对固定。对准螺纹，慢慢转动入扣，用一把管钳咬住前节管件，用另一把管钳转动管至松紧适度，对准调直时的标记，要求螺纹外露 2～3 螺距，把管道就位找正，对准管口使预留口方向准确，并清掉麻头。依此方法装完为止。

⑥ 管径≥40mm 的焊接钢管进行焊接时，其对口间隙及错口偏差不应超出施工规范标（一般不超过 2mm）。把管道就位、找正，对准管口调整预留口方向准确、找直后用点焊固定，校正调直后施焊。焊完后保证管道正、直。

⑦ 暖气干管分环路进行分支连接时，应考虑管道伸缩要求，一般不得采用"丁"字直线管段连接。当制作羊角弯时，应撅两个 75°左右的弯头，在连接处锯出坡口，主管锯成鸭嘴形，拼好后即应点焊，找平、找正、找直后，再进行施焊。羊角弯接合部位的口径必须与主管口径相等，其弯曲半径为管径的 2.5 倍左右。

⑧ 系统的最高点以及水平管道折返处的高点应设置集气阀或自动排气阀。在自动排气阀或集气罐前与其连接的管道上均应安装阀门。集气罐的进、出水口应开在罐高的 1/3 处，采用螺纹连接，与管道连接调直后安装；放风管应稳固，一般可安装两个卡子，集气罐位于系统末端时应装托、吊卡；当设计未注明放风管设置位置，需将放风管引至卫生间拖布池

内，或引至已有排水地漏或明沟内。当干管末端设置自动排气阀时，应考虑是否在吊顶内，如设置在吊顶内应考虑选型及使用功能；自动排气阀应竖直安装，排气口宜连接塑料小管，接至适当部位。

⑨ 系统的最低点以及水平管道折返处的低点应设置泄水口，并上泄水丝堵。

⑩ 管道安装完，检查管道坐标、标高、预留口位置和管道变径等是否正确，然后找直；用水平尺校对、复核管道坡度；调整合格后，再调整吊卡螺栓或U形卡，使其松紧适度，平正一致；最后焊牢固定支架处的止动挡板。

⑪ 摆正或填充好管道穿结构处的套管，使得穿越管与套管间的缝隙基本一致，封堵洞口。预留口处应加好临时管堵（丝堵）。

（4）立管安装

① 核对各层预留孔洞位置是否正确、垂直，吊线、剔眼、栽卡子。清理施工现场，将预制好的管道按编号顺序运到安装地点。

② 安装前先清理好管腔，卸下阀门盖，有套管的先穿上套管，按编号从第一节开始安装。

③ 管道螺纹连接（图5-4）时，涂铅油、缠麻，将立管对准接口转动入扣。一把管钳咬住管件，一把管钳拧管，拧到松紧适度，对准调直时的标记要求，螺纹外露2～3个螺距，预留口平正、方向正确，并清净麻头。管道焊接时，把管道就位找正，对准管口使预留口方向准确，找直后用点焊固定，校正调直后施焊，焊完后保证管道正直。

图5-4　管道螺纹连接

④ 检查立管的每个预留口标高、方向、半圆弯等是否准确、平正。将事先栽好的管卡子松开，把管放入卡内拧紧螺栓，用吊杆、线坠从第一节管开始找好垂直度，找正扶直套管，填堵孔洞，预留口必须加好临时管堵（丝堵）。

图5-5　热计量表安装

⑤ 管道安装完后，检查管道坐标、标高、预留口位置和管道变径等是否正确，然后找直；调整合格后，再调整U形卡，使其松紧适度，平正一致。

（5）热计量表安装（图5-5）

① 设有截门的应将截门盖卸下再安装。设有热计量表的应先用与水表长度一样的短管替代安装，并按热计量表安装要求与墙面留出适当的距离，试压合格后在交工前拆下该连接管，安装表。

② 热计量表应安装在便于检修，不受曝晒、污染和受冻的地方。热计量表外壳距墙表面净距为10～30mm，热计量表进水口中心标高应按设计要求，允许偏差为±10mm。热计量表下方设置表托，牢固，形式合理，与水表接触紧密。回水表及供水表不得安装错误，其连接管道应符合厂家的安装技术要求。

（6）阀门安装

① 阀门型号、承压能力必须满足设计要求，构造应合理，连接牢固、严密、启闭灵活、有效，便于维修。

② 阀门安装进出口方向正确、连接牢固、紧密、启闭灵活、有效，安装朝向合理，便于操作维修，表面洁净。成排安装时成排成线，标高一致。

③ 塑料给水管道中，阀门可采用配套产品，必要时阀门的两端应设置固定支架，以免使阀门扭矩作用在管道上使管道变形。

4. 施工总结

① 安装好的管道不得吊拉负荷及用作支承或放脚手板，不得踏压，其支托卡架不得作为其他用途的受力点。

② 在管道安装过程中，应及时对接口或甩口处做好临时封堵，以免污物进入管道。

③ 埋地管要避免受外荷载破坏而产生变形。埋地在楼板内的管道在土建打完垫层进行地面装饰层施工前，应在地面上弹线示意管道的位置，弹线范围内严禁剔凿、打眼、钉钉等，以免装修时被破坏。

④ 焊接钢管管径大于32mm的管道转弯，在作为自然补偿时应使用㮾弯。塑料管及复合管除必须使用直角弯头的场合外应使用管道直接弯曲转弯。

⑤ 加热盘管管径、间距和长度应符合设计要求。间距偏差不大于±10mm。

二、管道的绝热与防腐

室内采暖系统安装中管道的绝热与防腐施工内容参见第三章中"管道防腐与保温"做法。

第二节 ▶ 辅助设备及散热器安装

一、补偿器安装

1. 示意图和施工现场图

补偿器安装示意和施工现场分别见图5-6和图5-7。

图 5-6 补偿器安装示意

D—管径

图 5-7 补偿器安装施工现场

2. 注意事项

补偿器进场时应进行检查验收，核对其类型、规格、型号、额定工作压力是否符合设计要求，应有产品出厂合格证；同时检查外观质量，包装有无损坏，外露的波纹管表面有无碰伤。应注意在安装前不得拆卸补偿器上的拉杆，不得随意拧动拉杆螺母。

3. 施工做法详解

(1) "Ω"形补偿器安装

① 两固定支架间的所有管道焊口（拉伸对口除

外）焊接完毕，焊缝检查合格。

② 所有支架安装完毕，固定支架安装牢靠。

③ 法兰与阀门的连接螺栓已全部拧紧。

④ 安装补偿器应当在两个固定支架之间的管道安装完毕后进行。直管段中设置补偿器的最大距离，也就是固定支架的最大距离。

⑤ 水平补偿器安装，平行臂应与管线坡度及坡向相同，两垂直臂应平行。

⑥ 竖直补偿器安装，应在补偿器的最高点设置排气阀，在最低点设置排水设施。

（2）填料式补偿器安装

① 补偿器安装与管道保持同心，不得偏斜。

② 在补偿器两侧，至少有一个导向制作；保证补偿器在运行时自由伸缩，不得偏离中心。

③ 安装补偿器时，筒体与插管滑动部分应涂上机油，非摩擦部分应涂上防锈漆，填料石棉绳应涂石墨粉，并应逐圈装入，逐圈压紧，各圈接口应相互错开。

4. 施工总结

① 装有波纹补偿器的管道支架不能按常规布置，应按设计要求或生产厂家的安装说明书的规定布置；一般在轴向型波纹管补偿器的一侧应有可靠的固定支架；另一侧应有两个导向支架，第一个导向支架离补偿器边应等于 4 倍管径，第二个导向支架离第一个导向支架的距离应等于 14 倍管径，管底应加滑托。固定支架的做法应符合设计或指定的国家标准图集的要求。

② 轴向波纹管补偿器的安装，应按补偿器的实际长度并考虑配套法兰的位置或焊接位置，在安装补偿器的管道位置上画下料线，依线切割管子，做好临时支撑后进行补偿器的焊接连接或法兰连接。在焊接连接或法兰连接时必须注意找正找平，使补偿器中心和管道中心同轴，不得偏斜安装。

③ 待热水管道系统水压试验合格后，通热水运行前，要把波纹管补偿器的拉杆螺母卸去，以便补偿器能发挥补偿作用。

二、金属辐射板安装

1. 施工现场图

金属辐射板安装施工现场见图 5-8。

2. 注意事项

① 金属辐射板的类型很多，安装前必须取得样品资料，以制订安装方法和尺寸。必须有产品合格证，并在组装前应检查板面质量，应无划痕、凹陷等缺陷，进行必要的水压试验，不合格产品不得使用。

图 5-8　金属辐射板安装施工现场

② 辐射板安装后，未交工前用塑料布盖好，防止落上灰浆影响散热效果。

③ 支撑辐射板的支、吊架，不得挂吊其他物件，防止移动辐射板的安装角度与高度。

3. 施工做法详解

① 辐射板的安装可采用现场安装或预制装配两种方法。块状辐射板宜采用预制装配法，每块辐射板的支管上可先配置法兰盘，以便连接管道。加长辐射板可采用分段安装。

② 辐射板管道及带状辐射板之间的连接，应使用法兰连接，以方便拆卸和检修。

③ 辐射板的安装

a. 水平安装：板面朝下，热量向下侧辐射。辐射板应有不小于 5/1000 的坡度坡向回水管，其作用在于：对于热媒为热水的系统，可以很快排除空气；对于蒸汽，可以顺利地排除凝结水。

b. 倾斜安装：倾斜安装在墙上或柱间，倾斜一定角度向斜下方辐射。安装时必须注意选择好合适的确定的倾斜角度，一般应保证辐射板中心的法线穿过工作区。

c. 垂直安装：板面水平辐射。垂直安装在墙上、柱子上或两柱之间。安装在墙上、柱上的，应采用单面辐射板，向室内一面辐射；安装在两柱之间的空隙处时，可采用双面辐射板，向两面辐射。

④ 接往辐射板的送水、送汽和回水管，不宜和辐射板安装在同高度上。送水、送汽管宜高于辐射板，回水管宜低于辐射板，并且有不小于 5/1000 的坡度坡向回水管。

⑤ 辐射板在安装完毕应参与系统试压、冲洗。冲洗时应采取防止系统管道内杂质进入辐射板排管内的保护措施。

⑥ 辐射板的防腐和涂漆应附着良好，无脱皮、起泡、流淌和漏涂缺陷。

4. 施工总结

① 辐射板一般不现场制作。其制作原理简单，根据设计要求将几根 $DN15$、$DN20$ 等管径的钢管制成钢排管形式，然后嵌入预先压出与管壁弧度相同的薄钢板槽内，并用 U 形卡子固定。薄钢板厚度一般为 0.6~0.75mm，板前可刷无光防锈漆，板后填保温材料，并用铁皮等包严。

② 辐射板安装前必须做水压试验，如设计无要求时，试验压力为工作压力的 1.5 倍，但不得小于 0.6MPa。在试验压力下保持 2~3min 压力不降且不渗不漏为合格。试验完毕放净其内水分，并将管口临时堵塞。

③ 按设计要求制作与安装辐射板的支吊架。一般支吊架的形式按辐射板的安装形式分类为三种：垂直安装、倾斜安装、水平安装。带形辐射板的支吊架应保持 3m 一个。

④ 背面须做保温的辐射板，保温应在防腐、试压完成后施工。保温层应紧贴在辐射板上，不得有空隙，保护壳应防腐。安装在窗台下的散热板，在靠墙处应按设计要求放置保温层。

三、低温热水地板辐射采暖系统安装

1. 示意图和施工现场图

低温热水地板辐射采暖系统示意和施工现场分别见图 5-9 和图 5-10。

图 5-9　低温热水地板辐射采暖系统示意

2. 注意事项

① 加热管和发热电缆应进行遮光包装后运输，不得裸露散装。运输、装卸和搬运时，应小心轻放，不得抛、摔、滚、拖，不得曝晒雨淋。宜储存在温度不超过 40℃，通风良好和干净的库房内，与热源距离应保持在 1m以上。应避免因环境温度和物理压力受到损害。

② 管材的绝热板材应码放在平整的场地上，垫层高度要大于 100mm，防止泥土和杂物进入管内。

图 5-10　低温热水地板辐射采暖施工现场

③ 施工过程中，应防止油漆、沥青或其他化学溶剂接触污染加热管和发热电缆的表面。

④ 地面辐射供暖工程施工过程中，严禁人员踩踏加热管或发热电缆。

⑤ 加热管下部的隔热层，应采用轻质、有一定承载力、吸湿率低和难燃或不燃的高效保温材料，且不得含有菌源，不得有散发异味及可能危害健康的挥发物。

⑥ 在填充层养护期满后，进行楼层地面面层的施工。施工过程中不得剔凿填充层或向填充层内楔入任何物体。

⑦ 卫生间应做两层隔离层。卫生间过门处应设置止水墙，在止水墙内侧应配合土建专业做好防水，加热管穿越止水墙处应采取加强防水措施。

3. 施工做法详解

工艺流程 ▶▶▶▶▶ ···

安装准备→铺设防潮层、防水层及绝热层→配管→固定、安装热媒集配装置→试压和隐蔽工程验收

（1）安装准备

① 相关电气预埋等工作已经完成。

② 土建专业外门、外窗已安装完毕，卫生间等有防水的房间应做完闭水试验并通过验收，完成的楼层基面应平整，无杂物。

（2）铺设防潮层、防水层及绝热层

① 直接与土壤接触以及有潮湿气体或水汽侵入的地面，在铺放绝热层前应按要求铺设防潮层、防水层，铺设平整、严密、可靠，不得有破损。

② 按设计要求满铺绝热层，不得夹杂积灰等杂物，铺设平整、搭接严密，伸缩缝设置合理，尤其是墙面根部应平直。除固定加热管的塑料卡钉外不得有其他破损。

（3）配管　按设计图纸的要求，根据管道敷设的形式，进行放线并依据所放的线配管。同一通路的加热管应保持水平。

① 放线：敷设好绝热层后，根据图纸及设计管道排列要求，用墨线或小线在保温层上弹出或放出管道的排列、走向线，并经核验管道排列方式、间距、长度、转角等应符合设计要求。

② 把加热管沿实际放的线敷设，注意端头应留有足够连接集分水器的量。管道走向改变处应用手工冷揻弯，加热管的弯曲半径：PB 管和 PE 管大于等于 5 倍管外径，其他管材大于等于 6 倍管外径。填充层内的加热管不得有接头。

③ 管道敷设完毕，并留有足够的余量后截断管材，应采用专用工具（管剪刀、管割刀）断管，断口应平整且垂直于管轴线。

④ 固定加热管，固定点的间距：直管段不大于700mm，弯曲管段不大于350mm。固定可采用如下方法：用固定卡子将加热管直接固定在敷有复合面层的绝热板上；或用绑扎带将加热管绑扎在铺设于绝热面表层的钢丝网上；或卡在铺设于绝热层表面的专用管架或管卡上，等等。

（4）**固定、安装热媒集配装置** 固定、安装热媒集配装置（分集水器），并与加热盘管连接。加热管始末端出地面至连接配件的管段，应设置套管；且加热管始末端的适当距离内或管道密集处（管间距≤100mm），应设置柔性套管。

（5）**试压和隐蔽工程验收** 试压合格后进行隐蔽工程检查验收，验收合格后配合土建进行地面施工。进行卵石混凝土填充层的浇捣，并根据设计及相关规范要求设置热膨胀补偿措施。浇捣密实后应进行不少于48h的养护。混凝土填充层浇捣和养护过程中，系统应保持0.4MPa的压力。

4. 施工总结

① 连接件与螺纹连接部分配件的本体材料，应为锻造黄铜。使用PP-R管作为加热管时，与PP-R管直接接触的连接件表面应镀镍。

② 连接件外观应完整、无缺损、无变形、无开裂。

③ 加热管敷设前，应对照施工图纸核定加热管的选型、管径、壁厚。安装人员应熟悉管材的一般性能，掌握基本操作要点，严禁盲目施工。

④ 加热管安装前，应检查外观质量，管内部不得有杂质。

⑤ 绝热层直接与土壤接触或有潮湿气体侵入的地面，在铺设绝热层之前应先铺一层防潮层。铺设在潮湿房间（如卫生间、厨房和游泳池等）内的楼板上时，填充层以上应做防水层。

⑥ 地面下敷设的盘管埋地部分不应有接头。

⑦ 盘管隐蔽前必须进行水压试验，试验压力为工作压力的1.5倍，但不小于0.6MPa。

第六章
室外给水管网安装

第一节 ▶ 给水管道安装

一、普通给水铸铁管安装

1. 示意图和施工现场图

铸铁管人工下管和施工现场分别见图 6-1 和图 6-2。

图 6-1　铸铁管人工下管

图 6-2　铸铁管安装施工现场

2. 注意事项

① 工程所使用的主要材料、成品、半成品、配件、器具和设备必须具有中文质量合格证明文件，规格、型号及性能检测报告应符合国家技术标准或设计要求。进场时应完好，并经监理工程师核查确认。

② 主要器具和设备必须有完整的安装使用说明书。在运输、保管和施工过程中，应采取有效措施防止损坏或腐蚀。

③ 给水铸铁管及管件规格品种应符合设计要求，管壁薄厚均匀，内外光滑整洁，不得有砂眼、裂纹、飞刺和疙瘩。承插口的内外径及管件应造型规矩，并有出厂合格证。

3. 施工做法详解

工艺流程 ▷▷▷▷▷

安装准备工作→下管与排管→对口→接口。

（1）**安装准备工作**　向工人班组进行技术安全交底。确定下管方法和劳动组织，准备好下管的机具及绳索，并进行安全检查。进一步检查管材、管件、接口材料、附件等规格、品种是否符合设计要求，有无砂眼、缺陷和裂纹等现象。对有缺陷管材、管件一律不得使用。

（2）**下管与排管**

① 选定下管方法，应根据管节长度和重量，工程量多少、现场施工环境等情况确定，一般分为人工下管和机械下管两种方法。人工下管法可采用溜管法、压绳下管法和塔架下管法等多种形式。

② 按照测量人员标定的三通、阀门、消防栓等部位，开始下管和排管。注意将承口朝向水流方向排管。

③ 下管用的大绳应质地坚固，不断股，不糟朽。

④ 机械下管不应一点起吊，应采用两点起吊，吊绳应找好管子重心，平吊轻放。同时注意起吊及搬运管材、配件时，对于非金属管材承插口工作面、法兰盘面、金属管防腐层等，均应采取保护措施，以防损坏。吊装阀门等附件，不得将钢丝绳捆绑在操作轮及螺栓孔处。

（3）**对口**　将插口插入承口内，并调整对口间隙和环向间隙在规定范围内，这项工序称为对口。

对口操作要点如下。

① 稳第一根管时，管子中心必须对准坡度板（定位）中心线及管底标高。管的末端用方木挡住，防止打口时管子移动。

② 对口前应清除管口杂物并用抹布擦净，然后连续对口，随之在承口下端挖打口工作坑，工作坑尺寸满足打口条件即可。

（4）**接口**　承插式铸铁管接口分为刚性接口和柔性接口。刚性接口一般由嵌缝材料与密封材料两部分组成。柔性接口只用特制橡胶圈密封。

接口用的各材料，必须符合设计要求及国家现行技术标准的规定，并应有产品合格证和抽样检验报告等证明书。

管道接口及操作方法如下。

① 油麻石棉水泥接口操作方法如下。

a. 操作方法

ⅰ. 清洗管口。然后用专用铁牙将环形间隙处理均匀。

ⅱ. 将油麻搓成直径 1.5 倍环形间隙宽的麻辫，长度为管径周长加 100mm。将麻辫从接口的下方向上塞入口内，边塞边用麻凿打入承口，凿凿相压，依次打实打紧。待第一圈油麻打实后，再卸铁牙。打麻深度以占总承口深度 1/3（2～3 圈）、打麻锤击有弹回感为宜。

ⅲ. 麻口达到标准后，即可拌灰准备打密封材料（石棉水泥），将拌好的石棉水泥，用捻灰凿自下而上往承口内填塞，要分层填打，层层打至锤击发出清脆声，灰面呈黑色，手感有回弹力。打至表面凹入承口约 2mm，深浅要一致。

ⅳ. 打完灰口后，即时用湿泥覆盖养护。

b. 配料

ⅰ. 用线麻（大麻）在加热的 5% 的 65 号或 75 号普通石油沥青和 95% 的汽油混合液里浸透，再晾干即成油麻。

ⅱ. 石棉水泥是用 4 级以上石棉，不低于 32.5 级硅酸盐水泥，以配合比为：（石棉：水泥）＝（3：7）加水拌合而成。水泥水灰比为 1/10～1/9。加水拌合后石棉灰以在 1h 内用完为宜。

② 胶圈石棉水泥接口（属于半刚性接口）操作方法如下。

a. 操作方法基本和油麻石棉水泥接口相似，只是嵌料材料用橡胶圈代替油麻。

胶圈填打方法如下。

ⅰ. 在对口前应先将胶圈套在插口上。

ⅱ. 用毛刷清洗管口，然后用专用铁牙处理好环形间隙，然后自下而上移动铁牙，用凿子将胶圈填入口内。第一遍先打入承口水线位置，凿子贴承口壁使胶圈沿一个方向进入，防止出现"麻花"。分 2～3 遍将胶圈打至插口 10～20mm 处为止，防止胶圈掉入缝隙。

ⅲ. 水泥石棉灰按填打的操作要求填打，合格后进行养护。

b. 配料：胶圈的型号、规格应符合设计要求，必须和管的承插口匹配。胶圈表面应光滑，用于扭曲、拉、折后表面和断面均不得有裂纹、凹凸等缺陷。

4. 施工总结

① 下管前必须对管材进行认真检查，发现裂纹的管道应进行处理。若裂纹发生在插口端，将产生裂纹管段截去方可使用。

② 将有三通、阀门、消防栓的部位先定出具体位置，再按承口朝向水流方向，逐个确定工作坑的位置。如管线较长，由于铸铁管长度规格不一，工作坑一次定位往往不准确，可以逐段定位。

③ 根据铸铁管长度确定管段工作坑位置，铺管前把工作坑挖好。

④ 铸铁管承口内和插口外的沥青防腐层用气焊烤掉，并用刷子清理干净，飞刺等杂质应凿掉，管腔内脏物应清除。

二、球墨铸铁管安装

1. 示意图和施工现场图

球墨铸铁管滑入式接口示意和安装施工现场分别见图 6-3 和图 6-4。

图 6-3　球墨铸铁管滑入式接口示意

图 6-4　球墨铸铁管安装施工现场

2. 注意事项

① 所安装的管子位置应符合设计要求，其高程、中心线应准确，安装管子时应使承口端的产品标记位于管子顶部。

② 下管时管子的捆吊，应采用兜底两点平吊的方法，使用的吊具应不损伤管子及管件，

为防止管子被损伤，在管子与吊具之间宜垫以橡胶板或其他柔性缓冲垫。

③ 橡胶圈应随用随从包装中取出，暂时不用的橡胶圈一定用原包装封存，放在阴凉、干燥处保存。

④ 管道的弯曲部位应尽量使用弯头，若确需利用管道接口借转时，管子转过的角度应在允许的范围内。

3. 施工做法详解

（1）滑入式球墨铸铁管安装

这类橡胶圈的安装不同于普通铸铁管刚性接口中圆形截面橡胶圈的安装，它是靠机具的牵引或顶推力将插口推入承口内，使橡胶圈受到压缩，起到防渗作用。其接口能耐较大变形及轴向拉伸变形、抗振性好。改善了劳动条件，操作方便，质量可靠，而且安装接口后即可通水使用。

① 安装前的准备工作如下。

a. 验收沟槽是否符合设计和安装的要求。

b. 检查铸铁管有无损坏、裂缝，管口尺寸是否在允许范围内。

c. 将管口的毛刺及杂物清除干净。

d. 橡胶圈应外形完整，表面光滑，无扭曲、变形现象。

e. 检查安装机具是否配套齐全，工作状态是否良好。

② 安装要点如下。

a. 下管：应按下管的技术要求将管子下到槽底，如管体有向上放的标志，应按标准摆放管子。

b. 清理管口：清除承口内的所有杂物，并擦洗干净，因为任何附着物都可能造成接口漏水。

c. 上橡胶圈：把橡胶圈上到承口内，由于橡胶圈外径比承口凹槽内径稍大，因此嵌入槽内后，需用手沿圆周轻轻按压一遍，使其均匀一致地卡在槽内。

d. 刷润滑剂：用厂方提供的润滑剂，或用肥皂水均匀地刷在橡胶圈内表面及插口工作面上。

e. 将插口中心对准承口中心，安装好顶推工具，使其就位。扳动手拉葫芦，均匀地使插口推入承口内。

f. 检查：插口推入位置应符合规定，有的厂方生产管材，在插口端部标出推入深度标志，若无标志，施工时画一个标志，以便于推入时掌握。安装完毕，用一探尺伸入承插口间隙中，确定橡胶圈位置是否正确。

（2）机械式球墨铸铁管安装　机械式球墨铸铁管接口主要由铸铁管、橡胶圈、压兰、螺栓等部件组成，其接口组装不需要复杂的安装机具，操作简单。

① 安装前的准备工作如下。

a. 检查管子，检查管子有无损坏和缺陷，管子的外径及周长的尺寸偏差是否在允许的范围内，对管子的承口及插口尺寸进行全面的测量，并编号记录保存，选用管径相差最小的管子相组合。

b. 清理管口，检查和修补防腐层。

c. 选配橡胶圈。

d. 选配压兰和螺栓。

e. 其他准备工作。

在管道安装前还应做好验槽、清槽工作，将接口工作坑挖好，准备好管子的吊装设备和安装工具。吊装机具应在安装前仔细检查，以确保安全。

② 安装要点如下。

a. 压兰和橡胶圈定位：插口、压兰及橡胶圈清洁后，在插口上定出橡胶圈的安装位置，先将压兰送入插口，然后把橡胶圈套在插口已定好的位置处。

b. 刷润滑剂：刷润滑剂前应将承插口及橡胶圈再清理一遍，然后将润滑剂均匀地涂刷在承口内表面和插口及橡胶圈的外表面。

c. 对口：将管子稍许吊起，使插口对正承口装入，调整好接口间隙后固定管身，卸去吊绳。

d. 临时紧固：将密封橡胶圈推入承插口的间隙，调整压兰的螺栓孔使其与承口上的螺栓孔对正，先用 4 个互相垂直方位上的螺栓临时紧固。

e. 紧固螺栓：将全部的螺栓穿入螺栓孔，并安上螺母，然后按上下左右交替紧固的顺序，对称均匀地分数次旋紧螺栓。

f. 检查：螺栓旋紧后，用力矩扳手检验每个螺栓的扭矩。

4. 施工总结

① 给水管道在埋地敷设时，应在当地的冰冻线以下。如必须在冰冻线以上铺设时，应做可靠的保温防潮措施。在无冰冻地区埋地敷设时，管顶的覆土埋深不得小于 500mm；穿越道路部位的埋深不得小于 700mm。当管顶埋设深度不大于 700mm 时，应按设计要求加设金属或钢筋混凝土套管保护。

② 给水管道不得直接穿越污水井、化粪池、厕所等污染源。

③ 给水系统各种井室内的管道安装，如设计无要求，井壁距法兰或承口的距离：管径小于或等于 450mm 时，不得小于 250mm；管径大于 450mm 时，不得小于 350mm。

④ 给水管道与污水管道在不同标高平行敷设，其垂直间距在 500mm 以内时，给水管径小于或等于 200mm 的，管壁水平间距不得小于 1.5m；管径大于 200mm 的，不得小于 3m。

三、硬聚氯乙烯给水管安装

1. 示意图和施工现场图

管端坐标偏移值 A 的计算示意和硬聚氯乙烯给水管安装施工现场分别见图 6-5 和图 6-6。

图 6-5　管端坐标偏移值 A 的计算示意

2. 注意事项

① 已烤掉并清除干净的承插头，要防止再存积污物，阴雨天应用物品覆盖保护。

② 中断施工或工程完工后，凡开口的部位必须有封闭措施。

图 6-6　硬聚氯乙烯给水管安装施工现场

③ 一般情况下顶管施工要连续作业，不应中断，以防止出现意外故障。若事故间断，要有人值班，记录事故。顶管用做套管时，顶管施工完成以后，未穿管之前，要将套管的两端临时堵严，以防管道被污物堵塞。

④ 顶压坑的周密设计、计划、严格措施和制度，是保证顶管工程质量，保证经济效果的首要前提。

⑤ 顶每根管的方向误差不应超过 50mm。有坡度要求时，应严格遵循设计要求。

⑥ 工作坑、管内的动力及照明设备，分别设漏电保护器，以备随时切断电源，照明电压不超过 36V。全部电线使用安全防水线。

3. 施工做法详解

工艺流程 >>>>> ....

安装前准备工作→管道接口施工→阀门、消防栓、排气阀等设置。

（1）**安装前准备工作**　除应按常规管道安装进行准备工作以外，安装 PVC-U 管材尚需做好以下工作。

① 所有施工人员应详细阅读厂家提供产品使用说明书或接受施工培训，掌握 PVC-U 管性能、施工方法及注意事项。

② 管材、管件应做外观检查、质量检验。如发现质量异常，应在使用前进行检测。损伤严重者需剔除。

③ 主要工具：电动切割机、拉紧器、手锯、绳索、润滑剂、毛刷、抹布、手套、锉刀、直尺、活扳手等。

（2）**管道接口施工**

① 一般规定如下。

a. 管道连接可采用弹性密封圈插入式柔性接头，或插入式溶剂黏结接头、法兰接头等刚性接头。

b. 承插式橡胶圈接头适用于 DN 不小于 63mm 的管道，套筒式活接头（快速连接件）可用于各种管径的管道。

c. 溶剂式接头适用于 DN 为 20～200mm 的管道；DN 大于 90mm 的管材，其溶剂黏结接头的连接宜在提供管材的生产厂进行，在施工现场制作溶剂黏结接头时，DN 不宜大于 90mm。溶剂黏结接头一般采用工厂制造的承口管；当采用平口管在现场加工承口时，施工单位提供的加工方法及设施应得到建设和监理单位许可后方可使用。

d. 法兰连接一般适用于钢管、铸铁管等不同材质管材或阀门、消防栓等管道附件的过渡性连接。

e. 管材在敷设中需切割时，切割面要平直。插入式接头的插口管端应削倒角，倒角坡口后管端厚度一般为管壁厚的 1/3～1/2，倒角一般为 15°。完成后应将残屑清除干净，不留毛刺。

② 弹性密封圈柔性接口的性能及操作要求如下。

a. 密封圈（橡胶圈）的性能：所用密封圈不应有裂缝、气孔、重皮和接缝，其质量应符合下列要求。

    ⅰ. 邵氏硬度为 45～55HA。

    ⅱ. 伸长率≥500%。

    ⅲ. 拉断强度≥16MPa。

    ⅳ. 永久变形＜20%。

    ⅴ. 老化系数＞0.8（在 70℃温度情况下，历时 144h）。

    b. 操作要求

    ⅰ. 检查管材、管件及橡胶圈质量，清理干净承口内侧（包括橡胶圈凹槽）及插口外侧，不得有土或其他杂物，将橡胶圈安装在承口凹槽内，不得扭曲，异形橡胶圈必须安装正确，不得装反。

    ⅱ. 管端插入，长度必须留出由于温差产生的伸量，伸量应按施工时间和温差计算确定。

    ⅲ. 管子接头最小插入长度应符合相关规范的规定。

    ⅳ. 插入深度确定后，必须按插入长度一侧在管端表面画出一圈标记。连接时将插口对准承口并保持管道轴线平直，将其一次插入，直至标线均匀外露在承口端部。

    ⅴ. 小管径管道插入时宜用人力，在管端垫木块用撬棍将管子推入到位的方法可用于公称外径 DN 大于 315mm 的管道，对于公称外径更大的管道，可用手动葫芦等专用拉力工具。严禁用挖土机械等施工机械推、顶管子插入。

    ⅵ. 如插入时阻力过大，应拔出橡胶圈检查是否扭曲，不得强行插入。插入后用塞尺顺着接口间隙检查橡胶圈位置是否正确。

    ⅶ. 采用润滑剂降低插入阻力时，润滑剂必须采用管材生产厂提供的经检验合格的润滑剂。润滑剂必须对管材、弹性密封圈无任何损害作用。对输送饮用水的管道，润滑剂必须无毒、无臭、无味，且不会滋生细菌。

    ⅷ. 涂刷润滑剂时，可用毛刷将润滑剂均匀地涂在装嵌在承口内的橡胶圈和插口的外表面上，不得将润滑剂涂在承口装橡胶圈的槽内。

    ③ 溶剂黏结刚性接口的性能及操作要求如下。

    a. 溶剂的性能基本要求应符合下列基本规定。

    ⅰ. 黏附力和内聚力强，易于涂在结合面上。

    ⅱ. 固化时间短。

    ⅲ. 硬化的黏结层对水不产生任何污染。

    ⅳ. 黏结的强度应满足管道的使用要求。

    b. 操作要求

    ⅰ. 准备工作：黏结主要准备工作包括：检查管材、管件质量；连接的管子需要切断时，须将插口处做成坡口后再进行连接；切断管子时，应保证断口平整且垂直管轴线。加工成的坡口应符合下列要求：坡口长度一般不小于 3mm；坡口厚度为管壁厚度的 1/3～1/2。坡口加工完成后，应将残屑消除干净。备齐接口使用工具。

    ⅱ. 清理工作面：管材或管件在黏合前，应用干布或棉纱将承口内侧和插口外侧擦拭干净，使被黏结面保持清洁，无尘砂和水渍。

    ⅲ. 试插：黏结前应将两管试插一次，使插入深度和配合情况符合要求，并在插入端表面画出插入承口深度的标线。

    ⅳ. 涂刷溶剂：涂抹黏结溶剂时，应先涂承口内侧，后涂插口外侧，涂抹承口应顺轴向由里向外涂抹均匀、适量，不得涂抹过量或漏涂。

Ⅴ．黏结与养护：涂抹黏结溶剂后，应立即找正方向，对准轴线将管端插入承口，并用力推挤至所画标志线。插入后将管旋转 1/4 圈，在不少于 60s 时间内保持施加的外力不变，并保证接口的平直度及位置正确。

插接完毕后，应及时将接头外部挤出的黏结溶剂擦拭干净。应避免受力或强行加载。

④ 过渡接口连接：当给水硬聚氯乙烯管材与不同材质的管材、阀门、消防栓等附件连接时，称为过渡接口连接。过渡连接的方法与要求如下。

a. 可采用过渡件串联两端不同材质的管材或阀门、消防栓等附、配件。过渡件两端接头构造必须和两端连接接头形式相适应。

b. 过渡件一般采用特制管件，与各端管道或附、配件的连接应遵守下列规定。

ⅰ．阀门、消防栓或钢管等为法兰接头时，过渡件和其连接端必须采用相应的法兰接头，其法兰螺栓孔位置及直径必须和连接端的法兰一致。

ⅱ．采用承插式接头时，过渡件和其连接端必须采用相应的承插式接头，其承口的内径或插口的外径及密封圈的规格等必须符合连接端承口或插口的要求；当不同材质管材为平口端时，宜采用套筒接头连接，套筒内径必须符合两端连接件不同外径的规定。

ⅲ．与 PVC-U 管管端的连接宜采用柔性接头，并优先采用活接头、套筒式等快速连接件。当连接的 PVC-U 材质管件为承插式接头时，过渡件应采用相应的承口或插口连接。

c. 过渡件采用工厂制作的产品，并优先采用 PVC-U 注塑或二次加工成型的管件。如生产厂不能提供 PVC-U 材质管件，而采用钢制过渡件时，其材质、误差、规格等均应符合相应接头的标准。

d. 法兰连接时相邻两个法兰盘的螺栓孔位置和直径必须一致，其中垫片或垫圈位置必须正确，拧紧时应按对称位置相间进行。应防止拧紧过程中产生的轴向拉力导致两端管道拉裂或接头拉脱。

（3）阀门、消防栓、排气阀等设置

① 管道上设置阀门、消防栓、排气阀等附、配件时，其重量不得由管道支承，必须设置混凝土、砖砌等刚性支墩，支墩应有足够的体积和稳定性，并有锚固装置固定附、配件。支墩混凝土强度等级不得低于 C15，砖支墩必须采用机制砖，用水泥砂浆砌筑。

② 管道上设置阀门时，平面净空尺寸可按阀门规格、维护检修要求确定。

③ 阀门井采用整体板式基础时，阀门支墩应支承在阀门井的混凝土基础底板上。底板上用插筋锚固支墩时，底板可与支墩共同承受阀门关闭时产生的轴向推力。

④ 阀门井内无基础底板时，阀门必须设置独立的支墩，当阀门关闭可能产生轴向推力时，支墩还应具有支承轴向推力的能力。当支墩重量及刚度不足以支承轴向推力时，必须在管道上采取其他有效止推措施。

⑤ 井底和管外底的净距不宜小于 200mm。井底无混凝土底板时，应在井底铺不小于 150mm 厚的卵石层。

⑥ 阀门井基础必须浇筑在原状地基或经过回填密实的地层上。混凝土结构的混凝土强度等级不得低于 C15；砖砌体必须采用不低于 M7.5 的水泥砂浆砌筑；砖材必须用机制砖。在地下水位以下的砖砌井室外壁必须做封闭的水泥砂浆抹面防水层。

⑦ 阀门井顶部宜采用连成一体的灰铸铁、可锻铸铁、球墨铸铁井盖及支座；亦可采用工厂生产的符合标准的纤维混凝土及玻璃纤维增强树脂（玻璃钢）等复合材料制造的井盖及

支座。井内踏步宜采用可锻铸铁、球墨铸铁踏步；钢制踏步必须采用钢材外部注塑的塑钢踏步。

⑧ 管道穿越阀门井时，和井墙宜采用刚性连接。一般采用专用穿墙套管埋在墙内的穿越部位，待管道敷设就位后，用干硬性细石混凝土分层浇筑填实。在已建管道上砌筑砖井墙时，可在管道周围留出不小于50mm空隙，用干硬性细石混凝土分层浇筑填实、砖墙内套管可用混凝土制造；混凝土墙内应用带止水肋的钢制套管。穿墙管内径不得小于管外径加100mm。

⑨ 连接构筑物的管道下超挖的槽深部分，必须用砂砾土回填密实。并按管道敷设要求做不小于90°的弧形土基。

⑩ 阀门、消防枪、排气阀等附件采用直埋敷设时，埋在土中维护阀门杆的套筒必须支承在回填密实的土层上。采用铸铁管、混凝土管等作套筒时，应在套筒下浇筑混凝土或砖砌基础，套筒四周回填土必须夯实。套筒上部开启部分的配件根据各地具体情况设置。

4. 施工总结

① PVC-U管道基础埋深低于建（构）筑物基础底面时，管道不得敷设在建筑物基础下地基扩散角受压区以内，扩散角可采用45°。

② PVC-U管道穿越铁路、高速公路等路堤时，应设置钢筋混凝土、钢、铸铁管等材料制作的保护套管，不通行的套管内径不宜小于管外径加300mm，套管结构设计应按路堤主管部门的规定执行，穿越河道时还应在保护套管外部采取包混凝土等措施。

③ PVC-U管道不得从建（构）筑物下面穿越。若必须穿越时，应采取外加套管等可靠的保护措施。

④ PVC-U管道在其他管道上部跨越时，管底与下面管道顶部的净距不得小于0.2m，并应按设计规定进行地基处理。

⑤ PVC-U管道与相邻管道之间的水平净距不宜小于施工及维护要求的开槽宽度及设置闸门井等附属构筑物要求的宽度。与热力管等高温管道和高压燃气管等有毒气体管道之间的水平净距不宜小于1.5m。饮用水管道不得敷设在排水管道和污水管道下面。

⑥ PVC-U管道中线与建（构）筑物外墙（柱）皮之间的水平距离不宜小于下列规定：公称外径 DN 不大于200mm时为1m；公称外径 DN 大于200mm时为3.0m。

⑦ 在道路下，管顶埋深不宜小于1.0m；在人行道下，公称外径 DN 大于63mm时，不宜小于0.75m，公称外径 DN 不大于63mm时，不宜小于0.5m。在永久性冻土或季节性冻土层中，管顶埋深应在冰冻线以下。

⑧ 当设计无规定时，管道不得采用360°满包混凝土进行地基处理或增强管道承载能力。

四、聚乙烯给水管安装

1. 施工现场图

聚乙烯（PE）给水管安装施工现场如图6-7所示。

2. 注意事项

① 施工单位应已有完整的施工计划，并经建设单位及监理单位审定，包括开挖、下管、回填、路面恢复及特殊路段的施工方案等。

② 施工人员应经过培训且熟悉聚乙烯给水管

图6-7 聚乙烯给水管施工现场

材的一般性能，掌握管道连接技术和操作要点，并经考核合格后上岗。

③ 施工工具、施工场地及施工用电、用水、材料储放场地等临时设施能满足施工要求。

3. 施工做法详解

施工工艺流程 ▶▶▶▶▶ ....

管道布置→管道的连接→管道的敷设。

（1）管道布置

① 聚乙烯给水管道埋设的最小管顶覆土厚度，在非机动车道下为 0.8m；在永久性冻土或季节性冻土地层，埋深应在冰冻线以下 0.2m。

② 聚乙烯给水管道不宜从建筑物下直接穿越。如需要穿越建筑物、铁路、公路等，应设置刚性套管进行防护，施工前应征得有关部门同意。

③ 聚乙烯给水管道与建筑物、电力电缆、铁路和其他管道的水平净距及垂直净距，应根据建筑物基础的结构、路面种类、卫生安全、管道埋深、管径、施工条件、管内工作压力、管道上附属构筑物的大小及有关规定等条件确定。一般不得小于表 6-1 和表 6-2 的规定。

表 6-1　给水管道与构筑物、管线水平距离

构筑物或管线名称		水平净距/m	
		$d_n \leq 200$	$d_n > 200$
建筑物		1.00	3.00
热力管		1.50	
电力电缆		0.50	
通信电缆		1.00	
污水、雨水排水管		1.00	1.50
燃气	$PN \leq 0.4MPa$	0.50	
	$0.4MPa < PN \leq 0.8MPa$	1.00	
	$0.8MPa < PN \leq 1.6MPa$	1.50	
乔木及灌水		1.50	
通信及照明地上杆柱（<10kV）		0.50	
高压铁塔基础边		3.00	
道路侧或边坡		1.50	
铁路钢轨（或坡角）		5.00	

表 6-2　给水管道与构筑物、管线垂直距离

构筑物或管线名称		垂直距离/m
给水管		0.15
污水、雨水排水管		0.40
燃气		0.15
热力管		0.15
电力电缆	直埋	0.15
	管埋	0.15
通信电缆	直埋	0.50
	管埋	0.15
沟渠（基础底）		0.50
涵洞（基础底）		0.50
电力（轨底）		1.00
铁路（轨底）		1.00

④ 聚乙烯给水管道与供热管道之间的距离，应根据供热管道土壤中温度场的分布情况具体确定，以保证聚乙烯给水管道的土壤温度在 40℃ 以下。

⑤ 聚乙烯给水管道在其他管道上部跨越时，应按设计规定进行地基处理。当设计无规定时，可参照施工验收规程，规定处理。

（2）**管道的连接**　聚乙烯给水管的连接分为热熔法连接（图6-8）和电熔法连接。

① 一般规定如下。

a. 聚乙烯给水管道连接的操作人员上岗前，应经过专门培训，经考核和技能评定合格后，方可上岗操作。

b. 聚乙烯给水管道施工前应有书面的连接方案，明确连接方法、连接条件、焊接设备及工具、操作规范、焊接参数、操作者的技术水平要求及质量控制方法。

c. 聚乙烯给水管材、管件连接应采用热熔对接连接或电熔连接（电熔承插连接和电熔鞍型连接）。不同连接形式应采用对应的专业连接工具。支管、进户管与已建管道、水表、阀门、其他材料的管道及附件的连接，应采用法兰或专用的钢塑转换接头。

图6-8　管道热熔连接

d. 聚乙烯给水管道连接采用热熔焊接时宜采用同种材质、牌号及相同的管材和管件。对性能相似的不同材质、牌号的管材与管材或管材与管件之间的连接，应经过试验，判定连接质量能得到保证后，方可进行。

e. 聚乙烯给水管道连接宜在－5℃以上进行。当在环境温度低于－5℃或在大风条件下施工时，应采取保护措施或调整连接工艺。如采取管端封堵、防风保温或延长加热时间等措施。

f. 聚乙烯给水管道连接前，应核对欲连接的管材及管件规格、压力等级是否正确；检查管材表面是否有磕、碰、划伤，如伤痕深度超过管材壁厚的10%，应局部予以切除方可使用。

g. 聚乙烯给水管材、管件存放处和施工现场温差较大时，连接前应在施工现场存放一段时间，使其温度和施工现场温度接近。

h. 聚乙烯给水管道安装过程中，可对接头抽样进行水压试验［试验要求和方法参见《给水用聚乙烯（PE）管道系统　第二部分：管件》（GB/T 13663—2005）及《流体输送用热塑性塑料管材耐内压试验方法》（GB/T 6111—2018）］，检验接头的可靠性；连接结束后，应进行外观质量检查，不合格的必须返工，并重新进行外观质量检查，直到合格为止。

i. 所有聚乙烯给水管道接头，均应自然冷却。冷却期间，不允许移动管接头和管，也不准在管接头上施加外力。

② 热熔连接。热熔连接是采用热熔对焊机来加热管端，使其熔化，迅速将其黏合，保持有一定的压力，经冷却达到熔接的目的。符合尺寸的PE管均可采取热熔对接方式连接，通常对于 d_n 为63mm（或壁厚5mm）以上的管采用对接热熔连接。

a. 热熔对接连接设备应满足以下条件。

ⅰ. 热熔对接连接焊机的加热板板面温度应均匀，允许偏差为设定温度±7℃，并定期检测板面实际温度。

ⅱ. 热熔对接连接焊机指示系统压力的压力表应定期校核。

ⅲ. 机架上活动夹具的移动速度应均匀、稳定。

b. 热熔对接连接应符合以下规定。

ⅰ. 每次进行热熔连接前，应清除管端内外的污物及加热板表面的附着物。

ⅱ. 管端经铣削后，其错位量和间隙均不应超过壁厚的10%，否则应进行必要的调整并重新铣削，直到满足以上要求为止。

ⅲ. 热熔连接的焊接参数应符合管材、管件生产厂家的要求。

ⅳ. 热熔连接的焊接接头应在保压状态下自然冷却。

ⅴ. 热熔连接的焊接接头连接完成后，应进行外观检验，并符合以下要求，否则，应进行返工，直到检验合格为止。

接头应具有沿管材整个圆周平滑对称的翻边，翻边最低处的深度不应低于管材表面。

管材、管件连接时，沿相邻两组件翻边的外圆周的任何一处错位量不应超过管材壁厚的10%。

抽样切除翻边进行检查，翻边应是实心和圆滑的，根部较宽。翻边下侧不应有小孔、杂质、偏移和损坏，后弯曲不应有细小裂纹。

③ 电熔连接。电熔连接使通过对预埋于电熔管件内表面的电热丝通电而使其加热，从而使管件的内表面及管材（或管件）的外表面分别被熔化，冷却到要求的时间后而达到焊接的目的。电熔连接的特点是连接迅速、方便、接头质量好，外界因素干扰小，在口径较小的管道上应用比较经济。

a. 电熔连接电熔焊机的类型应符合电熔管件的要求。

b. 电熔连接前，应对管件进行外观检查，管件内不应有断丝或绕丝不均匀现象。

c. 电熔承插连接应符合以下规定。

ⅰ. 电熔承插连接管材的连接端应切割平整，并与管材轴线垂直，管材及管件连接面上的污物应予以清理。

ⅱ. 管材的连接端应按照插入长度画出标记，对管材连接处整个外圆周进行刮皮，刮削长度不应小于标记尺寸，刮削完成后应进行二次标记。

ⅲ. 管件和管材的连接区域宜使用合适的清洗剂进行清洁。

ⅳ. 管材插入管件后应按照标记进行检查，确认插入到位，并使用专用夹具夹持定位。

ⅴ. 电熔连接的焊接参数应符合管材、管件生产厂家的要求。

ⅵ. 达到规定的冷却时间前，不应移走夹具，不应对接头处施加任何外力。

ⅶ. 电熔连接的焊接接头连接完成后，应进行外观检验。焊接完成后，不应有熔融材料从管件内流出，观察孔达到规定要求。否则，应进行返工，直到检验合格为止。

（3）管道的敷设

① 管道应在沟底标高及管基质量检查合格后，方可安装。

② 管材、管件及附属设备在安装前应按设计要求核对无误，并应对外观重新进行检查，其内、外表面应无过度划伤及其他明显缺陷，否则不得采用。

③ 安装前应将管材、管件及阀门等内部清理干净，不得存有杂物。

④ 管道安装时，沟槽内不得有积水，应将积水排除后，方可进行管道安装。

⑤ 管道通常可在地面上连接，管材、管件连接好后，用可靠的软带吊具平衡放入沟槽内，应防止扭曲、划伤或承受过大的拉伸力。在沟槽允许情况下可在沟槽内连接。

⑥ d_n110以下的埋地聚乙烯给水管道宜蜿蜒状敷设，d_n110以上的埋地聚乙烯给水管道有充分的土壤阻力抵消温度变化应力时，可直线敷设。利用柔性自然弯曲改变敷设走向

时，其弯曲半径不应小于25倍的管材外径。

⑦ 管道安装每次收工时，各敞口管端应临时封堵，防止杂物或积水进入管内。

⑧ 聚乙烯管道与其他材质的管材、管件连接处应设置独立的混凝土支承件，与金属阀门、消火栓连接处需设阀门井，且开启阀门等力矩不得直接作用于管路系统上。

⑨ 聚乙烯给水管道敷设时，宜随着管道走向埋设金属示踪线；距管顶不小于300mm处宜埋设警示带，警示带上应标出醒目的提示字样。

⑩ 管道安装和铺设完毕，隐蔽工程验收后，应及时回填；水压试验前，除接口外，管道两侧及管顶以上回填高度不应小于0.5m；水压试验合格后，应及时回填其余部分。回填土要填到足够高度，防止槽外积水回灌造成管道漂浮。

4. 施工总结

① 管线位置应严格按设计文件定位、勘测放线，工程测量应符合管道施工过程中对管线坐标、高程进行控制测量的技术要求。

② 在施工区域内，有碍施工的已有建筑物、构筑物、沟渠、道路、管线、电杆、树木等，应在施工前由建设单位与有关单位协商处理。

③ 在地下水位较高的地区或雨季施工时，应采取降低水位或排水的措施，及时清除沟内积水，防止管道上浮。

④ 聚乙烯给水管道穿越工厂采用暗挖方法时，必须保证被穿越的建筑物、构筑物不发生沉陷、位移和破坏。

五、钢筋混凝土管安装

1. 示意图和施工现场图

拉杆千斤顶法安装钢筋混凝土管示意和钢筋混凝土管施工现场分别见图6-9和图6-10。

图6-9　拉杆千斤顶法安装钢筋混凝土管示意

1—承插式预应力钢筋混凝土管；2—方木；3—背
圆木；4—钢丝绳扣；5—钢筋拉杆；6—S形扣；
7—滑轮；8—钢丝绳；9—方木；10—千斤顶

图6-10　钢筋混凝土管施工现场

2. 注意事项

当地基处理好后，为了使胶圈达到预定的工作位置，必须要有产生推力与拉力的安装工具，一般采用拉杆千斤顶，即预先于横跨在已安装好的1～2节管子的管沟两侧安装一截横木，作为锚点，横木上拴一钢丝绳扣，钢丝绳扣套入一根钢筋拉杆，每根拉杆长度等于一节管长，安装一根管，加接一根拉杆，拉杆和拉杆间用S形扣连接。这样一个固定点，可以安装数十根管后再移动到新的横木固定点。然后用一根钢丝绳兜扣住千斤顶头连接到钢筋拉杆上。为了使两边钢丝绳在顶装过程中拉力保持平衡，中间应连接一个滑轮。

3. 施工做法详解

（1）拉杆千斤顶法的安装要点

① 套橡胶圈。在清理干净管端承插口后，即可将胶圈从管端两侧同时由管下部向上套，套好后的胶圈应平直，不允许有扭曲现象。

② 初步对口。利用斜挂在跨沟架子横杆上的捯链把承口吊起，并使管段慢慢移到承口，然后用撬棍进行调整，若管位很低时，用捯链把管提起，下面填砂捣实；若管高时，沿管轴线左右晃动管子，使管下沉。为了使插口与胶圈能够均匀顺利地进入承口，达到预定位置，初步对口后承插口间的承插间隙和距离务必均匀一致。否则，橡胶圈受压不均，进入速度不一致，将造成橡胶圈扭曲而大幅度地回弹。

③ 顶装。初步对口正确后，即可装上千斤顶进行顶装。顶装过程中，要随时沿管四周观察橡胶圈及插口进入情况。当管下部进入较少时，可用捯链把承口端稍稍抬起；当管左部进入较少或较慢时，可用撬棍在承口右侧将管向左侧拨动。进行矫正时则应停止顶进。

④ 找正找平。把管子顶到设计位置时，经找正找平后方可松放千斤顶。相邻两管的高度偏差不超过±2cm，中心线左右偏差一般在3cm以内。

（2）利用钢筋混凝土套管连接

① 填充砂浆配合比。水泥：砂＝(1:1)～(1:2)，加水14%～17%。

② 接口步骤。先把管的一端插入套管，插入深度为套管长的一半，使管与套管之间的间隙均匀，再用砂浆充填密实，这就是上套管，做成承口。上套管做好后，放置两天左右再运到现场，把另一管插入这个承口内，再用砂浆填实，凝固后连接即告完毕。

4. 施工总结

预应力钢筋混凝土管沿直线铺设时，其对口间隙应符合表6-3的规定。

表6-3 预应力钢筋混凝土管对口间隙

接口形式和管径/mm		沿直线铺设间隙/mm
柔性接口	管径300～900	15～20
	管径1000～1400	20～25
刚性接口	管径300～900	6～8
	管径1000～1400	8～10

第二节 ▶ 消防配件安装及管沟与井室施工

一、消防配件安装

1. 示意图和施工现场图

室外地下消防栓与主管连接示意和消防水泵接合器施工现场分别见图6-11和图6-12。

2. 注意事项

① 消防栓、水表、闸门安装后，在未盖井盖之前，要将井暂时盖好，防止落物进井，砸坏设备。

② 设备下部若没有临时支撑，在设备安装完，应及时砌筑或浇灌好支墩。

图 6-11　室外地下消防栓与主管连接示意

3. 施工做法详解

(1) 消防水泵接合器安装

① 水泵接合器安装在接近主楼外墙的一侧,附近 40m 以内有可供水的室外消防栓或消防水池。

② 水泵接合器的规定应根据设计规定,有三种类型:地下型、地上型、墙壁型。其安装位置应有明显标志,阀门位置应便于操作,接合器附近不得有障碍物。安全阀应按系统工作压力确定压力,防止外来水压力过高破坏室内管网及部件,接合器应有泄水阀。

图 6-12　消防水泵接合器施工现场

③ 一套水泵接合器包括以下配件:法兰接管、闸阀、法兰三通、法兰安全阀、法兰止回阀、法兰弯管(带底座)、法兰弯管(不带底座-用于墙壁式)、法兰接管、接合器本体、消防接口。其中法兰接管出厂长度为 340mm,施工时应根据水泵接合器栓口安装中心标高与地面标高确定,不可一概而论。

④ 消防水泵接合器的安全阀及止回阀安装位置和方向应正确,阀门启闭应灵活。安全阀出口压力应校准。

⑤ 地下式水泵接合器的顶部进水口与消防井盖底面的距离不得大于 400mm,且不应小于井盖的半径。井内应有足够的操作空间,并设爬梯。

⑥ 墙壁式消防水泵接合器安装高度如设计未要求,出水栓口中心距地面应为 1.10m,与墙面上的门、窗、孔、洞的净距离不应小于 2.0m,且不应安装在玻璃幕墙下方。其上方应设有防坠落物打击的措施。

图 6-13　消防栓井

⑦ 消防水泵接合器的各项安装尺寸应符合设计要求,栓口安装高度允许偏差为 ±20mm。

(2) 室外消防栓安装

① 严格检查消防栓的各处开关是否灵活、严密、吻合,所配置的附属设备配件是否安全。

② 室外地下消防栓应砌筑消防栓井(图 6-13),室外地上消防栓应砌筑消防栓阀门井,消防栓井的规格见全国通用给水排水图集。在高级及一般路面上,井盖上表面同路面相同,允许偏差 ±5mm,无正规道路时,井盖高出室外标高 50mm,并在井口周围以 2/100 的坡度

向外做护坡。

③ 室外地下消防栓与主管连接的三通或弯头下部（带座和无座的），均应先稳固在混凝土支墩上，管下皮距井底不应小于0.2m，消防栓顶部距井盖底面，不应大于0.4m，如果超过0.4m应增加短管。

④ 按标准有关技术要求，进行法兰闸阀、双法兰短管及水龙带接扣安装，接出的直管高于1m时，应加固定卡子一道，井盖上铸有明显的"消防栓"字样。

⑤ 室外消防栓地上安装时，一般距地面高度为640mm，首先应将消防栓下部的弯头带底座安装在混凝土支墩上，安装应稳固。

⑥ 安装消防栓开闭闸门，两者距离不应超过2.5m。

⑦ 地下消防栓安装时，如设置闸门井，必须将消防栓自身的放水口堵死，在井内另设放水门。

4. 施工总结

① 系统必须进行水压试验，试验压力为工作压力的1.5倍，但不得小于0.6MPa。

② 消防管道在竣工前，必须对管道进行冲洗。

③ 消防水泵接合器和消防栓的位置标志明显，栓口的位置应方便操作。消防水泵接合器和室外消防栓当采用墙壁式时，如设计未要求，进、出水栓口的中心安装高度距地面应为1.10m，其上方应设有防坠落物打击的措施。

④ 室外消防栓和消防水泵接合器的各项安装尺寸应符合设计要求，栓口安装高度允许偏差±20mm。

⑤ 地下式消防水泵接合器顶部进水口或地下式消防栓的顶部出水口与消防井盖底面的距离不得大于400mm，井内应有足够的操作空间，并设爬梯。寒冷地区井内应做防冻保护。

扫码观看视频

消防井施工

二、管沟与井室施工

1. 示意图和施工现场图

管沟集水井法排水示意和管沟施工现场分别见图6-14和图6-15。

图6-14 管沟集水井法排水示意

图6-15 管沟施工现场

2. 注意事项

① 定位控制桩，沟槽顶、底的水平桩，龙门板等，挖运土时均不准碰撞，也不准坐在龙门板上休息。

② 管沟壁和边坡在开挖过程中应予保护，以防坍塌。

③ 雨期施工，应尽可能缩短开槽长度，做到成槽快，回填快。一旦发生泡槽，将水排

除，把基底受泡软化的表层土清除，换填砂石料或中、粗砂，做好基础处理，再下管安装。

④ 管沟内安装工作坑旁设置集水坑，管道基础旁设置排水明沟，以防止槽底受水浸泡。

⑤ 在管沟开挖过程中，如发现地下文物，应及时与公安和文物鉴定部门取得联系，同时用黄色警戒带将现场隔开，以免文物遭到破坏。如发现地下管道、电缆或通信设施等应及时与业主及有关部门取得联系，以便统筹解决。

3. 施工做法详解

工艺流程

降水、排水→沟槽开挖→管道基础施工→井室砌筑→回填土。

（1）降水、排水

对低于地下水的管沟或有大量地面水、雨水灌入沟内或因不慎折断沟内原有给排水管道造成沟内积水，均需组织排除积水。挖土应从沟底标高最低端开始。

① 掌握地下原有各类管道的分布状况及介质。

② 掌握水文地质资料，分别采用沟底排水沟集水井、井点法等措施进行排水。

③ 可将排水沟设在中段，挖至近沟底时再设在一侧或两侧排水。

④ 沟底深度低于地下水位不超过400mm，且沟槽为砂质黏土时，可在沟两侧挖沟排除积水。

⑤ 将积水引进集水井后，用水泵抽走。一般情况下，集水井进口宽度为1~1.2m。沟帮用较密的支木或板桩进行加固。集水井内侧与槽底边的距离即进水井的长度规定如下：黏土1m、粉质黏土2m、粗砂4m，细砂6m。

⑥ 若为砂土层，可在沟内或沟边埋设排水管、滤管，用泵抽出地下水排走，即称为轻型井点法。

（2）沟槽开挖（图6-16）

① 测量、放线已完成，可开挖沟槽。首先按设计标高确定沟槽开挖深度。

② 确定沟槽开挖坡度。为了防止塌方，挖槽开挖后应留有一定的坡度，边坡的大小与土质和沟深有关。

③ 根据沟深、边坡和沟底宽计算而得上口宽。

扫码观看视频

沟槽开挖

图6-16 沟槽开挖

④ 按设计图纸要求及测量定位的中心线，依据沟槽上口宽，撒好灰线。

⑤ 按人数和最佳操作面划分段，沿灰线直边切出沟槽边轮廓线，按照从深到浅的顺序进行开挖。人工开槽时，宜将槽上部混杂土与槽下部良质土分开堆放，以便回填用。

⑥ 一、二类土可按300mm分层逐层开挖，倒退踏步型挖掘，三、四类土先用镐翻松，再按300mm左右分层正向开挖。

⑦ 挖深超过2m时，要留边坡。在遇有不同的土层断面变化处可做成折线形边坡或加支撑处理。

⑧ 每挖一层清底一次，挖深1m切坡成型一次，并同时抄平，在边坡上打好水平控制小木桩。

⑨ 挖土开槽时严格控制基底高程，基底设计标高以上 0.2～0.3m 的原状土用人工清理，此时测量一次标高。待下道工序进行前，按找平的沟槽木桩挖平。如果局部超挖或发生扰动，须先清除松动土壤，再换填粒径 10～15mm 天然级配的砂石料或中、粗砂并夯实。

（3）管道基础施工

① 管沟验收合格，标高、坐标无误即可进行管基施工。

② 挖沟时沟底的自然土层被扰动，必须换以碎石或砂垫层。被扰动土为砂性或砂砾土时，铺设垫层前先夯实；黏性土则须换土后再铺碎石砂垫层。事先须将积水或泥浆清除出去。

③ 基础在施工前，清除浮土层、碎石铺填后夯实至设计标高。

④ 铺垫层后浇灌混凝土，从检查井开始，完成后可进行管沟的基础浇灌。

⑤ 砂浆、混凝土的施工应遵照相关土建施工技术标准执行。

图 6-17 井室砌筑施工

（4）井室砌筑（图 6-17）

① 本部分仅从给排水及采暖工程出发进行讲述，井室砌筑施工还应遵照相关土建施工技术标准执行。

② 井室的砌筑应按设计或给定的标准图施工。井室的底标高在地下水位以上时，基层应为素土夯实；在地下水位以下时，基层应打100mm 厚的混凝土底板。砌筑应采用水泥砂浆，内表面抹灰后应严密不透水。

③ 井室砌筑时管道与检查井的连接，采用刚性接口。管道穿过井壁处，应用水泥砂浆分两次填塞严密、抹平，不得渗漏。在施工时要求井与管之间用 1∶2.5 水泥砂浆接合密实，该部分井壁砌砖要求错缝上旋。

④ 重型铸铁或混凝土井圈，不得直接放在井室的砖墙上，砖墙上应做不少于80mm 厚的细石混凝土垫层。

⑤ 设在通车路面下或小区道路下的各种井室，必须使用重型井圈和井盖，井盖上表面应与路面相平，允许偏差±5mm。绿化带上和不通车的地方可采用轻型井圈和井盖，井盖的上表面应高出地坪 50mm，并在井口周围以 2/100 的坡度向外做水泥砂浆护坡。

⑥ 各类井室的井盖应符合设计要求，应有明显的文字标识，各种井盖不得混用。

（5）回填土

① 水压试验合格、办理隐蔽验收后，方可进行管沟土方回填（图 6-18）。

② 回填土前，将沟槽内软泥、木料等杂物清理干净。回填土时，不得回填积泥、有机物。回填土中不应有石块及其他杂硬物体。

③ 回填土过程中，不允许带水回填，槽内应无积水。如果雨期施工排水困难时，可采取随下管随回填的措施。为防止漂管，先回填到管顶以上一倍

图 6-18 管沟土方回填

管径以上的高度。

④ 回填土先从管底与基础结合部位开始，沿管腔两侧同时对称分层回填并夯实，每层回填高度宜为 0.15～0.20m。

⑤ 管顶上部 200mm 以内应用砂或无块石及冻土块的土人工回填，严禁采用机械回填。

⑥ 管顶上部 500mm 以内不得回填直径大于 100mm 的块石和冻土块；500mm 以上部分回填土中的石块或冻土块不得集中。上部用机械回填时，机械不得在管沟上行走。

⑦ 管道位于车行道下时，当铺设后立即修筑路面或管道位于软土地层以及低洼、沼泽、地下水位高的地段时，沟槽回填应先用中、粗砂将管底底角部位填充密实，然后用中、粗砂或石屑分层回填到管顶以上 0.4m，再往上可回填良质土。

⑧ 沟槽如有支撑，随同填土逐步拆下。横撑板的沟槽，先拆支撑后填土，自下而上拆除支撑。若用直撑板或板桩时，可在填土过半以后再拔出，拔出后立即灌砂充实。如因拆除支撑时不安全，可保留支撑。

⑨ 雨后填土要测定土壤含水量，如超过规定不可回填。槽内有水则须排除后，符合规定方可回填。

⑩ 雨期填土，应随填随夯，防止夯实前遇雨。填土高度不能高于检查井。

4. 施工总结

① 人工清理后，管沟底层应是原土层，或是夯实的回填土，沟底应平整，坡度应顺畅，不得有尖硬的物体、块石等。

② 如沟基为岩石、不易消除的块石或为砾石层时，沟底应下挖 100～200mm，填铺细砂或粒径不大于 5mm 的细土，夯实到沟底标高后，方可进行管道敷设。

③ 测量之前先找好当地准确的永久性水准点。在测量过程中，沿管道线路应设临时水准点，并与固定水准点相连。

④ 临时水准点设在稳固和僻静之处，尽量选择永久性建筑物，距沟边大于 10m。其精确度不应低于Ⅲ级，在居住区外的压力管道则不低于Ⅳ级。水准点闭合差不大于 4mm/km。

⑤ 给水管道与污水管道在不同标高平行敷设，其垂直距离在 500mm 以内时候，给水管道管径等于或小于 200mm 的，管壁间距不得小于 1.5m；管径大于 200mm 的，间距不得小于 3m。

第七章
室外排水管网安装

第一节 ▶ 排水管道安装

一、排水管道的布置与敷设

1. 示意图和施工现场图

室外排水体制示意与室外排水管道敷设施工现场分别见图 7-1 和图 7-2。

图 7-1　室外排水体制示意

图 7-2　室外排水管道敷设施工现场

2. 注意事项

管道定线时应充分利用地势，尽可能顺坡排水，并沿道路和建筑物周边成平行敷设，同时主干管应靠近主要建筑物，并布置在连接出户管较多的一侧，尽可能减少和其他管线的交叉。

3. 施工做法详解

（1）管道布置

管道的布置应在建筑群（小区）总体规划、道路和建筑物布置的基础上协调进行。管线定线应遵循的原则是：应尽可能地在管线短、埋深浅的情况下，使排水系统能自流排入水体或处理水厂。

（2）管道敷设

① 排水管道和其他管线相互间的水平与垂直距离应根据管道的埋深、类型、检修和管道附属构筑物大小等因素确定。一般情况下可按表 7-1 的规定确定。

表 7-1　地下管线（构筑物）间最小净距

种类	给水管/m		污水管/m		雨水管/m	
	水平	垂直	水平	垂直	水平	垂直
给水管	0.5～1.0	0.1～0.15	0.8～1.5	0.1～0.15	0.8～1.5	0.1～0.15
污水管	0.8～1.5	0.1～0.15	0.8～1.5	0.1～0.15	0.8～1.5	0.1～0.15
雨水管	0.8～1.5	0.1～0.15	0.8～1.5	0.1～0.15	0.8～1.5	0.1～0.15
低压煤气管	0.5～1.0	0.1～0.15	1.0	0.1～0.15	1.0	0.1～0.15
直埋式热水管	1.0	0.1～0.15	1.0	0.1～0.15	1.0	0.1～0.15
热力管沟	0.5～1.0	—	1.0	—	1.0	—
乔木中心	1.0	—	1.5	—	1.5	—
电力电缆	1.0	直埋 0.5，穿管 0.25	1.0	直埋 0.5，穿管 0.25	1.0	直埋 0.5，穿管 0.25
通信电缆	1.0	直埋 0.5，穿管 0.25	1.0	直埋 0.5，穿管 0.25	1.0	直埋 0.5，穿管 0.25

注：净距指管外壁距离，管道交叉指管外壁距离，直埋式热力管指保温管壳外壁距离。

② 管道埋深：排水管道埋深应根据管材强度、外部荷载、支管接入标高要求等因素确定。在车行道下，不宜小于 0.7m 的埋深。

③ 排水管道与建筑物基础的水平净距，当管道埋深比建筑物基础浅时，应不小于 1.5m；当管道埋深比建筑物基础深时，应不小于 2.5m。

4. 施工总结

小区室外排水管最小管径和最小设计坡度应符合表 7-2 的规定。

表 7-2　最小管径和最小设计坡度

管别	污水管道			雨水管和合流管道		雨水连接管
	接户管	支管	干管	接户管	支管及干管	
位置	建筑物周围	组团内道路下	小区道路、市政道路下	建筑物周围	小区道路、市政道路下	—
最小管径/mm	150	200	300	200	300	200
最小设计坡度	0.007	0.004	0.003	0.004	0.003	0.01

二、非金属排水管道安装

1. 示意图和施工现场图

非金属排水管道埋设示意和施工现场分别见图 7-3 和图 7-4。

图 7-3　非金属排水管道埋设示意

图 7-4　非金属排水管道施工现场

2. 注意事项

① 排水管道的坡度必须符合设计要求，严禁无坡或倒坡。

② 挖土过程中应注意保护测量桩位，防止移动和踩踏。

③ 非金属管道、管件在运输、装卸、储存和搬运过程中，要轻拿轻放，不得曝晒。

④ 雨季施工时应注意管沟开挖的时间及部位安排，并应及时回填，防止淹沟。

3. 施工做法详解

工艺流程 ≫≫≫ ....

安装准备→管道预制加工→定位放线→管沟开挖→基底处理→施工排水（降水）→管道安装。

（1）安装准备

① 认真熟悉本专业和相关专业图纸，施工图纸已经设计、建设以及施工单位会审，并办理了图纸会审记录。

② 依据图纸会审、设计交底，编制施工组织设计、施工方案，进行技术交底。

③ 根据施工图纸及现场实际情况绘制施工草图。然后按照施工图纸和实际情况测量预留孔口尺寸，绘制管沟、管线节点图和管道施工草图，并注明实际尺寸。

（2）管道预制加工

① 检查管材、管件的接口质量，磨合度及偏差配合。

② 按照管沟、管线节点详图和管道施工草图，并注明实际尺寸进行断管。

③ 按照不同管材的连接要求，根据施工现场的实际情况在管沟外进行预连接。

（3）定位放线

① 根据地下原有构筑物、管线和设计图纸，充分分析、合理布局，管道布置遵循小管让大管、有压让无压、新管让原有管、临时让永久、可弯管让不能弯管的原则；充分考虑现行规范要求的各种管线间距要求、现有建筑物和构筑物进出口管线的标高和坐标、堆土、堆料、运料、下管区间等。

② 按照交接的永久性水准点，将施工水准点设在稳固和通视的位置，尽量设置在永久性建筑物、距沟边 10m 的位置。水准点的闭合差应符合规定；新建排水管道及构筑物与地下原有管道或者构筑物交叉点处要设置明显标记；要认真核对新旧排水管道的管底标高是否合适。

③ 根据设计坡度计算挖槽深度，放出挖槽线。沟槽深度必须大于当地冻土层深度、测量污水井以及附属构筑物的位置。

扫码观看视频

管沟开挖

图 7-5　管沟开挖

（4）管沟开挖（图 7-5）

① 槽底开挖宽度等于管道结构基础宽度加两侧工作面宽度，两侧工作面宽度不应小于 300mm；人工开槽时，宜将槽上部混杂土与槽下的土分开堆放，人工挖槽深度宜为 2m 左右，人工开挖多层槽的层间留台宽度应不小于 500mm；用机械开槽或者开挖槽后，当天不能进行下道工序时，沟底应留出 200mm 左右的土不挖，待下道工序施工前人工清底。

② 沟槽土应堆在沟的一侧，以便于下道工序施工；堆土底边与沟边应保持一定的距离，不得小于 1m，高度应小于 1.5m；堆土严禁掩埋消防栓、地面井盖以及雨水口，不得掩埋测量标志及道路附属的构筑物等。

③ 设基础的重力流管道沟槽槽底高程的允许偏差为 ±10mm；非重力流无管道基础的沟槽槽底高程的允许偏差为 ±20mm。

④ 开挖沟槽时，遇有事先没有探明的其他管道及地下构筑物时，应予以保护，并及时与有关单位和设计部门联系协同处理。

（5）基底处理

① 沟底如有不易清除的石块、碎石、砖块等坚硬物体时应铲除，到设计标高以下200mm 后铺上砂石料，面层铺上砂土整平夯实。

② 基础垫层应夯实紧密，表面平整，超挖回填部分也应夯实。如果局部超挖或发生扰动，槽底有地下水或者基底土壤含水量较大，可铺上粒径为 10~15mm 的砂石料或中、粗砂，并整平夯实；含水量接近最佳含水量的疏干槽超挖小于或等于 150mm 时，可用含水率接近的原土回填夯实，或者用石灰土处理，其压实度不应低于 95%。

③ 排水不良造成基底土壤扰动时，深度在 100mm 以内，可换砂石、石处理；深度在300mm 以内，但下部坚硬时，可换大卵石或填石块，并用砾石填充空隙和找平层。

④ 管道基础的接口部位，应挖预留凹槽以便接口操作，凹槽宽度为 400~600mm，槽深度为 50~100mm，槽长度约为管道直径的 1.1 倍，凹槽在接口完成后，随即用砂石料填实。

⑤ 管道基础，应按设计要求铺设，基底毛垫层厚度应不小于设计规定，如果设计没有规定时，应按下面要求执行：DN315 以下为 100mm，DN600 以下为 150mm。

⑥ 对槽宽、基础层厚度、基础表面标高、排水沟畅通情况、沟内是否有污泥杂物、基面有无扰动等作业项目，应分别验收，合格后才能进行下一道工序，槽底不得受水浸泡或冻伤。

（6）施工排水（降水）

① 对地下水位高于开挖沟槽槽底的地区，施工时应采取降水措施，防止沟槽失稳。

② 排水管道邻近建筑物的地方，降低水位时，应采取预防措施，防止对建筑物产生影响。

③ 降低地下水位的方法，应根据土层的渗透能力、降水深度、设备条件等选用。

（7）管道安装

① 安装顺序如下。

a. 主管道安装，首先将预制好的管段按照编号运至安装部位；各管道连接时，必须按照连接工艺依次进行，保证顺直、坡度均匀、预留位置准确，承口朝向来水；主管道安装完毕后，依设计图纸和规范安装支架，做好临时封堵和局部灌水试验。

b. 分支管道安装，根据室内排出管道位置，参照室外管线图，确定建筑物外排水管道井位置；安装前一定要核实管道承口朝向、标高、坡度，以便管井的砌筑；分支管按水流方向敷设，根据管段长短调整坡度，分支管穿越管沟和道路的地方要埋设金属套管，然后设置管卡固定。

c. 室外管井连接，根据设计图纸确定管井位置、标高。砌筑时要保护好分支管甩口，排水管应伸进管井 80~120mm，将管口四周抹齐，套管用水泥抹平，井底流槽与管内壁接合平顺。

② 非金属管道（塑料管、复合管）的连接方法如下。

a. 橡胶圈接口连接方法如下。

ⅰ. 接口前，应先检查密封胶圈是否配套完好，确认密封胶圈的安装位置，然后将接口范围内的工作面用棉纱清理干净，不得有泥土等杂物。

ⅱ. 接口作业时，应先将密封胶圈严密地套在一侧管口，调整另一侧管道，使得两侧管道在同一轴线上.然后套上橡胶密封圈，调整橡胶密封接圈使其与管道外壁结合紧密。

b. 电熔接口连接方法如下。

连接前，应作常规检查。检查电熔丝是否完整，承插口是否有损伤，并记录编号。

连接作业时，先将承口电熔丝区和插口外表面用擦布或毛刷清理干净，再用 95％ 的工业酒精擦拭，连接区不得有水油泥土等杂物。然后将插口端中心再对准承口端中心，相连两管上分别系上软绳索，将管子套紧，将管道插口拉入被连接管道的承口，使之紧密配合，并在管内焊接区安装胀紧内撑环。

将锁紧钢带套在承口端固定槽内打紧并锁住，再将承口端预埋的电熔丝的两个线头擦净，与电熔焊机的适配器插接，用螺钉紧固。启动电熔焊机，根据设定的电压和参数，电熔焊接机开始工作，当焊接达到给定的时间，电熔焊接机自动停止，待管道冷却后，拆下锁紧钢带、适配器及内撑环，进行下一个接口的焊接，焊接时使用的电源为交流两相 380V±10V。

4. 施工总结

① 人工挖槽深度宜为 2m 左右；人工开挖多层槽的层间留台宽度不应小于 500mm。

② 垫层为混凝土时，强度达到设计强度的 50％ 时方可下管。

③ 管道埋设前必须做灌水试验和通水试验，排水应畅通，无堵塞，管接口无渗漏。按排水检查井分段试验，试验水头应以试验段上游管顶加 1m，时间不少于 30min，逐段观察。

④ 管道及各种配件运抵现场，应检查规格、型号是否与设计相符，目测管道是否损伤，是否符合设计；在铺管前，应根据设计要求，对管材及连接管件的类型、规格、数量进行检验和外观检查。

⑤ 搬运管材，一般可用人工搬运，必须轻抬，轻放，禁止在地面上拖拉，滚动或用铲车、拖拉机牵引等方法搬运管材。

⑥ 下管作业中，必须保证沟槽排水畅通，严禁泡槽。雨季施工时，应注意防止管材漂浮，管材安装完毕尚未还土回填时，一旦沟槽遭到水泡，应进行中心线和管顶高程复测和外观检查，发生位移、漂浮、错口现象，应作返工处理。

三、金属排水管道安装

1. 示意图和施工现场图

金属排水管道连接示意和施工现场分别见图 7-6 和图 7-7。

2. 注意事项

① 挖土过程中应注意保护测量桩位，防止移动和踩踏。

② 做完防腐的管道应妥善保管，不得压重物和磕碰，回填土时，应采取保护措施，防止破坏防腐层。

③ 管道安装后。应将管口及时封堵严密，防止杂物进入，造成管道堵塞。

3. 施工做法详解

工艺流程 ▶▶▶▶

安装准备→管道预制加工→定位放线→管沟开挖→基底处理→管道安装。

图 7-6 金属排水管道连接示意

具体步骤和做法基本上与非金属排水管道安装相同，主要差异如下。

① 根据管道长度，以尽量减少固定（死扣）接口、承插口集中设置为原则，在切割处做好标记，切割采用机械或者手工切割，应将切割口内外清理干净。

② 向沟内下管前，应在管沟内的管端接口处或钢管焊接处，挖好工作坑。

图 7-7 金属排水管道施工现场

③ 在管沟内进行捻口前，先将管道调直、找正，用捻凿将承口缝隙找均匀，把油麻打实，管道两侧用土培好，以防止捻灰口时管道位移。捻口时先将油麻打进承口内，一般打两圈为宜，约为承口深度的 1/3，然后将油麻打实，边打边找正、找平。

④ 搅拌捻口灰时应随拌随用，拌好的灰应控制在 1.5h 内用完为宜，同时要根据气候条件适当调整用水量，将水灰比 1∶9 的水泥捻口灰拌好，放在承插口下部，由上而下，分层用手锤、捻凿打实，直至捻凿打在灰口上有回弹的感觉为合格。

4. 施工总结

① 排水铸铁管采用水泥捻口时，油麻填塞应密实，接口水泥应密实饱满，其接口面凹入承口边缘且深度不得大于 2mm。

② 排水铸铁管外壁在安装前应除锈，涂两边石油沥青漆。

③ 承插接口的排水管道安装时，管道和管件的承口应与水流方向相反。

四、混凝土排水管道安装

1. 示意图和施工现场图

混凝土排水管道基础构造示意和施工现场分别见图 7-8 和图 7-9。

图 7-8　混凝土排水管道基础构造示意

2. 注意事项

① 垫层混凝土支模时，要保护好现场的轴线和高程桩。

② 捻口后养护期内禁止移动或踩踏管道，以防捻口松动。

③ 接口抹带砂浆待达到一定强度后方可回填，回填时不得将硬物直接砸在抹带部位，管顶 500mm 范围内应人工回填、夯实。

图 7-9　混凝土排水管道施工现场

3. 施工做法详解

工艺流程

安装准备→管道预制加工→定位放线→管沟开挖→基底处理→管道安装→安装后自检。

具体步骤和做法基本上与非金属排水管道安装相同，主要差异如下。

① 基底钎应根据设计图纸要求进行，如设计无要求时，无需进行基底钎探；如遇松软土层、杂土层等深于槽底标高时，应予以加深处理。

② 打钎可采用人工打钎，直径 25mm，钎头为 60°尖锤状，长多为 2m，打钎用 10kg 的穿心锤距锤高度 500mm，打钎时一般分五步打，每贯入 300mm 记录一次，填入相应表格，钢钎上留 500mm；钎探后钎孔要进行灌砂。

③ 管道下槽前应检查垫层标高、中心线位置是否符合设计；垫层强度是否达到设计强度的 50%。

④ 稳管前必须内外清理干净，两侧必须设置保险杠，防止管从垫块上滚下伤人；管径小于 700mm 时可不留间隙；管道铺好后，必须用预制楔块等将管的两侧卡牢、固定；管道铺好后应及时灌注混凝土管座。

⑤ 管道接口一般分两种方式：抹带和承插。

a. 接口用水泥砂浆配合比应符合设计要求，当设计无规定时，嵌缝、抹带可采用水泥：砂子＝1：2.5 的砂浆，水灰比不应大于 0.5。

b. 抹带宜在灌注管座混凝土以后进行。

c. 污水管口外壁凿毛后应洗刷干净，并刷水泥浆一道，放上钢丝网，抹水泥砂浆。

d. 管径小于或等于 500mm，抹带宜一次抹压完成。

e. 抹带完成后，应立即进行养护。

f. 管座混凝土在常温下 4～6h 拆除模板，拆模时应保护抹带的边角不受破坏。

g. 接口前应将承口内部和插口外部清洗干净，将胶圈套在插口端部，胶圈应保持平正，无扭曲现象。

h. 对口时将管子稍微吊离槽底，使插口胶圈准确地对入承口锥面内。

i. 认真检查胶圈与承口接触是否均匀紧密，不均匀时应进行调整，以便安装时胶圈准确入位。

j. 安装接口时，顶拉速度应缓慢，并设专人检查胶圈就位情况，发现就位不均匀，应马上停止顶拉，调整胶圈位置均匀后，再继续顶拉，胶圈到达承、插口工作面预定的位置后，停止顶拉，立即用机具降解扣锁定，连续锁定接口不少于两个。

⑥ 沥青油膏、套环接口目前使用较少，如设计采用此接口，应按产品说明和设计要求进行施工。

⑦ 当管径小于400mm时，管道施工可以采用"四合一"施工法，即垫层混凝土、管道敷设、管座混凝土、接口抹带四个工序连续作业。

⑧ 管沟回填。

a. 管沟回填应在灌水试验完成后进行，中间层用素土和粗砂沿管线两侧、对称分层回填并夯实；每层回填150～200mm为宜，管顶500mm以内，宜回填粗砂石、素土，必须人工回填、人工夯实；管顶700mm以上可用机械回填，但必须从管向两侧同时碾压。

b. 沟槽内如果有支撑，随回填随同时拆除，横撑板的沟槽，先支后回填，自上而下拆除支撑；若采用支撑板或桩板时，可在回填土过半时再拔出，然后立即灌砂充实；如支撑不安全可以保留支撑。

4. 施工总结

① 虚铺厚度设计无要求时每层回填200～300mm为宜，机械夯实不大于300mm，人工夯实不大于200mm。

② 抹带前应将管口的外壁凿毛、扫净，当直径小于或等于500mm时，抹带可一次完成；当管径大于500mm时，应分二次抹成，抹带不得有裂纹。

③ 钢丝网应在管道就位前放入下方，抹压砂浆时应将钢丝网抹压牢固，钢丝不得外露。

④ 抹带厚度不得小于管壁厚度，宽度宜为80～100mm。

第二节 ▶ 排水管沟及井池

一、排水管沟施工

1. 示意图和施工现场图

排水管沟施工示意和施工现场图分别见图7-10和图7-11。

图7-10 排水管沟施工示意

1，2—撑木；3—管座

图7-11 排水管沟施工现场

2. 注意事项

① 在测量放线的排水管道沟槽开挖的范围（包括推土区域）内，不得堆卸管材及其他材料和机具。

② 放线后应及时开挖沟槽，以免所放线迹模糊不清。

③ 管道中心线控制桩及标高控制桩应随着挖土过程加以保护或补测后重新立小木桩。

④ 挖土过程有专人看护标高等控制桩，严禁用脚踩动。

3. 施工做法详解

工艺流程 ▶▶▶▶▶

测量放线→沟基施工→设置检查井→管沟回填。

（1）测量放线

① 根据导线桩测定管道中心线，在管线的起点、终点和转角处，钉一较长的大木桩作中心控制桩。用两个固定点控制此桩。将窨井位置相继用段木桩钉出。

② 沿着管线的方向定出管道中心和转线角处检查井的中心点，并和当地固定建筑物相连。

③ 新建排水管及构筑物与地下原有管道或构筑物交叉处，要设置特别标记示踪。

④ 根据设计坡度计算挖槽深度、放出上开口挖槽线。测定雨水井等附属构筑物的位置。

⑤ 在中心桩钉个小钉，用钢尺量出间距，在窨井中心牢固埋设水平板，不高出地面，将平板测为水平。板上钉出管道中心标志作挂线用，在每块水平板上注明井号、沟宽、坡度和立板至各控制点的常数。

⑥ 用水准仪测出水平板顶标高，以便确定坡度。在中心定一T形板，使下缘水平。且和沟底标高为一常数，在另一窨井的水平板同样设置，其常数不变。

（2）沟基施工

① 挖沟时沟底的自然土层被扰动，必须换以碎石或砂垫层。被扰动土为砂性或砂砾土时，铺设垫层前先夯实；黏性土则须换土后再铺碎石砂垫层。事先须将积水或泥浆清除出去。

② 基础在施工前，清除浮土层、碎石铺填后夯实至设计标高。

③ 铺垫层后浇灌混凝土，可以窨井开始，完成后可进行管沟的基础浇灌。

④ 在下列情况之一，采用混凝土整体基础：雨水或污水管道在地下水位以下；管径在1.35m以上的管道；每根管长在1.2m以内的管道；雨水或污水管道在地下水位以上，覆土深大于2.5m或4m时。

（3）设置检查井 在排水管与室内排出管连接处，管道转弯、交汇、管道管径或坡度改变、跌水处和直线管段上每隔一定距离，均应设置检查井，最大间距见表7-3。不同管径的排水管在检查井中宜采用管顶平接。

表7-3 检查井最大间距

管径/mm	污水管道	雨水管和合流管道	管径/mm	污水管道	雨水管和合流管道
150	20		400	30	40
200~300	30	30	≥500	—	50

（4）管沟回填 在闭水试验完成，并办理"隐蔽工程验收记录"后，即可进行回填土。

① 管顶上部500mm以内不得回填直径大于100mm的块石和冻土块；500mm以上部分回填块石或冻土不得集中；用机械回填，机械不得在管沟上行驶。

② 回填土应分层夯实。虚铺厚度如设计无要求，应符合下列规定。

a. 机械夯实：不大于300mm。

b. 人工夯实：不大于 200mm。

③ 管子接口坑的回填必须仔细夯实。

4. 施工总结

① 管道基础在接口部位的凹槽，宜在铺设管道时随铺随挖。凹槽长度 L 按管径大小采用，宜为 0.4～0.6m；凹槽深度 h 宜为 0.05～0.1m；凹槽宽度 B 宜为管外径的 1.1 倍。在接口完成后，凹槽随即用砂回填密实。

② 管道支座（墩）应构造正确，埋设平整牢固，支座与管道接触紧密。管道基础的平基、管座允许偏差应符合规范的规定，以便保证管道的安装质量。

③ 水准仪架设时，要看好地势，将仪器放平、放稳，不可摔坏仪器。

④ 转移测点移位时，水准仪不可倾斜移动，宜将水准仪垂直收拢后，再移至新测点。

二、井池施工

1. 示意图和施工现场图

化粪池平面图示例和施工现场分别见图 7-12 和图 7-13。

图 7-12 化粪池平面图示例

图 7-13 化粪池施工现场

2. 注意事项

① 井室的尺寸应符合设计要求，允许偏差为 ±20mm。

② 安装混凝土预制井圈，应将井圈端部洗干净并用水泥砂浆将接缝抹光。

③ 安装在室外的排水检查井与地下消防栓、给水表井等用的铸铁井盖，应有明显区别，重型与轻型井盖不得混用。

④ 管道穿过井壁处，应严密、不漏水。

3. 施工做法详解

（1）**化粪池** 化粪池是截留生活污水中可悬漂和沉淀的污物，储存并厌氧消化截留污泥的生活污水局部处理构筑物。在城市排水设施尚不完善的条件下，化粪池的应用仍较普遍。

① 化粪池的构造如下。

化粪池有圆形和矩形两种，根据其施工材料又可分为钢筋混凝土和砖砌两种类型。污水经化粪池处理后，一般可去除杂质 50%～60%，减少细菌 25%～75%，但它去除有机物的能力差。为提高处理水质，减少污水与腐化污泥的接触，化粪池常做成双格和三格。第一格用于污泥的沉淀、发酵、熟化，第二格、第三格供剩余污泥继续沉淀和污水澄清。当污水量≤10m³/d 时，应采用双格化粪池；污水量＞10m³/d 时，应采用三格化粪池。

为便于施工管理，化粪池的容积不宜过小，其最小尺寸为：长 1m，宽 0.75m，深 1.3m。

② 化粪池的设置要求如下。

在无污水处理厂的地区，一般室内粪便污水先经化粪池处理后，再排入市政管网或水体；在有污水处理厂的地区，也可设置在处理厂前，作为过渡性的生活污水局部处理构筑物。

因化粪池清淘时常散发臭气，对周围环境有一定影响，因此设置位置应尽量隐蔽，但要便于清淘。一般设在小区内或建筑物背大街一面靠近卫生间处。化粪池离建筑物外墙不宜小于5m，如条件限制可酌情减小距离，但不能影响环境卫生和建筑物的基础。为防止污染，化粪池离地下取水构筑物不得小于30m，且池壁、池底都应做防渗漏处理。

（2）**集水池**　民用和公共建筑的地下室、人防建筑以及工业建筑内部标高低于室外地坪的车间和其他用水设备房间，其污、废水不能自流排出室外，而必须通过集水池将污水和废水汇集起来，然后利用抽水设备抽升排泄，以保持室内良好的卫生条件。

① 抽升设备：局部抽升污、废水最常用的设备是水泵，其他尚有手摇泵、气压扬液器和喷射器等。采用何种抽升设备，应根据污、废水的性质（腐蚀程度、悬浮物含量、水温高低和污水的其他危害性）、所需抽升高度和建筑物性质等具体情况确定。

a. 抽升建筑内部污水所使用的水泵，一般均为离心泵。当水泵为自动启闭时，其流量按排水的设计秒流量选定；人工启闭时，按排水的最大小时流量选定。

b. 气压扬液器又称"气压排水器"，它是利用压缩空气抽升液体。一般在有压缩空气管道的工业厂房及对卫生要求较高的民用建筑内采用。

c. 当污、废水量较小，并且提升高度不大于10m时，可采用手摇泵或水射器等提升设备。

② 集水池的容积：集水池布置时，除应具有良好的通风设施外，其最重要的问题是确定集水池的容积。

a. 当水泵为自动启闭时，有效容积不得小于一台最大水泵5min的出水量（水泵每1h起动次数不得超过6次）；水泵为人工启闭时，为了便于运行管理，水泵可做人工定时启动，此时集水池的有效容积应能容纳两次启动间的最大流入量。

b. 为防止污水在集水池内腐化而使建筑物卫生条件变坏，对于生活排水不得大于6h的平均小时流入量；对于工业废水不得大于4h的流入量；对于排除工厂淋浴废水，可采用一次淋浴的排水量。

（3）**隔油池（井）**　隔油池是截留污水中油类的局部处理构筑物。

① 油类的危害：油脂进入管道后，随着水温下降，将凝固并附着在管壁上，缩小甚至堵塞管道。汽油等油类进入室外排水管道后易挥发，当挥发气体增加到一定浓度后，可能引起爆炸，从而损坏管道，引起火灾。

② 设置场所：含有较多油脂的公共食堂和饮食业的污水，含有柴油、汽油等油类的汽车修理车间的污水和少量的其他含油生产污水，均应经隔油池（井）局部处理后再予排放〔大量含油污水的处理，应按《室外排水设计规范（2014年版）》（GB 50014—2006）中的有关规定执行〕。

③ 隔油池的设置：为便于利用积留油脂，粪便污水和其他污水不应排入隔油池（井）内。对夹带杂质的含油污水，应在排入隔油池（井）前，经沉淀处理或在隔油池（井）内考虑沉淀部分所需容积。隔油池（井）应有活动盖板，进水管要便于清通。当污水含挥发性油类时，隔油池（井）不能设在室内，当污水含食用油等油类时，隔油池（井）可设在耐火等级为一、二、三级的建筑内，但宜设在地下，并用盖板封闭。

隔油池（井）采用上浮法除油，对含乳化油的污水，可采用二级除油池处理，在该池的乳化油处理池底，通过管道注入压缩空气，更有效地上浮油脂。

（4）降温池与沉砂池

① 降温池：降温池是采用冷水混合冷却法降低排水水温的构筑物，一般设在室外；若设在室内，水池应密闭，并设有人孔和通向窗外的排气管。

温度高于40℃的污、废水排入城镇排水管道前，均应采取降温措施，否则会影响后继污水处理构筑物的处理效果。同时温度过高还可能造成管道裂缝，漏水等危害。

供热锅炉房或其他小型锅炉房的排污水温度均较高，当余热不便利用时，为减少降温池的冷水用量，可首先使污水在常压下二次蒸发，饱和蒸汽由通气管排出带走部分余热，然后再与降温池中的冷水混合。二次蒸发降温池的构造如图7-14所示。

图7-14　二次蒸发降温池

② 沉砂池：汽车库内冲洗汽车的污水含有大量的泥砂，在排入城市排水管道之前，应设沉砂池，以除去污水中粗大颗粒杂质。小型沉砂池的构造如图7-15所示。

图7-15　沉砂池

d—砂坑深度，$d \geqslant 150mm$；s—水封深度，$s \geqslant 100mm$

4. 施工总结

① 地下水位较低，内壁可用水泥砂浆勾缝；水位较高，井室的外壁应用防水砂浆抹面，其高度应高出最高水位200～300mm。含酸性污水检查井，内壁应用耐酸水泥砂浆抹面。

② 排水检查井底需做流槽，应用混凝土浇筑或用砖砌筑，用水泥砂浆抹光，并与管内壁接合平顺。流槽的高度等于引入管中的最大直径，允许偏差为±10mm。

③ 流槽下部断面为半圆形，其直径同引入管管径相等。流槽上部应做垂直墙，其顶面应有0.05的坡度。排出管同引入管直径不相等，流槽应按两个不同直径做成渐扩形。弯曲流槽同管口连接处应有直径50%的直线部分，弯曲部分为圆弧形，管端应同井壁内表面齐平。

④ 管径大于500mm时，弯曲流槽同管口的连接形式应由设计确定。

⑤ 在高级和一般路面上，井盖上表面应同路面相平，允许偏差为±5mm。无路面时，井盖应高出室外设计标高50mm，并应在井口周围以2/100的坡度向外做护坡。如采用混凝土井盖，标高应以井口计算。

第八章
室外供热管网系统安装

第一节 ▶ 管道及配件安装

一、管道直埋敷设安装

1. 示意图和施工现场图

预制保温管直埋敷设示意和管道直埋施工现场分别见图 8-1 和图 8-2。

图 8-1 预制保温管直埋敷设示意

图 8-2 管道直埋施工现场

2. 注意事项

① 定位轴线引桩，基槽顶、底的水平桩等在挖运土时不得碰撞。

② 初冬施工时，每次收工前应挖一步虚土置于槽内，并用草帘覆盖严密保温，不得使基底受冻。

③ 基坑的直立壁和边坡，在开挖过程中要加以保护，以防坍塌，雨期施工时要设置挡土板、排水沟，防止地面水流进基底。

④ 管道保温时，严禁借用相邻管道搭设跳板等。

⑤ 分支及甩头处，应用活动堵加以堵严，防止污物进入管内。

3. 施工做法详解

工艺流程 ▶▶▶ ⋯⋯⋯⋯⋯⋯⋯⋯⋯⋯⋯⋯⋯⋯⋯⋯⋯⋯⋯⋯⋯⋯⋯

测量放线→检查标高→管道连接→配件安装→管道试压→管道防腐→回填。

(1) **测量放线** 根据设计图纸的位置，进行测量、打桩、放线、挖土、地沟垫层处理等，放线应按照图纸要求测放出管线中心线、管道水流方向改变的节点、阀门安装位置、管道分支点、边坡点等位置并在边坡点放出标高线。

为便于管道安装，挖沟时应将挖出来的土堆放在沟边一侧，土堆底边应与沟边保持0.6～1m的距离，沟底要求打平夯实，以防止管道弯曲受力不均。

(2) **检查标高** 管道下沟前，应检查沟底标高、沟宽尺寸是否符合设计要求，保温管应检查保温层是否有损伤，如局部有损伤时，应将损伤部位放在上面，并做好标记，便于统一修理。

(3) **管道连接** 管道应先在沟边进行分段焊接（图8-3），每段长度在25～35m范围内为宜。放管时，应用绳索将一端固定在地锚上，并套卷管段拉住另一端，用撬杠将管段移至沟边，放好木滑杠，统一指挥慢速放绳，使管段沿滑木杠下滚。为避免管道弯曲，拉绳不得少于两条，沟内不得站人。

管道连接前必须清理管腔，找平、找直，焊接处要挖出操作坑，其大小要便于焊接操作。

(4) **配件安装** 阀门、配件、补偿器支架等，应在施工前按施工要求预先放在沟边沿线，并在试压前安装完毕。

(5) **管道试压** 管道水压试验，应按设计要求和规范规定，办理隐检试压手续，把水泄完。

(6) **管道防腐** 应预先集中处理，管道两端留出焊口的距离，焊口处的防腐在试压完后再处理。

图8-3 管道分段焊接

(7) **回填** 回填土时要在保温管四周填100mm细砂，再填300mm素土，用人工分层回填土夯实。管道穿越马路处埋深少于800mm时，应做简易管沟，加盖混凝土盖板，沟内填砂处理。

4. 施工总结

① 直埋管道的保温应符合设计要求，接口在现场发泡时，接头处厚度应与管道保温厚度一致，接头处保护层必须与管道保护层成一体，符合防潮防水要求。

② 直埋无偿补偿供热管道预热伸长及三通加固应符合设计要求。回填前应注意检查预制保温层外壳及接口的完好性。回填应按设计要求进行。

图8-4 半通行管沟示意

二、管道地沟敷设安装

1. 示意图和施工现场图

半通行管沟示意和管道地沟敷设施工现场分别见图8-4和图8-5。

2. 注意事项

① 地沟内管道安装后，其甩口要用临时活堵封口，严防污物进入管内。

② 保温后的管道严禁踩踏或承重。

③ 试压后，焊口处及时做防腐处理。

图 8-5 管道地沟敷设施工现场

④ 不通行地沟里的管道少、管径一般较小、重量轻，地沟及支架构造简单，可以由人力借助绳索直接下沟，落放在已达到强度的支架上，然后进行组对焊接。

⑤ 半通行地沟及通行地沟的构造较复杂。沟里管道多、直径大，支架层数多。在下管就位前，必须有施工组织措施或技术措施，否则不可施工。下管可采用吊车、卷扬、捯链等起重设备或人力。

3. 施工做法详解

工艺流程 ≫≫≫≫

地沟管道和附件安装→水压试验→防腐保温。

管道地沟分不通行、半通行、通行三种形式。

（1）地沟管道和附件安装

① 不通行地沟（图 8-6）安装管道时，应在土建垫层完毕后立即进行安装。在进行半通行、通行地沟施工时，应配合土建专业预留支架。难安装的孔洞或者预埋钢板，安装前应进行校核检查。

② 管道应先在沟边分段连接，管道放在支座上时，用水平尺找平、找正。安装在滑动支架上时，要在补偿器拉伸并找正位置后才能焊接。

③ 通行地沟（图 8-7）的管道应安装在地沟的一侧或两侧，支架应采用型钢，弯头、末端、二通及重型附件。设备处应考虑设置支架。管道安装的坡度应按设计和规范的要求确定。

图 8-6 不通行地沟

图 8-7 通行地沟

④ 支架安装要平直牢固，同一地沟内有几层管道时，安装顺序应从最下面一层开始，再安装上面的管道，为了便于焊接，焊接连接口要选在便于操作的位置。

⑤ 管道全部上到支架上以后进行焊接，管道与管座应接触严密，不得有空隙，管道重量由各支架均匀承担，焊缝不许设置在托架和支座上，焊缝与支座间的距离应大于 150mm。

⑥ 遇有伸缩器时，应在预制时按规范要求做好预拉伸并做好支撑，按位置固定，与管道连接。

⑦ 管道安装时坐标、标高、坡度、甩口位置、变径等复核无误后，再把吊卡架螺栓紧好，最后焊牢固定卡处的止动板。

（2）水压试验 管道水压试验，应按设计要求和规范规定，办理隐检试压手续，把水泄完。

（3）**防腐保温** 管道防腐保温，应符合设计要求和施工规范规定，最后将管沟清理干净。

4. 施工总结

① 不通行地沟的净高一般不超过 1m，沟宽不超过 1.5m，其断面尺寸只需满足施工要求即可，适用的管径较小，数量较少。

② 地沟内，管道或保温层外表面到沟壁表面距离为 100～150mm，到沟底距离为 100～200mm，到沟顶距离为 50～100mm；管道或保温层外表面间距为 100～150mm。由于地沟断面尺寸较小，为便于操作，应在地沟底垫层做完后再安装管道，然后砌墙。管道水压试验合格，保温工程完毕，方可加盖顶板并覆土。

③ 在半通行管沟内，一般留有高度 1.2～1.4m，宽度不小于 0.5m 的人行通道。

④ 不通行地沟：设计要求为砖砌管墩、混凝土管墩，宜在土建垫层完毕后就立即施工；若设计为支、吊、托架，宜在地沟壁砌至适当高度时进行管道安装；管道安装和保温完成后，交土建砌沟壁和盖板。

⑤ 半通行地沟：地沟底层和沟壁土建施工完后交付管道安装，管道安装和保温完成后，交土建盖板。特殊情况，管道安装的部分尾项工作在地沟盖板后施工。

⑥ 通行地沟：地沟底层和沟壁土建施工完后交付管道安装，管道安装和保温完成后，交土建盖板。特殊情况允许保温、刷油等工程在盖板后施工。在封闭的地沟内施工，必须设置进出口和通风设施。

三、管道架空敷设安装

1. 示意图和施工现场图

管道独立支架示意和架空安装施工现场分别见图 8-8 和图 8-9。

图 8-8 管道独立支架示意

图 8-9 管道架空安装施工现场

2. **注意事项**

① 管道冲洗完毕应通水、加热，进行试运行和调试。当不具备加热条件时，应延期进行。测量各建筑物热力入口处供回水的温度及压力。

② 检查井室、用户入口处管道布置应便于操作及维修，支、吊托架稳固，并满足设计要求。

③ 平衡阀及调节阀型号、规格及公称压力应符合设计要求。安装后应根据系统要求进行调试，并做出标志。

3. **施工做法详解**

工艺流程

支架安装→管道安装→自行检验→安装套管→水压试验→防腐保温。

（1）**支架安装**　按设计规定的安装位置、坐标，量出支架上的支座位置，安装支座时应使之向热伸长的方向偏斜 1/2 的热伸长量。

（2）**管道安装**

① 支架安装牢固后，进行架设管道安装，管道和管件应在地面组装，长度以便于吊装为宜。

② 管道吊装，可采用机械或人工起吊，绑扎管道的钢丝绳吊点位置，以使管道不产生弯曲为宜。已吊装尚未连接的管段，要用支架上的卡子固定好。

③ 采用螺纹连接的管道，吊装后随即连接；采用焊接时，管道全部吊装完毕后再焊接。焊缝不许设在托架和支座上，管道间的连接焊缝与支架间的距离应大于 150mm。

④ 按设计和施工各规定位置，分别安装阀门、集气罐、补偿器等附属设备，并与管道连接好。

（3）**自行检验**　管道安装完毕，要用水平尺在每段管上进行一次复核，找正调直，使管道在一条直线上。

（4）**安装套管**　摆正在安装好管道穿结构处的套管，填堵管洞，预留口处应加好临时管堵。

（5）**水压试验**　管道水压试验，应按设计要求和规范规定，办理隐检试压手续，把水泄完。

（6）**防腐保温**　管道防腐保温，应符合设计要求和施工规范规定，注意做好保温层外的防雨、防潮等保护措施。阀门、附件的保温应在其两侧留出 70~80mm 的间隙，并在保温层两侧抹 60°~70° 的斜坡，以便于更换、检修。

4. **施工总结**

① 管道架空敷设时，必须待混凝土支柱达到允许承重的强度后，方可安装管道。支柱顶标高过低时，允许焊接钢垫板和型钢。

② 架空敷设的供热管道安装高度，如设计无规定应符合下列规定值（以保温层外表面计算）。

③ 管道上架前，对管架的垂直度、标高进行检查，有条件的应进行复测，否则应仔细查阅核算测量记录。

④ 根据管道布置、管径、管件、起重机具和设备、安装现场的具体情况，可局部预制，并用吊车、桅杆、滑轮、卷扬机等吊装。选麻绳吊管时，必须根据管道重量，按麻绳的破断拉力，充分考虑足够的安全系数，计算麻绳最大许用拉力。

⑤ 管道吊装过程中，绳索绑扎结扣是一项重要工作，吊装前把重物绑扎牢固，结紧绳

端，防止重物松结脱扣。绳索绑扎位置应使管道挠度最小。

⑥ 高空作业的管架两旁须搭设脚手架，脚手架的高度以低于管道标高 1m 为宜，脚手架的宽度为 1m 左右，考虑到高空保温作业，应适当加宽便于堆料。

⑦ 用绳索把吊上管架的管段牢牢地绑在支架上，避免尚未焊接的管段从支架上滚落。

四、管道配件安装

管道配件安装的施工工艺流程：伸缩器安装→除污器安装→疏水器安装→排气阀安装→减压阀安装→调压孔板安装。

1. 伸缩器安装

① 方形伸缩器（胀力弯）水平安装，应与管道坡度一致；垂直安装，应有排气装置。

② 伸缩器安装前应做预拉。方形伸缩器预拉方法常用的是用千斤顶将伸缩器的两臂撑开。方形伸缩器预拉伸长度等于 $50\%\Delta x$，预拉伸长的允许差为 +10mm。

③ 管道预拉伸长度应按下列公式计算：

$$\Delta x = 0.012(t_1 - t_2)L$$

式中　Δx——管道热伸长，mm；

　　　t_1——热媒温度，℃；

　　　t_2——安装时环境温度，℃；

　　　L——管道长度，m。

2. 除污器安装

除污器（图 8-10）一般用法兰与干管连接，以便于拆装检修。安装时应设专门支架，但所设支架不能妨碍排污。热介质应从管板孔的网格外进入。需注意水流方向与除污器要求方向相同，不能装反。系统试压与清洗后，应清扫除污器。

3. 疏水器安装

蒸汽管道安装时，要高于凝结水管道，其高差应大于或等于安装疏水装置时所需要的尺寸。原因是蒸汽管道内所产生的凝结水，需要通过疏水装置排入凝结水管中去。

疏水器的安装位置应符合以下规定。

① 在管道和设备的排水线以下，如凝结水管高于蒸汽管道和设备排水线，应安装止回阀。

图 8-10　除污器

② 在垂直升高的管段之前。

③ 在能积集凝结水的蒸汽管道的闭塞端。

④ 在每隔 50m 左右长的直管段上。

4. 排气阀安装

在热水管网中，应设置排气和放水装置。

① 排气点应放置在管网中的高位点。排气阀门直径值通常选用 15～25mm。

② 在管网的低位点设置放水装置，放水阀门的直径通常选用热水管直径的 1/10 左右，但最小不应 <20mm。

5. 减压阀安装

为了降低蒸汽的压力，使其压力符合用气设备的要求，在热力管道上往往要装置减压阀。

(1) 安装要求

① 减压阀应设置旁通管路，检修更换减压阀时应打开旁通管。

旁通管是维修减压阀时，为不使整个系统停止运行而使用的，同时还可以起临时减压的作用，所以使用旁通阀更要谨慎，开启阀的动作要缓慢，注意观察减压的数值，使其不超过规定值。

② 阀组前后均应安装压力表，以便于调节压力。

③ 减压阀后的低压管道上应安装安全阀。当超压时，可起泄压与报警作用，以确保压力稳定。安全阀的排气管应接至室外。

④ 在较小的系统中，两个截止阀串联在一起也可以起减压作用。两个阀门串联在一起安装时，一个阀门起着减压作用，另一个可作开关用，通过这两个串联阀门可加大管道内介质的局部阻力。介质通过阀门时，能量的损失降低了压力。但这种减压方法调节范围有限。

⑤ 减压阀安装完后，应根据使用压力进行调试，并做出调试后的标志。如图 8-11 所示，调压时，先开启阀门"2"，关闭旁通阀"3"，慢慢打开阀"1"，当蒸汽通过减压阀，压力下降，那时就必须注意减压后的数值。当室内管道及设备都充满蒸汽后，继续开大阀门"1"，并及时调整减压阀的调节装置，使低压端的压力达到要求时为止。

图 8-11　减压阀调试

⑥ 带有均压管的减压阀，均压管是压力波动时自动调节减压阀的启闭大小，但它只能在小范围内波动时起作用，不能仅靠它来代替调压工序。

(2) 注意事项

① 减压阀应安装在不易受冲击、振动小、周围较空之处，以便于检修。

② 减压阀的阀体应垂直安装在水平管道上，前后应装法兰截止阀。一般未经减压前的管径与减压阀的公称直径相同。而安装在减压阀后的管径比减压阀的公称直径大两个号。

③ 减压阀安装应注意方向，不得装反；薄膜式减压阀的均压管应安装在管道的低压侧。

6. 调压孔板安装

调压孔板安装示意和施工现场分别见图 8-12 和图 8-13。

(a) 调压孔板安装示意　　(b) 石棉纸垫　　(c) 减压板

图 8-12　调压孔板安装示意

图 8-13　调压孔板安装施工现场

采暖管道安装调压孔板的目的是减压。高压热水采暖通常在入口处安装调压板进行减压。

① 调压板是用不锈钢或铝合金制作的圆板，开孔的位置及直径由设计要求决定。介质通过不同孔径的孔板进行节流，增加阻力损失而起到减压作用。

② 蒸汽系统调压孔采用不锈钢制作，热水系统可采用不锈钢或铝合金做调压孔板。

③ 安装时夹在两片法兰的中间，两侧加垫石棉垫片，减压孔板应待整个系统冲洗干净后才能安装。

第二节 ▶ 管道的保温与防腐

一、管道防腐

1. 示意图和施工现场图

管道防腐检测点示意和施工现场分别见图 8-14 和图 8-15。

图 8-14　管道防腐检测点示意

1～3—地表泥土；4～7—检测点

图 8-15　管道防腐施工现场

2. 注意事项

① 尽量避免交叉作业，必须上下施工时应做好隔离设施。

② 脚手架搭设必须牢固可靠。施工前必须对脚手架进行检查，发现不妥应立即进行处理。

③ 沾有油漆或油料的棉纱、破布等易燃废物，应收集存放在有盖子的金属容器内，并及时清理。

3. 施工做法详解

工艺流程 ▶▶▶▶▶ ....

清理除锈→防腐。

（1）清理除锈

① 除油：管道表面粘有较多的油污时，可先用汽油或浓度为 5％的氢氧化钠溶液洗刷，然后用清水冲洗，干燥后再进行除锈。

② 除锈

a. 人工除锈。金属表面浮锈较厚时，先用锤敲掉锈层，但不得损伤金属表面；锈蚀不厚时，直接用钢丝刷、砂纸擦拭表面，直至露出金属本色，然后用棉纱擦干净。

b. 除锈机除锈。把需要除锈的管子放在专用的架子上，用外圆除锈机及软轴内圆除锈机清除管子内外壁的铁锈。

c. 喷砂除锈

ⅰ. 喷砂除锈工作应在专设的砂场内进行。

ⅱ. 喷砂所用砂必须坚硬、带棱、粒径为 1～3mm（石英砂最好）；用前应经水洗、筛选、烘干，使其不含有泥土杂物，含水率小于 1%。

ⅲ. 对管子内壁喷砂所用的喷嘴应为由铸铁或 45 号钢制作的锥形喷嘴，嘴端呈椭圆形（长半径 10mm，短半径 5mm）。

d. 化学除锈。化学除锈即酸洗除锈，一般采用浸泡、喷射、涂刷等方法。经酸洗后的金属表面，必须进行中和钝化处理。在空气流通的地方晾干或用压缩空气吹干后，立即喷、刷防腐层。

（2）防腐

① 管道工程大多采用刷漆和喷漆方法。人工涂漆要求涂刷均匀，用力往复涂刷。机械喷涂时，漆流要与喷漆面垂直，喷嘴的移动应平稳均匀。

② 涂漆时的环境温度不得低于 5℃，否则应采取适当的防冻措施。

③ 涂漆的层数按设计规定，涂漆层数在两层或两层以上时，要待前一层干燥后再涂下一层，每层厚度应均匀。

4. 施工总结

① 金属表面处理应洁净、彻底，底漆、面漆的层数和颜色按设计要求，经测厚仪测量，其厚度符合设计要求。

② 涂刷后，油漆表面应平整、光滑，色调一致。

③ 压力喷砂除锈时，必须配备密封的防护面罩，戴长手套，穿专业工作服，喷嘴接头牢固，使用中严禁喷嘴对人。喷嘴堵塞时，必须在停机泄压后方可进行修理或更换。

④ 出厂时已做过防腐处理的管道，施工完成并试压后，要对连接部位进行补涂，以免遗漏。

二、管道保温

1. 示意图和施工现场图

管道保温示意和施工现场分别见图 8-16 和图 8-17。

2. 注意事项

① 保温施工前应对所有的保温材料做质量检验，各种材料应有产品出厂合格证及检验报告，并附有质量保证书。各项性能指标满足设计要求。

② 保温材料开裂、缺口部分一定要重新换上合格的材料，不能使用有缺陷的保温材料。

3. 施工做法详解

（1）涂抹法保温 见第三章中第 53 页"管道防腐与保温"相关内容。

（2）缠包式保温 见第三章中第 54 页"管道防腐与保温"相关内容。

（3）预制装配式保温 一般管径 DN 小于等于 80mm 时，采用半圆形管壳；若大于等于 DN100 时，则采用扇形瓦（弧形瓦）或梯形瓦。

预制品所用的材料主要有：泡沫混凝土、石棉、矿渣棉、硅藻土、玻璃棉、岩棉、膨胀蛭石、膨胀珍珠岩、硅酸钙等。

图 8-16　管道保温示意

① 保温层结构的施工方法如下。

a. 将泡沫混凝土、硅藻土或石棉蛭石等预制成能围抱管道的扇形块（或半圆形管壳）待用。构成环形的块数可根据管外径大小而定，但应是偶数，最多不超过 8 块；厚度应小于等于 100mm，否则应做成双层。

b. 用矿渣棉管壳或玻璃棉管壳保温时，可用其直接绑扎在管道上。另一种施工方法是在已涂刷防锈漆的管道外表面上，先涂一层 5mm 厚的石棉硅藻土或碳酸镁石棉粉胶泥，将待用的扇形块按对应

图 8-17　管道保温施工现场

规格装配到管道上面。装配时应使横向接缝和纵向接缝相互错开；分层保温时，其纵向缝里外应错开 15°以上，而环形对缝应错开 100mm 以上，并用石棉硅藻土胶泥将所有接缝填实。

c. 预制块保温可用有弹性的胶皮带进行临时固定，也可使用胶皮带按螺旋形松缠在一端管子上，再顺序塞入各种经过试配的保温材料，并用 $\phi 1.2\sim 1.6$ 的镀锌钢丝或 20mm×1.5mm 薄铁皮箍将保温层逐一固定，方可解下胶皮带移至下一段管上进行施工。

d. 当绝热层外径大于 $\phi 200$ 时，应用（30～50）mm×50mm 镀锌钢丝网对其进行捆扎。

e. 在直线管段上，每隔 5～7m 应留伸缩缝。

② 保护层施工方法如下。

用材、方法、外涂等与涂抹式的保护层要求相同；但矿渣棉或玻璃棉的管壳做保温层时，应采用油毡玻璃丝布保护层。

采用石棉水泥或麻刀石灰做保护层，其厚度不小于 10mm。

采用铁皮做保护层做法见第三章中第 55 页"管道防腐与保温"中的相应要求。

（4）填充法保温

① 保温材料为散料，对于可拆配件的保温可采用此方法。

② 施工时，在管壁固定好圆钢制成的支撑环，环的厚度与保温层厚度相同，然后用铁皮、铝皮或钢丝网包在支承环的外面，再填充保温材料。

③ 填充法也可采用多孔材料预制成的硬质弧形块作为支撑结构，其间距约为900mm。平织钢丝网按管道保温外周尺寸裁剪下料，并经卷圆机加工成圆形，方可包覆在支撑圆周上进行矿渣棉填充。

④ 填充保温结构宜采用金属保护壳。

（5）浇灌式结构保温　浇灌式结构即现场发泡，多用于无沟敷设。

① 聚氨酯硬质泡沫塑料由聚醚和多元异氰酸酯加催化剂、发泡剂、稳定剂等原料按比例调配而成。

② 发泡前，先进行试配、试喷或试灌，掌握其性能和特点后再大面积进行保温作业。浇灌前应先在管的外壁涂刷一遍氰凝。施工时可根据管道的外径及保温层厚度，首先预制保护壳。通常选择高密度聚乙烯（HDPE）硬质塑料做保护壳，其拉伸强度至少为2.0MPa，线膨胀系数为1.2×10^{-2}mm/(m·℃)。也可选择氯磺化聚乙烯玻璃钢做保护壳，所用的玻璃布为中碱无捻粗纱玻璃纤维布，其经纬密度为6×6或8×8（单位为：纱根数/cm^2），厚度为$0.3 \sim 0.5$mm，可用长纤维玻璃布进行缠绕支撑，其抗拉强度达2.94MPa。

③ 现场发泡预制操作时，把保护壳或钢制模具套在管道上，将混合均匀的液体直接灌进安装好的模具内，经过发泡膨胀后而充满整个空间，保证有足够的发泡时间。

④ 当采用保护壳的预制发泡保温管道时，安装后应处理好接头。外套管塑料壳与原管道塑料外壳的搭接长度每端不小于30mm，安装前需做好标记，保持两端搭接均匀。进行外套管接头发泡操作时，先在外套管的两端上部各钻一孔，其中一孔用作浇灌，另一个孔用作排气。浇灌时，接头套管内应保持干燥，发泡环境温度保持在$15 \sim 35$℃。

⑤ 聚氨酯发泡应充满整个接头里的环形空间，发泡完毕，即用与外壳相同的材料注塑堵死两个孔洞。接头内环形空间的发泡容量通常可计算控制在$60 \sim 70$kg/m^3内，使接头发泡衔接部分严密无空隙。

4. 施工总结

① 各部位保温，均要确保保温厚度，保温面平整，并保证紧贴在保温层上，无鼓包和空层现象。

② 保温材料应绑扎牢固，每块保温材料最少为两道，绑扎材料不得倾斜，不得采用螺旋式缠绕捆扎，拧紧后的钢丝头要嵌入保温材料缝隙内，钢丝距保温端头大于100mm。

③ 保温层厚度超过80mm时，应分层施工，主保温层的拼缝应严密，并要错缝压缝敷设，有缝隙处用软质材料堵塞密实。

第九章
供热锅炉及辅助设备安装

第一节 ▶ 锅炉安装

一、锅炉本体安装

1. 示意图和施工现场图

锅炉安装示意和施工现场分别见图9-1和图9-2。

图 9-1 锅炉安装示意

2. 注意事项

① 非承压锅炉，应严格按设计或产品说明书的要求施工。炉筒顶部必须敞口或装设大气连通管，连通管上不得安装阀门。

② 锅炉本体管道及管件焊接的焊缝无损探伤的检测结果应符合相关要求。

图 9-2 锅炉安装施工现场

3. 施工做法详解

工艺流程 ▶▶▶

锅炉水平运输→锅炉对正→锅炉就位→锅炉找平及找标高→炉底风室密封。

（1）**锅炉水平运输**

① 运输前应先选好路线，确定锚点位置，稳好卷扬机，铺好道木。

② 用千斤顶将锅炉前端（先进锅炉房的一端）顶起放进滚杠，用卷扬机牵引前进，在前进过程中，随时倒滚杠和道木。道木必须高于锅炉基础，保护基础不受损坏。

（2）**锅炉对正**

当锅炉运到基础上以后，不撤滚杠，先进行找正，应符合以下要求。

① 锅炉炉排前轴中心线应与基础前轴中心基准线相吻合，允许偏差±2mm。

② 锅炉纵向中心线与基础纵向中心基准线相吻合，或锅炉支架纵向中心线与条形基础纵向中心基准线相吻合，允许偏差±10mm。

（3）**锅炉就位**　撤出滚杠使锅炉就位。

① 撤滚杠时用道木或木方将锅炉一端垫好。用两个千斤顶将锅炉的另一端顶起，撤出滚杠，落下千斤顶，使锅炉一端落在基础上。再用千斤顶将锅炉另一端顶起，撤出剩余的滚杠和木方，落下千斤顶使锅炉全部落到基础上。如不能直接落到基础上，应再垫木方逐步使锅炉平稳地落到基础上。

② 锅炉就位后应进行校正：因为锅炉就位过程中可能产生位移，所以用千斤顶校正，达到允许偏差以内。

（4）**锅炉找平及找标高**

① 锅炉纵向找平：用水平尺（水平尺长度不小于600mm）放在炉排的纵排面上，检查炉排面的纵向水平度，检查点最少为炉排前后两处。要求炉排面纵向应水平或护排面略坡向炉膛后部，最大倾斜度不超过10mm。

当锅炉纵向不平时，可用千斤顶将过低的一端顶起，在锅炉的支架下垫以适当厚度的钢板，使锅炉的水平度达到要求。垫铁的间距一般为500～1000mm。

② 锅炉横向找平：用水平尺（长度不小于600mm）放在炉排的横排面上，检查炉排面的横向水平度，检查点最少为炉排前后两处，炉排的横向倾斜度不得大于5mm（炉排的横向倾斜过大会导致炉排跑偏）。

当炉排横向不平时，用千斤顶将锅炉一侧支架同时顶起，在支架下垫以适当厚度的钢板。垫铁的间距一般为500～1000mm。

③ 锅炉标高确定：在锅炉进行纵、横向找平时同时兼顾标高的确定，标高的允许偏差为±5mm。

（5）**炉底风室密封**　炉底风室的密封要求如下。

① 锅炉由炉底送风的风室及锅炉底座与基础之间必须使用水泥砂浆堵严，并在支架的内侧与基础之间用水泥浆抹成斜坡。

② 锅炉支架的底座与基础之间的密封砖应砌筑严密，墙的两侧抹水泥砂浆。

③ 当锅炉安装完毕后，基础的预留孔洞应砌好并用水泥砂浆抹严。

4. 施工总结

① 以天然气为燃料的锅炉，其天然气释放管或大气排放管不得直接通向大气，应通向储存或处理装置。

② 锅炉本体安装应按设计或产品说明书要求布置坡度并坡向排污阀。

③ 安装时，应避免设备、安装材料集中堆放在楼板上。利用建筑柱、梁起吊设备时，必须事先核实梁、柱的承载能力。

④ 锅炉安装的坐标、标高、中心线和垂直度的允许偏差应符合表 9-1 的规定。

表 9-1　锅炉安装的允许偏差和检验方法

项目		允许偏差/mm	检验方法
坐标		10	经纬仪、拉线和尺量
标高		±5	水准仪、拉线和尺量
中心线垂直度	卧式锅炉炉体全高	3	吊线和尺量
	立式锅炉炉体全高	4	吊线和尺量

二、炉排减速机安装

1. 施工现场图

炉排减速机安装施工现场见图 9-3。

2. 注意事项

① 开箱点件检查设备、零部件是否齐全，根据图纸核对其型号、规格是否符合设计要求。

② 检查机体外观和零、部件不得有损坏；联轴器及输出轴应光滑、无裂纹、无锈蚀；油杯、扳把等无丢失和损坏。

③ 根据需要配备地脚螺栓、斜垫铁等。准备起重及安装所需的量具、工具及其他用品。

图 9-3　炉排减速机安装施工现场

3. 施工做法详解

施工工艺流程 >>>>> ....

减速机就位及找正找平→减速机试运行。

（1）减速机就位及找正找平

① 将垫铁放在画好基准线和清理好预留孔的基础上，靠近地脚螺栓预留孔。

② 将减速机（带地脚螺栓，螺栓露出螺母 1～2 扣）吊装在设备基础上，并使减速机纵、横中心线与基础纵、横中心基准线相吻合。

③ 根据炉排输入轴的位置和标高进行找正找平，用水准仪结合更换垫铁厚度或打入楔形铁的方法加以调整。同时还应对联轴器进行找正，以保证减速机输出轴与炉排输入轴对正同心。用卡箍及塞尺对联轴器找同心。减速机的水平度和联轴器的同心度，两联轴节端面之间的间隙以设备随机技术文件为准。没有规定时应符合《机械设备安装工程施工及验收通用规范》（GB 50231—2009）的相应规定。

（2）减速机试运行　安装完成后，联轴器的连接螺栓暂不安装，先进行减速机单独试车，试车前先拧松离合器的弹簧压紧螺母，把扳把放到空挡上接通电源试电动机。检查电动机运转方向是否正确及有无杂音，正常后将离合器由低速到高速进行试转，无问题后安装好联轴器的螺栓，配合炉排冷态试运行。在试运行过程中调整好离合器的压紧弹簧能自动弹起。弹簧不能压得过紧，防止炉排断片或卡住，离合器不能离开，以免把炉排拉坏。

4. 施工总结

设备找平找正后，即可进行地脚螺栓孔灌注混凝土。灌注时应捣实，避免地脚螺栓倾斜。待混凝土强度达到 75% 以上时，方可拧紧地脚螺栓，在紧螺栓时应进行水平的复核。无误后将机内加足机械油准备试车。

三、省煤器安装

1. 示意图和施工现场图

省煤器示意和安装施工现场分别见图 9-4 和图 9-5。

图 9-4 省煤器示意

1—低压省煤器本体；2—进口集箱；3—进口阀门；

4—出口阀门；5—出口集箱；6—电调阀；

7—流量计；8—回热加热系统（低压部分）

图 9-5 省煤器安装施工现场

2. 注意事项

① 当烟道为现场制作时，支架可按基础图找平找正；当烟道为成品组件时，应等省煤器就位后，按照实际烟道位置尺寸找平找正。

② 冬季施工时要有防冻措施，防止设备及管道冻坏。

3. 施工做法详解

工艺流程　▶▶▶▶

外观检查→支架安装→省煤器安装→灌注混凝土→螺栓紧固。

(1) 外观检查　整装锅炉的省煤器均为整体组件出厂，因而安装比较简单。安装前要认真检查省煤器管周围嵌填的石棉绳是否牢固严密，外壳箱板是否平整，肋片有无损坏。铸铁省煤器破损的肋片数不应大于总肋片数的 5%，有破损肋片的根数不应大于总根数的 10%。符合要求后才能进行安装。

(2) 支架安装

① 清理地脚螺栓孔，将孔内的杂物清理干净，并用水冲洗。

② 将支架上好地脚螺栓，放在清理好预留孔的基础上，再调整支架的位置、标高和水平度。

③ 当烟道为现场制作时，支架可按基础图找平找正；当烟道为成品组件时，应等省煤器就位后，再按照实际烟道位置尺寸找平找正。

(3) 省煤器安装

① 安装前应进行水压试验，试验压力为 $1.25P+0.5\text{MPa}$（P 为锅炉工作压力；对蒸汽锅炉指锅筒工作压力，对热水锅炉指锅炉额定出水压力）。在试验压力下，10min 内压力降不超过 0.02MPa，然后降至工作压力进行检查，以压力不下降、无渗漏为合格；同时进行省煤器安全阀的调整，安全阀的开启压力应为省煤器工作压力的 1.1 倍或为锅炉工作压力的 1.1 倍。

② 用三脚桅杆或其他吊装设备将省煤器安装在支架上，并检查省煤器的进口位置、标

高是否与锅炉烟气出口相符合，以及两口的距离和螺栓孔是否相符合。通过调整支架的位置和标高，达到烟道安装的标准。

③ 一切妥当后将省煤器下部槽钢与支架焊在一起。

（4）**灌注混凝土**　支架的位置及标高找好后灌注混凝土，混凝土的强度等级应比基础强度等级高一级，并应捣实和养护（拌混凝土时最好用豆石）。

（5）**螺栓紧固**　当混凝土强度达到 75% 以上时，将地脚螺栓拧紧。

4. 施工总结

① 铸铁省煤器破损肋片数不应大于总肋片数的 5%，有破损肋片的根数不应大于总根数的 10%。

② 省煤器的出口（或入口处）应按设计或锅炉图纸要求安装阀门和管道。

四、液压传动装置安装

1. 示意图和施工现场图

液压传动装置示意和实例分别见图 9-6 和图 9-7。

图 9-6　液压传动装置示意

图 9-7　液压传动装置实例

2. 注意事项

① 非承压锅炉，应严格按设计或产品说明书的要求施工。锅筒顶部必须敞口或装设大气连通管，连通管上不得安装阀门。

② 以天然气为燃料的锅炉，其天然气释放管或大气排放管不得直接通向大气，应通向储存或处理装置。

3. 施工做法详解

工艺流程
预埋板处理→调校铰链架→活塞和铰链安装→液压箱安装→地下油管安装→高压软管安装→高压铜管安装→电气部分安装→油管路清洗和试压→注油→系统冲洗、试压。

（1）**预埋板处理**　对预埋板进行清理和除锈。

（2）**调校铰链架**　检查和调整使铰链架纵横中心线与滑轨纵横中心相符，以保证铰链架的前后位置有较大的调节量，调整后将铰链架的固定螺栓稍加紧固。

（3）**活塞和铰链安装**　把液压缸的活塞杆全部拉出（最大行程），并将活塞杆的长拉脚与摆轮连接好，然后把活塞缸与铰链架连接好。再按照摆轮的位置和图纸的要求把滑轨的位置找正焊牢，最后认真检查调整铰链的位置并将螺栓拧紧。

（4）**液压箱安装**　按设计位置放好，液压箱内要清洗干净。箱内应加入滤清机械油，冬天采用 10 号机械油，夏天采用 20 号机械油。

（5）**地下油管安装**　地下油管采用无缝钢管，在现场煨弯和焊接管接头。钢管内应除锈，清理干净。

（6）**高压软管安装**　应安装在油缸与地下油管之间。安装时应将丝头和管接头内铁屑、毛刺清除干净，丝头连接处用聚四氟乙烯薄膜或麻丝白铅油作填料，最后安装高压软管。

（7）**高压铜管安装**　先将管接头分别装在油箱和地下油管的管口上，按实际距离将铜管截断，然后退火煨弯，两端穿好锁母，用扩口工具扩口，最后安装好铜管，拧紧锁母。

（8）**电气部分安装**　先将行程撞块和行程开关架装好，再装行程开关。行程开关架安装要牢固。上行程开关的位置，应在摆轮拨爪略超过棘轮槽为适宜，下行程开关的位置应定在能使炉排前进 800mm 或活塞不到缸底为宜。定位时可打开摆轮的前盖直观定位。最后进行电气配管、穿线、压线及油泵电动机接线。

（9）**油管路清洗和试压**

① 把高压软管与油缸相接的一端断开，放在空油桶内，然后起动油泵，调节溢流阀调压手轮，逆时针旋转使油压维持在 0.2MPa，再通过人工方法控制行程开关，使两条油管都得到冲洗。冲洗的时间为 15～20min，每条油管至少冲洗 2～3 次。冲洗完毕后把高压软管与油缸装好。

② 油管试压：利用液压箱的油泵即可。启动油泵，通过调节溢流阀的手轮，使油压逐步升到 3.0MPa，在此压力下活塞动作一个行程，以油管、接头和液压缸均无泄漏为合格，并立即把油压调到炉排的正常工作压力。因油压长时间超载会使电机烧毁。

炉排正常工作时，油泵工作压力如下。

1～2t/h 链条炉，油压力 0.6～1.2MPa。

4t/h 链条炉，油压力 0.8～1.5MPa。

（10）**注油**　摆轮内部应擦洗后加入适量的 20 号机油，上下铰链油杯中应注满黄油。

（11）**系统冲洗、试压**　液压传动装置冲洗、试压应做记录。

4. 施工总结

① 设备安装时，应避免设备、安装材料集中堆放在楼板上。利用建筑柱、梁起吊设备时，必须事先核实梁、柱的承载能力。

② 锅炉设备安装完工后应做好妥善的防护措施，防止进行地面施工时，土建施工人员损坏地下管道及已安装好的设备。土建人员进行建筑工程的修补、喷浆、装饰时应注意不得损坏已安装好的设备、仪表。

③ 锅炉及辅助设备、管道及其支吊架，不得成为其他的受力点，承受其他的荷载。

第二节 ▶ 辅助设备安装

一、除尘器安装

1. 示意图和施工现场图

袋式除尘器工作原理示意和单袋式除尘器安装施工现场分别见图 9-8 和图 9-9。

→出风口

风口→

卸料口↓

A—A放大

B—B放大

图 9-8　袋式除尘器工作原理示意

图 9-9　单袋式除尘器安装施工现场

2. 注意事项

① 因除尘器重量较大，应安装在专用支架上。

② 移动的电气设备的供电线，应使用橡套电缆，穿过行车道时，套管埋地敷设，破损电缆不得使用。严禁个人乱拉、乱接照明灯或其他电器。

3. 施工做法详解

工艺流程

设备与环境检查→安装除尘器支架→安装除尘器→烟道安装→锁气器安装。

（1）**设备与环境检查**　安装前首先检查除尘器与引风机的旋转方向是否一致，安装位置是否便于清灰和运灰。除尘器落灰口距地面高度一般为 0.6～1.0m。检查除尘器内壁耐磨涂料有无脱落。

（2）**安装除尘器支架**　将地脚螺栓安装在支架上，再把支架放在画好基准线的基础上。

（3）**安装除尘器**　支架安装好后，吊装除尘器，紧好除尘器与支架连接的螺栓。吊装时根据情况（立式或卧式）可分段安装，也可整体安装。除尘器的蜗壳与锥形体连接的法兰要连接严密，用 $\phi10$ 石棉扭绳作为垫料，垫料应加在连接螺栓的内侧。

（4）**烟道安装**　先从省煤器的出口或锅炉后烟箱的出口安装烟道和除尘器的扩散管。烟道之间的法兰连接用 $\phi10$ 的石棉扭绳作为垫料，垫料应加在连接螺栓的内侧，连接要严密。烟道与引风机连接时，应采用软接头，不可将烟道重量压在风机上。烟道安装后，检查扩散管的法兰与除尘器的进口法兰位置是否正确。

（5）**锁气器安装**　锁气器是除尘器的重要部件，是确保除尘器效果的关键部件之一，因此锁气的连接处和舌形板接触要严密，配重或挂环要合适。

4. 施工总结

① 各种设备的主要操作通道的净距如设计不明确时不应小于 1.5m，辅助的操作通道净距不应小于 0.8m。

② 设备起吊与安装过程，应严格遵守吊装中各项安全规定。

③ 除污器应装有旁通管（绕行管），以便在系统需要时，对除污器进行必要的检修。

④ 检查除尘器的垂直度和水平度：除尘器的垂直度和水平度允许偏差为 1/1000，找正后进行地脚螺栓孔灌浆，混凝土强度达 75% 以上时，将地脚螺栓拧紧。

⑤ 除尘器应按图纸位置安装，安装后再安装烟道。设计无要求时，弯头（虾米腰）的弯曲半径不应小于管径的 1.5 倍；不得大于 20°。

二、风机安装

1. 示意图和施工现场图

风机安装示意和施工现场分别见图 9-10 和图 9-11。

图 9-10 风机安装示意

图 9-11 风机安装施工现场

2. 注意事项

① 各种罐体安装后，在未与管道连接前，均须用堵胆临时封闭。

② 各类容器、罐体安装过程中，仅仅就位、找正，在尚未固定前，要设专人负责，严防工种交叉作业时不慎将容器或罐体碰倒。

③ 零件分类装箱保管，不得随意堆放，设备要用木方垫平以防变形。

④ 试运转中，风机叶轮的切线方向及联轴器的附近不得站人。

3. 施工做法详解

工艺流程 >>>>>> ....

地脚螺栓孔灌浆→风机找平找正→风管安装→冷却水管安装→轴承箱清洗加油→安全罩安装→风机试运行。

（1）地脚螺栓孔灌浆 基础验收合格，安装垫铁后，将送风机吊装就位（带地脚螺栓），找正找平后进行地脚螺栓孔灌浆。待混凝土强度达到 75% 以上时，然后再复查风机是否水平，地脚螺栓紧固后进行二次灌浆。混凝土的强度等级应比基础强度等级高一级，灌注捣固时地脚螺栓不得歪斜，灌注后要养护（图 9-12）。

（2）风机找平找正 风机找平找正要求如下。

① 机壳安装应垂直；风机坐标安装允许偏差为 10mm，标高允许偏差为 ±5mm。

② 纵向水平度为 0.2/1000。横向水平度为 0.3/1000。风机轴与电动机轴不同心，径向位移不大于 0.05mm。如用皮带轮连接时，风机和电动机的两皮带轮的平行度允许偏差应小于 1.5mm。两皮带轮槽应对正，允许偏差小于 1mm。

图 9-12 地脚螺栓孔灌浆

（3）**风管安装**

① 砖砌地下风道，风道内壁用水泥砂浆抹平，表面严密、光滑；风机出口与风管之间、风管与地下风道之间要连接严密，以免漏风。

② 安装烟道时，应使之自然吻合，不得强行连接，更不允许将烟道重量压在风机上。当采用钢板风道时，风道法兰连接要严密。应设置安装防护装置。

③ 安装调节风门时，应注意不要装反，应标明开、关方向。

④ 安装调节风门后试拨转动，检查是否灵活，定位是否可靠。

（4）**冷却水管安装** 冷却水管应干净畅通。排水管应安装漏斗以利于直接观察出水的大小，出水大小可用阀门调整。安装后应按要求进行水压试验，若无规定时，试验压力不低于0.4MPa。其他要求可参考给水管安装要求。

（5）**轴承箱清洗加油** 应先将轴承箱进行清洗后，再进行加油。

（6）**安全罩安装** 安全罩的螺栓应拧紧。

（7）**风机试运行** 试运行前用手转动风机，检查是否灵活。试运转时关闭调节阀门，接通电源，进行点试，检查风机转向是否正确，有无摩擦和振动现象。启动后再稍开调节门，调节门的开度应使电动机的电流不超过额定电流。运转时检查电动机和轴承温升是否正常。风机试运行不小于2h，并做好运行记录。

① 风机试运转，轴承温升应符合下列规定：

a. 滑动轴承温度最高不得超过60℃；

b. 滚动轴承温度最高不得超过80℃。

② 轴承径向单振幅应符合下列规定：

a. 风机转速小于1000r/min时，不应超过0.10mm；

b. 风机转速为1000～1450r/min时，不应超过0.08mm。

4. 施工总结

① 鼓、引风机若露天安装，应在尚未安装保护及防雨罩之前，用塑料布或油毡盖好、压住。

② 风机试运转之前，先清理周围场地，拆除脚手架及临时设施，装好充足照明。机壳及各连接系统内不得有人操作或堆放物件。

③ 导致风、烟道跑风的原因：主要是填料加得不正确，石棉绳加在法兰连接螺栓的外边，造成螺栓孔漏风，或靠墙和距地面近的螺栓拧得不紧，造成接口漏风。应将法兰填料加在法兰连接的内侧。

三、管道阀门和仪表安装

1. 施工现场图

仪表安装施工现场见图9-13。

2. 注意事项

① 管道连接的法兰、焊缝和连接管件以及管道上的仪表、阀门的安装位置应便于检修，并不得紧贴墙壁、楼板或管架。

② 各种设备的主要操作通道的净距如设计不明确时不应小于1.5m，辅助的操作通道净距不应小于0.8m。

图9-13 仪表安装施工现场

③ 管道连接的法兰、焊缝和连接管件以及管道上的仪表、阀门的安装位置应便于检修，并不得紧贴墙壁、楼板或管架。

3. 施工做法详解

（1）**减压阀安装**　减压装置安装形式示意见图 9-14。

图 9-14　减压装置安装形式示意

① 蒸汽系统的减压阀组前，应装设疏水阀。如系统中介质带渣物时，应在阀组前设置过滤器。

② 为了便于减压阀的调整工作，减压阀组前后应设置压力表。为了防止减压阀后的压力超过容许限度，阀组后应设置安全阀。

③ 减压阀有方向性，安装时注意勿将方向装反，并应使其垂直地安装在水平管道上。波纹管式减压阀用于蒸汽时，波纹管应向下安装；用于空气时，需将阀门反向安装。

④ 当减压阀安装在离地面 1.2m 左右处时，应沿墙敷设；如设在离地面 3m 左右处，应设永久性操作台。

⑤ 减压阀安装时，对于带有均压管的鼓膜式减压阀，均压管应装于低压管一侧。

⑥ 减压阀安装完后，应按照使用压力调试，并做出调试后的标志。调整弹簧式减压阀时，应先将减压阀两侧的球阀关闭（此时旁通管也应处于关闭状态），然后将减压阀上手轮旋紧，下手轮旋开，使弹簧处于完全松弛状态，从注水小孔处把水注满，防止蒸汽将活塞的胶皮环损坏。打开前面的球形阀（按蒸汽流动的方向顺序打开），旋松手轮，缓缓地旋紧下手轮，在旋下手轮的同时，注意观察阀后的压力表，当达到要求读数时，打开阀后的球形阀，再做进一步的校准。

（2）**弹簧管压力表安装**

① 工作压力小于 1.25MPa 的锅炉，压力表精度不应低于 2.5 级。

② 出厂时间超过半年的压力表，应当由计量部门重新校验，合格后方可进行安装。

③ 表盘刻度应为工作压力的 1.5～3 倍（宜选用 2 倍工作压力），锅炉本体的压力表公称直径不应小于 1.50mm，表体位置端正，便于观察。

④ 压力表必须安装在便于观察和吹洗的地方，并防止受高温、冰冻及振动的影响，同时要有足够的照明。

⑤ 压力表必须设有存水弯。存水弯管采用钢管煨制时，内径不应小于 10mm；采用铜管煨制时，内径不应小于 6mm。

⑥ 压力表与存水弯管之间应安装三通旋塞。

⑦ 压力表应当垂直安装，垫片要规整，垫片表面应涂机油石墨，螺纹部分涂白铅油，连接要严密。安装完后在表盘上或表壳上画出明显的标志，标出最高工作压力。弹簧管压力表见图 9-15。

图 9-15　弹簧管压力表

（3）**电接点压力表安装**　电接点压力表安装方法同弹

簧管式压力表。电接点压力表安装要求如下。

① 报警：把上限指针定位在最高工作压力刻度位置，当活动指针随着压力增高与上限指针接触时，与电铃接通进行报警。

② 自控停机：把上限指针定在最高工作压力刻度上，把下限指针定在最低工作压力刻度上，当压力增高使活动指针与上限指针相接触时可自动停机。停机后压力逐渐下降，降至活动指针与下限指针接触时能自动起动使锅炉继续运行。

③ 应定期进行试验：检查压力表的灵敏度，有问题应及时采取措施。

4. 施工总结

① 测量液体压力的，取压点应在工艺管道的下半部与管道水平中心线成 0°～45°夹角范围内。

② 测量蒸汽压力的，取压点应在工艺管道的上半部或下半部与管道水平中心线成 0°～45°夹角范围内。

③ 测量气体压力的，在工艺管道的上半部。

④ 连接锅炉及辅助设备的工艺管道安装完毕后，必须进行系统的水压试验，试验压力为系统中大工作压力的 1.5 倍。在试验压力 10min 内压力降不超过 0.05MPa，然后降至工作压力进行检查，不渗不漏为合格。

第十章

通风与空调安装

第一节 ▶ 通风系统安装

一、硬聚氯乙烯风管制作与安装

1. 施工现场图

硬聚氯乙烯风管施工现场如图 10-1 所示。

图 10-1　硬聚氯乙烯风管施工现场

2. 注意事项

硬聚氯乙烯风管制作、安装过程中易出现的问题及防治措施如下。

① 由于下料时不注意留收缩余量，造成管径不合适。

防治措施：由于收缩量随加热时间而变化，所以每批板材下料前先做试验，定出收缩量。

② 风管纵缝在同一条线上。

防治措施：下料或焊接时，应将相邻纵缝交错。

③ 焊缝开裂，焊条与焊缝未黏结牢固。

防治措施：正确选用焊缝形式；控制好压缩空气温度；掌握好焊枪嘴的角度。

④ 焊缝不平，外观差。

防治措施：焊条断处接头要修成坡面；焊缝要自然冷却。

⑤ 使用圆盘锯操作前应进行检查，锯片不得有裂口，螺丝应上紧，操作时应戴防护眼镜，站在锯片一侧，禁止站在与锯片同一直线上，手臂不得跨越锯片。

⑥ 进料必须紧贴固定装置，不得用力过猛，接料要待料出锯片 150mm，不得硬拉；遇短窄料应用推棍，接料用刨钩；超越锯片有效半径的料禁止上锯。

3. 施工做法详解

施工工艺流程 ▶▶▶▶

领料、板材画线→切割、下料→风管加热成型→法兰制作→风管与法兰焊接→焊接→风管安装。

（1）领料、板材画线

① 画线应采用红铅笔，不要用锋利的金属划针或锯条。尖锐物品易使板材表面形成伤痕，发生折裂。

② 板材在被加热冷却时会出现膨胀和收缩的现象，所以在画线时，对需要加热成型的风管或管件，应适当地放出收缩余量。收缩余量随加热时间和工厂生产过程而异，应对每批材料先进行加热试验，以确定其收缩余量。

③ 画线时，应按图纸尺寸，根据板材规格和现有加热箱的大小等具体情况，合理安排每张板上的图形，尽量减少切割和焊缝，又要注意节省原材料。

④ 圆形风管可在组配、焊接时考虑纵缝的交错设置。矩形风管在展开画线时，应注意避免将焊缝设在转角处，因为四角要加热折方，并要注意相邻管段的纵缝要交错设置。

⑤ 风管画线时，要用角尺对板材的四边进行角方，以免产生扭曲翘角现象。板材中若有裂缝，下料时应避开不用。

（2）切割、下料

① 板材切割前必须复核，以免有误。

② 使用剪床进行剪切时，5mm 厚以下的板材可在常温下进行。5mm 厚以上或冬天气温较低时，应先把板材加热到 30℃ 左右，再用剪床进行剪切，以免发生碎裂现象。

③ 使用圆盘锯床锯切时，锯片的直径为 200～250mm，厚度为 1.2～1.5mm，齿距为 0.5～1mm，转速为 1800～2000r/min。锯割前，锯齿应用正锯器拨正锯路，锯路要拨得均匀，但不要太宽，并用三角铁把锯齿锉锋利。锯割时，为了避免材料过热，可用压缩空气进行冷却。

④ 当工程量较少时，也可用普通木工锯、手板锯或小型手持电动锯锯割板材。

⑤ 锯割曲线时，可用规格为 300～400mm 的鸡尾锯进行锯割。锯割圆弧较小或在板内锯穿缝时，可用钢丝锯进行。

⑥ 下料后的板材应按板材的厚度及焊缝的形式，用锉刀、木工刨床、普通木工或砂轮机、坡口机刨进行坡口，坡口的角度和尺寸应均匀一致，焊缝背面应留有 0.5～1.0mm 的间隙，以保证焊缝根部有良好的接合。

（3）风管加热成型

① 塑料板加热可用电加热、蒸汽加热和热空气加热等方法，加热时间按表 10-1 要求执行。

表 10-1　塑料板材加热时间

板材厚度/mm	加热时间/min	板材厚度/mm	加热时间/min
2～4	3～7	8～10	10～14
5～6	7～10	11～15	15～24

② 圆形直管加热成型要求如下。

a. 加热箱里的温度上升到 130～150℃ 并保持稳定后，将板材放入加热箱内，使板材整个表面均匀受热。

b. 板材被加热到柔软状态时取出，放在垫有帆布的木模中卷成圆管，待完全冷却后，将管取出。

c. 帆布的一端用铁皮板条钉在木模上，另一端钉在地板上。在卷管时，应把帆布拉紧。

d. 木模外表应光滑，圆弧应正确，木模应比风管长 100mm。

③ 矩形风管加热成型。

a. 矩形风管（图 10-2）四角宜采用加热折方成型。

b. 风管折方可用普通的折方机和管式电加热器配合进行，电热丝选用的功率应能保证板表面被加热到150～180℃的温度。

c. 折方时，把画线部位置于两根管式电加热器中间并加热；变软后，迅速抽出放在折方机上折成90°角，待加热部位冷却后取出成型后的板材。

④ 各种异型管件应使用光滑木材或铁皮制成的胎模，参照以上方式煨制成形，胎膜可按整体的1/2或1/4制成，以节约材料。

（4）法兰制作

① 圆形法兰制作（图 10-3）方法如下。

图 10-2　矩形风管

图 10-3　圆形法兰

a. 将板材锯成条形板，开出内圆坡口后，放到电热箱内加热。取出加热好的条形板放到胎具上撖成圆形，并用重物压平。待板材冷凝定型后，取出进行组对焊接。法兰焊好后用普通麻花钻头在台钻上钻孔。为了避免塑料板过热，应间歇地提起钻头或用压缩空气进行冷却。

b. 直径较小的圆形法兰，可在车床上车制。

c. 圆形法兰用料的规格、螺栓孔数和孔径的要求见表10-2。

表 10-2　圆形法兰用料的规格、螺栓孔数和孔径的要求　　　　单位：mm

风管直径 D	法兰用料规格			镀锌螺栓规格
	宽×厚	孔径	孔数	
D≤160	_ 35×6	7.5	6	M6×30
160<D≤180	_ 35×6	7.5	8	M6×30
180<D≤220	_ 35×8	7.5	8	M6×35
220<D≤320	_ 35×8	7.5	10	M6×35
320<D≤400	_ 35×8	9.5	14	M8×35
400<D≤450	_ 35×10	9.5	14	M8×40
450<D≤500	_ 35×10	9.5	18	M8×40
500<D≤630	_ 40×10	9.5	18	M8×40
630<D≤800	_ 40×10	11.5	24	M10×40
800<D≤900	_ 45×12	11.5	24	M10×45
900<D≤1250	_ 45×12	11.5	30	M10×45
1250<D≤1400	_ 45×12	11.5	38	M10×45
1400<D≤1600	_ 50×15	11.5	38	M10×50
1600<D≤2000	_ 60×15	11.5	48	M10×50

② 矩形法兰（图 10-4）制作方法如下。

a. 将塑料板锯成条形，把四块开好坡口的条形板放在平板上组对焊接。法兰焊好后用普通麻花钻头在台钻上钻孔。为了避免塑料板过热，应间歇地提起钻头或用压缩空气进行冷却。

b. 矩形法兰的用料规格、螺栓孔数和孔径的要求见表 10-3。

（5）风管与法兰焊接

① 检查风管中心线与法兰平面的垂直度以及法兰平面的平整度。

图 10-4　矩形法兰

表 10-3　矩形法兰的用料规格、螺栓孔数和孔径的要求

风管大边长 b /mm	法兰用料规格			镀锌螺栓规格
	宽×厚/mm	孔径/mm	孔数	
$b≤160$	∟35×6	7.5	3	M6×30
$160<b≤250$	∟35×8	7.5	4	M6×35
$250<b≤320$	∟35×8	7.5	5	M6×35
$320<b≤400$	∟35×8	9.5	5	M8×35
$400<b≤500$	∟35×10	9.5	6	M8×40
$500<b≤630$	∟40×10	9.5	7	M8×40
$630<b≤800$	∟40×10	11.5	9	M10×40
$800<b≤1000$	∟45×12	11.5	10	M10×45
$1000<b≤1250$	∟45×12	11.5	12	M10×45
$1250<b≤1600$	∟50×15	11.5	15	M10×50
$1600<b≤2000$	∟60×18	11.5	18	M10×60

② 在风管与法兰的连接处焊接三角支撑，以增加强度，三角支撑的间距可为 300~400mm。

③ 为保证法兰连接的严密性，法兰与风管焊接后，高出法兰平面的部分，应用木工刨刨平。

（6）焊接

① 为保证焊缝具有足够的机械强度和严密性，应正确地选用焊接的空气温度、焊条及焊枪焊嘴直径、焊缝形式等，并正确掌握运用焊接方法（图 10-5）。

② 焊接的空气温度应控制在 210~250℃。

③ 焊条应根据被焊板材厚度来选择，其直径一般为 3mm。第一道底焊时，可采用直径为 2~2.5mm 的焊条，同时尽量使焊枪的焊嘴直径接近焊条直径。

④ 焊缝形式应根据风管、部件的结构特点及焊接的操作条件来进行选择。主要分为对接焊接、搭接焊接、填角焊接、对角焊接四种形式。

图 10-5　风管焊接

⑤ 对接焊缝可以采用 V 形断面和 X 形断面，X 形断面热应力分布较均匀，X 形焊缝强度也大于 V 形焊缝强度。搭接焊缝和填角焊缝主要用于辅助焊缝。

⑥ 焊缝强度与焊缝张角成比例：张角大时，焊条与焊缝根部结合较好。一般当板厚≤5mm 时，张角采用 60°~70°；当板厚>5mm 时，张角采用 70°~90°。

⑦ 焊接时，焊条应垂直于焊缝平面（不得向后或向前倾斜），并施加一定压力，使被加热的焊条紧密地与板材黏合。

⑧ 焊接时，焊枪焊嘴应沿焊缝方向均匀摆动，焊嘴距焊缝表面应保持5～6mm的距离。焊枪焊嘴的倾角根据被焊板材的厚度来确定，倾斜角度选择见表10-4。

表10-4 焊枪喷嘴倾角的选择

板厚/mm	≤5	5～10	>10
倾角/(°)	15～20	25～30	30～45

⑨ 焊缝焊完成后，应用加热的小刀切断焊条，不要用手拉断。焊缝应逐渐冷却。

扫码观看视频

风管安装

（7）**风管安装** 硬聚氯乙烯风管的安装与金属风管安装基本相同，在安装时还应符合以下各项要求。

① 风管支吊架制作、设置、安装要求如下。

a. 硬聚氯乙烯风管支、吊架安装应符合表10-5的规定。

表10-5 风管支、吊架要求

圆形风管直径或矩形风管长边尺寸/mm	承托角钢/mm	吊杆直径/mm	支架最大间距/mm
≤500	30×30×4	ϕ8	3.0
510～1000	40×40×5	ϕ8	3.0
1010～1500	50×50×6	ϕ10	3.0
1510～2000	50×50×6	ϕ10	2.0
2010～3000	60×60×7	ϕ10	2.0

图10-6 风管吊架安装

b. 硬聚氯乙烯风管安装以吊架为主（图10-6），辅以托架，支、吊架制作参考金属风管支、吊架形式。风管与支吊架间应垫入3～5mm厚的塑料垫片，并用万能胶黏结牢固。

c. 支吊架的抱箍与风管间应留有一定间隙，便于风管伸缩。

d. 硬聚氯乙烯性脆易裂，搬运风管要轻拿轻放，避免摔碰；堆放要放平，不得堆放过高。吊装时防止风管摆动，发生碰撞。

e. 法兰连接时，法兰间垫3～6mm的软聚氯乙烯板垫片做衬垫，螺栓处应加硬聚氯乙烯板制成的垫圈，拧紧螺栓时应注意塑料的脆性，并应十字交叉均匀拧紧。

f. 风管与辐射热较强的设备和管道保持一定距离，防止风管受热变形。

g. 室外敷设的风管与风帽等，应刷白色油漆或铝粉漆，以防太阳照射；管道上所有金属附件，应按设计刷防腐涂料。

② 风管伸缩补偿与振动消除方法如下。

a. 风管直管段，每15～20m应设置一个伸缩节。伸缩节或软接头可用2～6mm厚软聚氯乙烯板制作。伸缩节与风管采用焊接连接。

b. 风管与风机等设备连接时，应设置柔性短管，消除振动。柔性短管可用0.8～1mm厚软塑料布制作。

③ 风管穿越楼板及墙的保护要点如下。

a. 风管穿越楼板时，应设置保护圈，防止渗水，并保护风管。

b. 风管穿越墙时，应用金属套管加以保护，并留有 5～10mm 间隙，墙与套管间用耐酸水泥填塞（图 10-7）。

④ 安装风管时，应轻搬轻放，避免摔碰及发生裂纹。

⑤ 垂直吊装风管时，风管应绑扎控制绳，防止风管摆动碰撞。

图 10-7　风管穿墙细部处理

4. 施工总结

① 要保持聚氯乙烯塑料板表面光滑洁净，画线放样要用红铅笔，不应用划针。

② 塑料风管及部件成品应码放在平整、无积水、宽敞的场地，不与其他材料、设备等混放在一起，并有防雨、雪措施。码放时应按系统编号，整齐、合理，便于装运。

③ 装卸、搬运风管时应轻拿轻放，防止损坏风管及部件成品。

④ 风管安装过程中应轻拿轻放，不得用力操作，不得用坚硬物品划、撞风管，安装完毕应采取一定的措施避免工种间交叉作业而带来损伤和污染。

⑤ 安装好的风管以及安装告一段落的，应及时对各个敞口部位进行封闭，以防杂物、水等进入风管内部，影响整个系统。

⑥ 风管制作允许偏差见表 10-6。

表 10-6　风管制作允许偏差

项目		允许偏差/mm
圆形风管外径	≤630mm	0，−1
	>630mm	0，−2
矩形风管大边	<630mm	0，−1
	≥630mm	0，−2

二、双面铝箔复合风管制作与安装

1. 示意图和施工现场图

风管板材拼接示意和双面铝箔复合风管施工现场分别见图 10-8 和图 10-9。

切45°角粘接

中间加"H"形连接件拼接

图 10-8　风管板材拼接示意

图 10-9　双面铝箔复合风管施工现场

2. 注意事项

① 铝箔复合保温板材应妥善保存，不得将铝箔划伤，板材不得变形、压瘪。

② 风管黏合后不得受力、受压，防止其黏合口开裂。

③ 风管制作、安装后，应防止其铝箔面层破损。

④ 风管安装后应有明显提示标志：不许人员攀登、碰撞。

⑤ 安装好的风管以及安装告一段落的，应及时对各个敞口部位进行封闭，以防杂物、水等对进入风管内部，影响整个系统。

3. 施工做法详解

施工工艺流程 ▸▸▸▸▸ ....

拼版、画线→板材下料、成型→合口粘接、贴胶带→法兰下料粘接、管段打胶→风管加固→风管安装。

（1）拼版、画线

① 画线时应按图纸尺寸，根据板材规格的大小等具体情况，合理安排图形，尽量减少切割和粘缝，又要注意节省原材料。

② 画线应采用红色笔，不要用锋利的金属划针或锯条，以免板材表面形成伤痕，发生折裂。

③ 圆形风管可在组配时考虑纵缝的交错设置。矩形风管在展开画线时，应注意接缝避免设在转角处，并要注意相邻管段的纵缝要交错设置。

④ 风管画线时，要用角尺对板材的四边进行角方，以免产生扭曲翘角现象。板材中若有裂缝，下料时应避开不用。

（2）板材下料、成型

① 矩形铝箔复合保温风管的四面壁板可由一片整板切 3 个 90°豁口、2 个 45°边口折合粘接而成；也可由两片整板、四片整板切口、切边拼合粘接而成，如图 10-10 所示。

| (a) 一片法 | (b) 二片法1 | (c) 二片法2 | (d) 四片法 |

图 10-10　切口、切边成型

② 常用的双面铝箔复合板材尺寸一般为：厚 20mm、板宽 1200mm、长度为 4000mm。当风管长边尺寸≤1160mm 或风管两边之和≤1120mm 或三边（四边长度）之和≤1080mm（1040mm）时，风管可按板材长度做成每节 4m，以减少管段接口。

③ 风管板材可以拼接。当风管长边尺寸≤1600mm 时，可切 45°角直接粘接，粘接后在接缝处双面贴铝箔胶带；当风管长边尺寸＞1600mm 时，板材的拼接需采用"H"形专用连接件，以增强拼接强度。

图 10-11　风管三通

④ 风管的三通（图 10-11）、四通宜采用分隔式或分叉式；弯头、三通、四通、大小头的圆弧面或折线面应等分对称画线。风管每节管段（包括三通、弯头等管件）的两端面应平行，与管中线垂直。

⑤ 采用机械压弯成型制作风管弯头的圆弧面，其内弧半径＜150mm 时，轧压间距宜为 20～35mm；内弧半径 150～300mm 时，轧压间距宜在 35～50mm；内

弧半径＞300mm 时，轧压间距宜在 50～70mm。轧压深度不宜超过 5mm。

⑥ 矩形弯管应采用内外同心弧形或内外同心折线形，曲率半径宜为一个平面的边长。当采用其他形式的弯管（内外直角、内斜线外直角）、平面边长＞500mm 时，应设置弯管导流片。导流片数量按平面边长 b 确定。当 $1000mm \geqslant b ＞ 500mm$ 时设 1 片；$1500mm \geqslant b ＞ 1000mm$ 时设 2 片；$b ＞ 1500mm$ 时设 3 片。导流片设置的位置：第 1 片为 $b/2$ 处，第 2 片为 $b/4$ 处，第 3 片为 $b/8$ 处。

⑦ 导流片可采用 PVC 定型产品，也可由镀锌板弯压成圆弧，两端头翻边，铆到上下两块平行连接板上（连接板也可用镀锌板裁剪而成）组成导流板组。在已下好料的弯头平面板上画出安装位置线，在组合弯头时将导流板组用黏合剂粘上。导流板组的高度宜大于弯头管口 2mm，以使其连接更紧密。

（3）合口粘接、贴胶带

① 铝箔复合保温风管所用的黏合剂需按板材厂商认定的专用黏合剂。如另行采购品牌黏合剂，必须做粘接效果对比试验，并经监理、板材厂商检查、认可后方可使用。

② 矩形风管直管段，不管是同一块板材粘接，还是几块板材组合拼接，均需准确，角线平直。风管组合前应清除板材切口表面的切割粉末、灰尘及杂物。在黏合前需预组合，检查拼接缝全部贴合无误时再涂黏合剂；黏合时间控制与季节温度、湿度及黏合剂的性能有关，批量加工前应做样板试验，确定最佳黏合时间。

③ 管段组合后，粘接成型的 45°角切边外部接缝，需贴铝箔胶带封合板材外壳面，每边宽度不小于 20mm。用角尺、钢卷尺检查、调整垂直度及对角线偏差至符合规定，粘接组合后的管段应垂直摆放至定型后方可移动。

④ 风管的圆弧面或折线面，下完料、折压成弧线或折线后，应与平面板预组合无误后再涂胶粘接，以保证管件的几何形状尺寸及观感。

（4）法兰下料粘接、管段打胶

① 风管定型后粘接两端面法兰连接件，检查法兰端面平面度偏差及对角线偏差符合规定。复合材料风管法兰与风管板材的连接应可靠，其绝热层不得外露，不得采用降低板材强度或绝热性能的连接方法。

② 当复合风管组合定型后，风管四个内角的粘接缝及法兰连接件四角内边接缝处用密封胶封堵，使泡沫绝热材料及黏合剂不裸露。涂密封胶处，应清除油渍、水渍及灰尘、杂物。

③ 低压风管长边尺寸＞2000mm 时，中、高压风管长边尺寸＞1500mm 时，风管法兰材料宜采用铝合金。当风管采用金属法兰连接件，其外露金属须采取防止冷桥结露措施。

④ 长边尺寸≥630mm 的矩形风管在安装插接法兰时，宜在四角粘贴厚度≥0.5mm 的 90°镀锌板垫片；直角垫片宽度应与风管板材厚度相等，垫片边长不小于 50mm。也可在插接法兰四角采用 PVC 加强件。

（5）风管加固

① 双面铝箔复合风管横向加固点数量及纵向加固间距见表 10-7 和表 10-8。铝箔复合风管的法兰连接处可视为一个纵（横）向加固点。

② 风管的加固也可采用角钢或 U 型、UC 型镀锌吊顶龙骨外加固或十字支撑式内加固，增加风管板面与加固点的接触面，使风管受风压后少变形、不胀开。

表 10-7 双面铝箔复合风管横向加固点数量

长边尺寸/mm	压力/Pa						
	<300	310~500	510~750	760~1000	1100~1250	1260~1500	1510~2000
410~630	—	—	—	1	1	1	1
640~800		1	1	1	1	1	2
810~1000	1	1	1	1	1	2	2
1010~1250	1	1	1	1	1	2	2
1260~1500	1	1	1	2	2	2	2
1510~1700	2	2	2	2	2	2	2
1710~2000	2	2	2	2	2	2	2

表 10-8 双面铝箔复合风管纵向加固间距　　　　　　　　单位：mm

加固类型	压力/Pa			
	<300	310~500	510~1500	1510~2000
聚酯类	1000	800	600	400
酚醛类	800			

（6）**风管安装**　风管的安装与硬聚氯乙烯风管安装基本相同，在安装时还应符合以下各项要求。

① 支吊架制作、安装要求如下。

扫码观看视频

通风主管安装

a. 水平安装风管的横担，可选用相应规格的角钢等型材，还可根据风管规格选用金属板材制作的槽钢（如 U 型、UC 型镀锌吊顶龙骨）。风管吊装一般用圆钢作吊杆，长边尺寸≤400mm 的风管也可选用专用的吊装卡。与吊杆对应的膨胀螺栓分别为 M6、M8、M10。风管吊架的间距在弯管、三通、四通处应适当加强。风管吊装横担、吊杆规格及支吊架间距见表 10-9 和表 10-10。

表 10-9 风管吊装横担、吊杆规格　　　　　　　　单位：mm

部件	风管长边尺寸 b			
	$b \leqslant 630$	$630 < b \leqslant 1250$	$1250 < b \leqslant 2000$	$b > 2000$
角钢横担	L 25×3	L 30×3	L 40×3	L 50×3
槽钢横担	U38×12×1.0	U50×15×1.0	U50×15×1.5	U60×27×1.5
圆钢吊杆	$\phi 6$	$\phi 8$		$\phi 10$

表 10-10 风管支吊架间距　　　　　　　　单位：mm

吊架类型	风管长边尺寸 b			
	$b \leqslant 630$	$630 < b \leqslant 1250$	$1250 < b \leqslant 2000$	$b > 2000$
酚醛类	4000	3000	2500	2000
聚氨酯类			3000	

b. 风阀等部件及设备与铝箔复合风管连接时，应单独设置支吊架；该支吊架不能作为风管的支吊点。风管的支吊点距风口、风阀及自控操作机构的距离不少于 200mm。

c. 风管垂直安装，支架的间距应不超过 2.4m，每根立管上支架数量不少于 2 个，并应适当增加支吊架与风管的接触面积。

d. 水平悬吊的主、干风管长度超过 20m 时，应设置防止摆动的固定点，且每个系统不宜少于 1 个。

② 风管及阀部件的连接、安装要求如下。

a. 风管与风管间的管段，采用法兰专用插接件连接。插入插条后，用密封胶将风管的四个角所留下的孔洞封堵严密；安装护角。

b. 风管与风口的连接，在支管管端或支管开口端粘接 F 型、H 型连接件，用柔性短管连接风口；或在风口内侧壁用自攻螺钉直接连接 F 型、H 型连接件。

c. 明装风管水平安装时，水平偏差不应大于 3mm/m，总偏差不应大于 20mm；垂直安装时，垂直度偏差不应大于 2mm/m，总偏差不应大于 20mm。暗装风管的位置应准确，无明显偏差。

d. 支管长边尺寸≤630mm 时，可在主管上开 45°角切口直接采用黏合剂粘接支管；亦可在主管上开 90°切口粘接 UPVC 插接法兰连接件，再连接支管。粘接支管接缝处，外部贴铝箔胶带，管内接缝用密封胶封闭。后开孔连接支管的一边应采用内弧型或内斜线型，以减少气流的阻力。

e. 复合风管穿过需要封闭的防火、防爆的墙体或楼板时，应采用金属风管或埋设壁厚不小于 1.6mm 的防护套管，风管与防护套管之间采用不燃柔性材料封堵。

f. 中、高压系统风管两法兰间对口插接时，应加密封垫或采取其他密封措施。

4. 施工总结

① 复合材料风管法兰与风管板材的连接应可靠，其绝热层不得外露，不得采用降低板材强度和绝热性能的连接方法。

② 复合风管穿过需要封闭的防火、防爆的墙体或楼板时，应采用金属风管或埋设壁厚不小于 1.6mm 的防护套管，风管与防护套管之间采用不燃柔性材料封堵。

③ 风管安装允许偏差：风管对接应平直、不扭曲。明装风管水平允许偏差为 3/1000，总偏差不应大于 20mm；垂直度允许偏差为 2/1000，总偏差不大于 20mm；暗装风管应位置正确，无明显偏差。

④ 弯管的曲率半径及弯曲角度和三通、四通与总管的夹角应符合金属风管的制作要求。

⑤ 风管与配件接缝应严密；折角应平直、圆弧应均匀；两端面平行。风管无明显扭曲与翘角；表面应平整，局部凹凸不大于 5mm。

⑥ 风管粘接缝及法兰连接件粘接牢固、平整，加固件均匀、合理符合产品技术标准，铝箔胶带平贴。

⑦ 风管制作尺寸允许偏差见表 10-11。

表 10-11　风管制作尺寸允许偏差

单位：mm

风管长边尺寸 b	板材拼接平整度	法兰或管口平面度	两对角线之差	风管内边长	表面局部凹陷
b≤320	≤3	≤2	≤3	±2.0	≤10
320<b	≤5	≤4	≤4	±3.0	

三、复合型玻纤板风管制作与安装

1. 示意图和施工现场图

钢制连接短管与复合型玻纤风管的装配示意和复合型玻纤板风管实例分别见图 10-12 和图 10-13。

2. 注意事项

① 出厂的复合玻纤板，用塑料布包装，边角与底面垫硬壳纸。

② 复合玻纤板风管的运输、存放必须采取防潮、防风、防火措施。有条件的工地尽量存放在室内并竖直放置，离地 100mm 以上，远离水源；如必须室外存放的，必须采取可靠的防雨、防雪措施。

图 10-12 钢制连接短管与复合型
玻纤风管的装配示意

图 10-13 复合型玻纤板风管实例

3. 施工做法详解

施工工艺流程 ▶▶▶

拼版、画线、放样与下料→管件成型→钢制连接短管装配→风管连接角钢法兰装配→风管加固→风管安装。

（1）拼版、画线、放样与下料

① 复核复合玻纤板的规格、质量，必须符合设计要求。

② 放样与下料，应在平整、干净的工作台上进行。

③ 下料前应准确调整好刀片间距和角度，并用边角料试切割，符合要求后方可正式切割下料。

④ 下料时应准确掌握刀具的走向和深度，严禁切破和划伤复合玻纤板的外护层。

图 10-14 90°弯管制作

⑤ 一般情况下 90°弯管按内斜线弯管下料，当受安装空间限制时，做成内、外斜线弯管，如图 10-14 所示。弯管的两端接管直线长度不应小于 70mm。如图纸注明特殊要求，则按图加工。

（2）管件成型

① 复合玻纤风管成型应在干净、平整的工作台上进行，严禁在地上加工。

② 复合玻纤风管板面接缝处合口前、合口后各刷一遍胶。刷匀胶液，严禁缺胶、少胶以及接口处的玻璃棉外露。在风管外表面接缝处用带玻璃丝布的铝箔胶带均匀地贴在接缝处，压紧然后再在胶带两边各粘贴一条宽 50mm 的铝箔胶带。最后，在管内四角用胶液抹缝。

③ 复合玻纤风管管表面凹凸不大于 5mm。接口处必须紧密贴合，不得出现间隙和表面凹凸、错口。

④ 三通、四通凡设计要求加装拉杆调节阀和导流片的要加装拉杆调节阀和设导流片，制作方法与钢板风管相同。固定方式采用 M4×35 螺丝紧固，外加固采用压制成型的镀锌铁皮加固。

（3）钢制连接短管装配

① 复合玻纤风管内边小于 1500mm 的管段，管段之间一律采用承插式钢制连接短管连接。复合玻纤风管四角用 25mm×25mm 镀锌包角，风管两头用 25mm×40mm 不等边镀锌

图解建筑水暖电工程现场细部施工做法（第二版）

包角，用拉铆钉连接成框架形式。钢制内套的坡口应顺气流方向。

②装配时，复合玻纤风管与连接短管及折边压条接触部位应刷满胶液，玻璃棉不得外露。折边压条用厚 0.5～0.75mm 镀锌钢板制作，用 M4×35 镀锌螺栓固定，螺孔间距不大于 140mm。

③连接短管应装配牢固，结合严密，螺栓紧固适度，折边压条平直、规整。连接短管的端截面应与复合玻纤风管端截面平行。

（4）风管连接角钢法兰装配

①复合玻纤风管内边≥1500mm 的管段，管段之间一律采用角钢法兰连接，角钢法兰用料规格可以依照金属风管标准小一号规格使用。

②角钢法兰螺孔间距不大于 150mm。

③装配角钢法兰构件时，复合玻纤风管与角钢法兰构件及折边压条接触部位，均应刷满、刷匀胶液，严禁玻璃棉外露。

④角钢法兰构件装配应严密、牢固。穿过复合玻纤风管管壁的螺栓应加密封胶密封。

（5）风管加固

①复合玻纤风管加固形式为内用直径 6mm 的圆钢做支撑杆支撑，外包厚度为 0.5mm、宽度为 18mm 的镀锌铁皮制成的加固带，如图 10-15 所示。

图 10-15　复合玻纤风管加固形式

②加固件、加固带分布最大间距为 600mm×600mm，应间距相等、对称布置。对异型管段、任意部位的加固应符合表 10-12 规定。

表 10-12　风管加固支撑间距

风管尺寸	风管加固支撑间距
大边 600～1000mm	加固内支撑 1 支
大边 1100～1500mm	加固内支撑 2 支
大边 1600～2000mm	加固内支撑 3 支
大边 2100～2500mm	加固内支撑 4 支
大边 2600mm	根据实际情况增加固内支撑
大边＞500mm, L＝800～1300mm	加固支撑 1 支
大边≥1500mm	用 L 40×4 法兰对接
L＝1400～2000mm	加固内支撑 2 支均分
L＝2100～2500mm	加固内支撑 3 支均分
L＝2600～3000mm	加固内支撑 4 支均分

注：L 为风管长度。

（6）风管安装　复合型玻纤板风管及部件安装与金属风管及部件安装基本相同，安装时还应符合以下各项要求。

①采用承插式钢制连接短管连接时，坡口应为顺气流方向，接口处放上填料，用铝箔胶带固定；再用带玻璃丝布的铝箔胶带粘贴在缝处，边上用铝箔胶带粘贴。

②采用角钢法兰和钢制内套法兰连接时，法兰之间应加密封垫料，垫料厚为 3～5mm，垫料与法兰齐平，不得凸入管内。法兰垫料的材质，当设计无要求时，可按下列规定选用。

a. 输送温度低于 70℃ 的空气，采用橡胶板、闭孔海绵橡胶板、密封胶带或其他闭孔弹性材料。

b. 输送温度高于 70℃ 的空气，采用石棉橡胶板。

c. 输送产生有凝结水或含有蒸汽的潮湿空气，采用橡胶板或闭孔海绵橡胶板。

③ 采用钢制插条法兰连接时，插条两侧插口缝用密封胶密封。连接法兰的螺栓应对称、均匀拧紧，螺母在同一侧。接口应结合牢固、严密，管段保持在同一水平线上，不得扭曲和偏斜。

④ 安装风管可以根据现场情况，把数节管段在地面预先连接好再架空安装，但预接的管段总长度不宜超过 3.6m 或 3 节。

⑤ 现场配制的管段，不得缩小风管有效截面。

⑥ 风管穿墙或楼板时应设预留孔。预留孔需回填时，风管穿墙段或穿楼板段应加金属保护套管或设法兰金属短管。穿防火墙的风管，穿墙段一律用法兰金属短管。

⑦ 风管吊、支架安装应符合以下规定。

a. 风管水平安装，其吊、支架的水平横撑采用角钢，角钢规格及吊、支架间距应符合表 10-13 的规定。

表 10-13　风管水平安装吊、支架间距与横撑规格　　　单位：mm

风管内边底边长	吊、支架最大间距	水平横撑规格（角钢）
≤450	2800	30×3
500~900	2400	40×3
1000~1500	1800	45×4
1550~2400	1500	50×4
2500~4000	1500	63×5

b. 吊架吊杆一律用直径为 6mm 的圆钢。

c. 对没有包边的风管，应在风管底部两边角各垫一根长度不小于 200mm 的镀锌钢制角铁。

d. 风管采用悬吊时，应在一定位置上设置不少于一个的风管固定点，防止风管晃动。

⑧ 管与砖风道或混凝土风道插接时，风管插入端与风道内表面要取齐，并用密封胶进行密封处理。

⑨ 需连接金属或非金属伸缩性软风管时，软风管的长度不宜超过 2m，并不得有死弯和塌凹。

⑩ 明装风管水平安装，水平度偏差不应大于 3mm/m，总偏差不应大于 20mm。明装风管垂直安装，垂直度偏差不应大于 2mm/m，总偏差不应大于 20mm。暗装风管位置应正确，无明显偏差。

4. 施工总结

复合玻纤板风管安装过程中及安装完毕后应采取防护措施，避免风管被划伤、损坏、破损及被水污染、浸泡，对风管的功能造成较大的影响。

四、风管部件制作工艺标准

① 部件成品应存放在有防雨、防雪措施的平整场地上，并分类码放整齐；风口成品应采取防护措施，保护装饰面不受损伤。

② 防火阀制作完成后应在执行机构处加装保护罩等防护装置，防止执行机构受损或

丢失。

③ 多叶调节阀要注意调整连杆的保护，保持螺母在拧紧状态。

④ 在装卸、运输、安装、调试过程中，应轻拿轻放，注意成品的保护。

⑤ 防爆风阀的制作材料必须符合设计规定，不得自行替换。

⑥ 净化空调系统的风阀，其活动件、固定件及紧固件均应采取镀锌或作其他防腐处理，阀体与外界相通的间隙处应有可靠的密封措施。

⑦ 风罩、风帽制作尺寸应正确、连接应牢固、表面应平整光滑、无尖角，加固应平整、牢固、可靠，与风管连接口尺寸相配套。

⑧ 柔性短管使用的材料应能防腐、防潮、不透气、不易变霉；空调系统的短管应有防结露措施。柔性短管不宜作为找正、找平的异径连接管。

⑨ 风口制作尺寸允许偏差应符合表 10-14 的规定。

表 10-14　风口尺寸允许偏差　　　　　　　　　　　　　　单位：mm

风口类型	直径或边长	允许偏差	对角线长度	对角线长度之差
矩形风口	<300	−1~0	<300	≤1
	300~800	−2~0	300~500	≤2
	>800	−3~0	>500	≤3
圆形风口	≤250	−2~0	—	
	>250	−3~0		

1. 风口制作

风口安装施工现场见图 10-16。

（1）**领料**　按不同风口的类型、规格、使用要求，领取相应的材料。

（2）**下料、成型**

① 风口部件下料及成型应使用专用模具完成。

② 铝合金风口所需材料应为专用型材，应配备专用的铝材切割机具。

图 10-16　风口安装施工现场

③ 风口装配用的孔、沟应采用冲制。连接时应采用铆接或焊接。

（3）**组装**

① 风口部件成型后组装，应有专用的工具、机具，相应的技术指导书。

② 钢制风口组装后的焊接可根据不同材料，选择气焊、电焊或氩弧焊等焊接方式。铝合金风口应采用氩弧焊接。

③ 所有焊接面、焊接点都应布置在非装饰面处进行，不得对装饰面外观产生不良影响。

④ 焊接完成后，应对风口进行一次全面检查和调整。

（4）**风口组装后的检验**

① 风口表面应平整，风口的转动调节部分应灵活，叶片应平直，不得碰撞边框。

② 插板式及活动箅板式风口，其插板、箅板应平整，边缘光滑，拉动灵活。活动箅板式风口组装后应能做到完全开启和闭合。

③ 百叶风口的叶片间距应均匀，两端轴的中心应在同一直线上。手动式风口叶片与边框铆接应松紧适当。

④ 散流器的扩散环和调节环应同轴，轴向间距分布应均匀。

⑤ 孔板式风口，孔口不得有毛刺，孔径和孔距应符合设计要求。

⑥ 旋转式风口，活动件应轻便灵活。

⑦ 风口活动部分，如轴、轴套的配合等，应松紧适宜，并应在装配完成后加注润滑油。

（5）**表面处理**

① 风口的表面处理，应满足设计及使用要求，可根据不同材料选择如喷漆、喷塑、氧化等方式。

② 如风口规格较大，应在适当部位对叶片及外框采取加固补强措施。

2. 风阀制作

（1）**领料** 风阀制作所需材料应根据不同类型严格选用。

（2）**下料、成型** 外框及叶片下料应使用机械完成，成型应尽量采用专用模具。

（3）**零部件加工** 风阀内的转动部件应采用有色金属制作，以防锈蚀。

（4）**组装**

① 外框焊接可采用电焊、气焊或氩弧焊等方式，并保证使其焊接变形控制在最小限度。

② 风阀组装应按照规定的程序进行，阀门的制作应牢固，调节和制动装置应准确、灵活、可靠，并标明阀门的启闭方向。

③ 多叶调节阀叶片应贴合严密，间距均匀，搭接一致。

④ 止回阀阀轴必须灵活，阀板关闭严密，转动轴采用不易锈蚀的材料制作。

⑤ 防火阀制作所需钢材厚度不得小于 2mm，转动部件任何时候都应转动灵活，易熔片应为有关部门批准并检验合格的正规产品，其熔点温度的允许偏差为 $-2℃$。

（5）**调整和防腐** 风阀组装完成后应进行调整和检验，并根据要求进行防腐处理。

3. 罩类制作

（1）**领料** 罩类部件根据不同要求可选用普通钢板、镀锌钢板、不锈钢板及聚氯乙烯板等材料制作。

（2）**下料** 根据不同的罩类形式放样，然后下料，并尽量采用机械加工形式。

（3）**成型、组装**

① 罩类部件的组装根据所用材料及使用要求，可采用咬接、焊接等方式，工艺参照风管制作。

② 用于排出蒸汽或其他潮湿气体的伞形罩，应在罩口内边采取排除凝结液体的措施。

③ 排气罩的扩散角不应大于 60°。

④ 如有要求，在罩类中还应加有调节阀、自动报警、自动灭火、过滤、集油装置或设备。

（4）**成品检验** 罩类制作尺寸应准确，连接处应牢固，接缝处应严密，其外壳不应有尖锐的边缘。

4. 风帽制作

① 风帽制作可采用镀锌钢板、普通钢板及其他适宜的材料。

② 风帽的形状应规整，旋转风帽重心应平衡；风帽的下料、成型、组装等工序可参见风管制作。

③ 成品检验，制作尺寸应准确，连接处应牢固，接缝处应严密，其外壳不应有尖锐的边缘。

5. 柔性管制作

（1）**领料**　柔性管制作一般可选用人造革、涂塑布、帆布树脂玻璃布、软橡胶板、增强石棉布、铝箔、铝合金等材料，按设计要求制作。

（2）**下料**　柔性管的长度一般为 150～300mm（短管法兰宽度计算在内），变形缝宽度不小于 100mm，不得作为变径管。

（3）**缝制**　下料后缝制可采取机械或手工方式，但必须保证严密牢固。

（4）**成型、法兰组装**

① 柔性管与法兰组装可采用钢板压条的方式，压条反边 6～9mm，紧贴法兰，铆接平顺；柔性材料搭接宽度 20～30mm，缝制或粘接严密、牢固，铆钉间距为 60～80mm。

② 短管法兰规格应与风管法兰规格相同；压条厚度采用 0.75～1mm；角钢宽度加 6～9mm。

③ 如需防潮，帆布柔性管可刷帆布漆，不得涂刷油漆，防止失去弹性、伸缩性。

④ 柔性管两端面形状、大小一致，不得制作成变径管，不得出现扭曲现象，两侧法兰应平行。

五、风管及部件安装工艺标准

1. 示意图和施工现场图

风管支架安装示意和施工现场分别见图 10-17 和图 10-18。

图 10-17　风管支架安装示意

图 10-18　风管支架安装施工现场

2. 注意事项

① 暂停施工的系统风管，应将风管开口处封闭，防止杂物进入。

② 风管伸入结构风道时，其末端应安装上钢板网，以防止系统运行时杂物进入风管内。

③ 交叉作业较多的场地，严禁以安装完的风管作为支、托架，不允许将其他支吊架焊在或挂在风管法兰和风管支、吊架上。

④ 运输和安装不锈钢、铝板风管时，应避免刮伤表面。安装时，尽量减少与铁质物品的接触。

⑤ 运输和安装阀件时，应避免由于碰撞而产生的执行机构和叶片变形。施工现场堆放的成品、材料要整齐。露天堆放应有防雨、防雪措施。

3. 施工做法详解

（1）安装准备

① 认真熟悉图纸、掌握设计意图及要求，搞清工艺流程、施工程序及技术质量要求，

做好各项交底工作。

②参看有关专业设备图和装修建筑图，对各种管线进行综合排列布置，核对各种管道的坐标、标高是否有交叉，管道排列所用空间是否合理。

③按照设计图纸并参照土建基准线找出风管标高。核查各预留洞口、预埋套管尺寸、位置是否正确。需要进行处理的应有结构等相关专业人员的确认后进行。

④风管及阀部件安装前应按设计要求对型号、规格进行核对，并按照规范要求做好检查。有防腐要求的应按要求进行防腐处理，无遗漏。并按照安装顺序排放在相应的地点。

⑤按照设计规定预制加工支吊管架。需保温的管道、支架与管子接触处应用经防腐处理的木垫隔开，木垫厚度应不低于保温层厚度。

（2）支、吊架制作

①标高确定后，支（吊）架的形式、用料规格、制作方式应根据风管安装的部位、风管截面的大小及工程的具体情况，按照设计图纸或国家、地方标准图选择。直径大于2000mm或边长大于2500mm的超宽、超重特殊风管的支、吊架应符合设计规定。

②支架的悬臂、吊架的吊铁采用角钢或槽钢制成；斜撑的材料为角钢；吊杆采用圆钢；抱箍用扁铁来制作。

③支、吊架制作前，首先对型钢进行矫正。小型钢材一般采用冷矫正。较大的型钢需加热到900℃左右进行热矫正。矫正的顺序应该先矫正扭曲、后矫正弯曲。

④支架、吊架的螺栓孔和切断应采用机械加工，不允许用电、气焊切割。抱箍的圆弧应与风管圆一致。支架的焊缝必须饱满，保证具有足够的承载能力。

⑤吊杆应顺直、光洁。吊杆应根据风管安装标高适当截取，吊杆下端露出的螺母长度不宜过长，末端不应超出托盘最低点。吊杆长度不够可采用拼接加长，如采用搭接应采用双侧连续焊，搭接长度不应小于吊杆直径的6倍；或采用螺纹连接时，拧入连接螺母的螺栓长度应大于吊杆直径，并有防松动措施。

⑥支、吊架制作完毕后，应进行除锈，刷至少两道防锈漆。

⑦用于不锈钢、铝板风管的支架、抱箍应按设计要求做好防腐绝缘处理，防止发生电化学腐蚀。

（3）支、吊架安装

①风管敷设在楼板或桁架下面时，应采用吊架；风管道沿墙壁或柱子敷设时，应采用支架。在柱或混凝土墙上敷设支架时，可将支架焊在预埋铁件上或采用膨胀螺栓，在柱子上也可用圆钢或角钢制成抱箍。

②支、吊架安装前先根据风管标高、间距、走向、部件位置等确定支架位置，并用十字交叉线标注在结构表面上。然后安装支架，并复核支架的水平度及高度。

扫码观看视频
风管支、吊架安装

a. 风管支、吊架间距如无设计要求时，对于不保温风管，应符合表10-15的要求。水平安装非金属风管支、吊架最大间距符合表10-16的要求。对于保温风管，支、吊架间距无设计要求时按表中间距要求值乘以0.85。螺旋风管的支、吊架间距可以适当增大。组合法兰风管支、吊架间距不应大于2.5m。

b. 支、吊架不得安装在风口、阀门、检查孔、法兰及自控机构等处，距离风口或插接管不宜小于200mm。

表 10-15　水平安装金属风管支、吊架间距

圆形风管直径或矩形风管长边尺寸 b/mm	水平风管间距/m	垂直风管间距/m	最少吊架数/副
$b \leqslant 400$	$\leqslant 4$	$\leqslant 4$	2
$400 < b \leqslant 1000$	$\leqslant 3$	$\leqslant 3.5$	2
$b > 1000$	$\leqslant 2.5$	$\leqslant 3.5$	2

表 10-16　水平安装非金属风管支、吊架最大间距　　　　　单位：mm

风管类别	风管边长						
	400	450	800	1000	1500	1600	2000
聚氨酯铝箔复合风管	4000	3000					
酚醛铝箔复合板风管	2000				1500		1000
玻璃纤维复合风管	2400		2200		1800		
玻璃钢风管	4000	3000			2500		2000
硬聚乙烯风管	4000	3000					

c. 支、吊架安装应确保系统管道的垂直度、水平度符合要求。如圆形风管管径变化时，支架标高，应相应地提高或降低。对于有坡度要求的风管，支架的标高也应按风管的坡度要求安装。

③ 设置支架与结构的固定点，根据吊架形式设置，有预埋件法、膨胀螺栓法等。

a. 前期预埋：在土建结构施工时，将预埋件（钢板等）按图纸坐标位置和支、吊架间距，牢固固定在土建结构钢筋上。风管支、吊架的预埋件应牢固可靠、位置正确，埋入部分应去除油污，并不得涂漆。

b. 在墙上埋设支架：根据风管的标高算出支架型钢上表面离地距离，找到正确的安装位置，打出 80mm×80mm 的方洞。洞的内外大小应一致，深度比支架埋进墙的深度大 30～35mm。打好洞后，用水把墙洞浇湿，并冲出洞内的砖屑。然后在墙洞内先填塞一部分 1：2 水泥砂浆，把支架埋入，埋入深度一般为 150～200mm。用水平尺校平支架，调整埋入深度，继续填塞砂浆，适当填塞一些浸过水的石块和碎砖，便于固定支架。填入水泥砂浆时，应稍低于墙面，以便土建进行墙面装修。

c. 在楼板下埋设吊件：确定吊卡位置后用冲击钻在楼板上打透眼，然后在地面剔一个 300mm 长、深 20mm 的槽。将吊件（图 10-19）嵌入槽中，用水泥砂浆将槽填平。

d. 膨胀螺栓法：适用于混凝土墙、楼板的施工，特点是施工灵活，准确、快速，如图 10-20 所示。

④ 支、吊架的设置和安装不得破坏结构受力分布。在混凝土结构梁下吊装风管时，固定生根点应设在梁的侧面向上 120～150mm 处。

⑤ 矩形风管的横担一般用角钢制成，风管较重时也可用槽钢。横担上穿吊杆的螺孔距离，应比风管宽 40～100mm。

⑥ 矩形风管吊架由吊杆和横担组成。圆形风管由吊杆和抱箍组成。单吊杆应安装在风管的中心线上，双吊杆应按横担的螺孔间距及风管中心线对称安装。吊杆应平直、螺纹完整。水平悬吊的主、干管风管段长度超过 20m 时，应设置防止摆动的固定点，每个系统不应少于 1 个。

图 10-19　在楼板下埋设的吊件

图 10-20　膨胀螺栓法示意

⑦ 可调隔振支、吊架的拉伸量或压缩量应按设计的要求进行调整。

⑧ 保温风管的支、吊架装置宜放在保温层外部，但不得损坏保温层。保温风管不能直接与支、吊托架接触，风管安装前应先垫上坚固的隔热材料，其厚度与保温层相同，防止产生"冷桥"。

（4）风管安装

① 将预制加工的风管、管件，按照安装的顺序分系统运至施工现场，再将风管和管件按照加工时的编号组对，复核无误后即可进行连接和安装。

② 根据风管壁厚、连接方法、安装部位、施工现场情况和吊装方法等因素，将风管在地面连成一定的长度，然后采用吊装的方法就位；或把风管一节一节地放在支架上逐节连接，具体安装方法参照表 10-17、表 10-18。安装顺序一般为先干管后支管，竖风管的安装一般由下至上，采用滑轮、脚手架分节吊装。

表 10-17　水平管安装方式

风管安装部位	风管标高≤3.5m	风管标高>3.5m	走廊风管	穿墙风管
主风管	整体吊装	分节吊装	整体吊装	分节吊装
安装机具	升降机、捯链	升降机、脚手架	升降机、捯链	升降机、高凳
支风管	分节吊装	分节吊装	分节吊装	分节吊装
安装机具	升降机、高凳	升降机、脚手架	升降机、高凳	升降机、高凳

表 10-18　垂直风管安装方式

风管标高	吊装方式	安装设施
≤3.5m	分节吊装	滑轮、高凳
>3.5m	分节吊装	滑轮、脚手架

③ 风管连接

a. 采用法兰连接的风管

ⅰ. 法兰如有破损（开焊、变形等）应及时更换、修理。

ⅱ. 不锈钢风管法兰连接的螺栓宜用同材质的不锈钢制成，如用普通碳素钢应按设计要求喷涂涂料。铝板风管法兰应采用镀锌螺栓连接，并在法兰两侧垫镀锌垫圈。

ⅲ. 法兰连接时，按设计要求规定垫料，把两个法兰先对正，穿上几条螺栓并戴上螺母，暂时不要上紧。螺栓应顺气流方向安装，且螺母布置在法兰的同一侧。然后用尖冲塞进穿不上螺栓的螺孔中，把两个螺孔撬正，直到所有螺栓都穿上后，再把螺栓拧紧。为了避免螺栓滑扣，紧螺栓时应按十字交叉逐步均匀地拧紧。

ⅳ．连接好的风管，应以两端法兰为准，拉线检查风管连接是否平直。

b．风管无法兰连接

ⅰ．承插式连接主要用于圆形风管连接。按气流方向把小口插入大口，用自攻螺丝或拉铆钉紧密固定。

ⅱ．芯管式连接主要用于圆形风管连接。先制作连接芯管，然后插入两侧风管，再用自攻螺丝或拉铆钉将其紧密固定。

ⅲ．抱箍式连接主要用于圆形风管连接。将两风管对正，套上抱箍并拧紧固定螺栓。

ⅳ．立咬口式连接主要用于矩形风管连接。翻边或套上包边后压紧，采用拉铆钉或铆钉固定。

ⅴ．插条式连接主要用于矩形风管连接。将不同形式的插条插入风管两端，然后压实。

ⅵ．软管式连接主要用于风管与部件（如散流器、静压箱侧送风口等）的相连。安装时，软管两端套在连接的管外，然后用特制软卡把软管箍紧。

c．连接好的风管，应拉线检查、调整风管的平直度，使其平直。

④ 风管吊装

a．在地面上将风管连接好，一般可接长至 10～20m 左右。

b．根据现场具体情况，在梁柱上选择两个可靠的吊点，然后挂好捯链或滑轮。

c．用麻绳将连接管绑扎牢靠后起吊。塑料风管如需整体吊装时，绳索不得直接捆绑在风管上，应用长木板托住风管的底部，四周应有软性材料做垫层，方可起吊。

d．起吊时，慢慢拉紧系重绳，使绳子受力均衡保持正确的重心。当风管离地 200～300mm 时，应停止起吊，再次仔细检查滑轮受力点和绑扎风管的绳索与绳扣是否牢靠，风管的重心是否正确，确保无安全隐患。没问题后，再继续提升到安装高度。

e．将风管放在支、吊架上，把所有托盘和吊杆连接好，确认风管稳固好，方可解开绳扣，去掉绳子。

⑤ 对于不便悬挂滑轮或因受场地限制不能进行吊装时，以及安装重量较轻、高度不高的风管时，可将风管分节用绳索拉到脚手架上，然后抬到支架上，把所有托盘和吊杆连接好，对正法兰逐节安装。

⑥ 风管安装时应随时找平找正，可用调节吊杆螺母的方法进行。

⑦ 风管安装完毕，经检查确认无误后，进行严密性检验，合格后对于需要进行保温。吊顶内及管井内等需要隐蔽的风管进行隐蔽工程验收，再安装各类送风口等部件及保温。

（5）部件安装

① 风阀安装（包括蝶阀、多叶调节阀、防火防烟调节阀等）的注意事项如下。

a．安装前应检查框架结构是否牢固，调节、制动、定位等装置应准确灵活。安装时将法兰与风管或设备上的法兰对正，加垫片并拧紧螺栓，使其连接牢固及严密。

b．阀件的调节装置应安装在便于操作的部位。风阀操纵装置应距地面或操作平台 1～1.5m。

c．注意气流方向，应按风阀外壳标注的方向安装，不得装反。

d．风阀的开闭方向、开启程度应在阀体上有明显和准确的标志。

e．输送灰尘和粉屑的风管，不应使用蝶阀，可采用密闭式斜插板阀。斜插板阀应顺气流方向与风管成 45°角，在垂直管道上（气流向上）的插板阀以 45°角逆气流方向安装。

f. 防火阀有水平、垂直、左式和右式之分，安装时应根据设计图纸要求进行，应防止错误安装。防火阀安装位置应正确，易熔件应迎气流方向。为防止防火阀易熔片脱落，易熔片应在系统安装后、系统试运转之前再行安装。排烟阀手动装置操作应灵活，远程操作拉线预埋导管不得出现死弯及瘪管现象。

g. 止回阀宜安装在风机压出端，开启方向必须与气流方向一致。

h. 变风量末端装置安装，应设独立支吊架，与风管连接前应做动作试验。

i. 各类排气罩安装宜在设备就位后安装。风帽滴水盘或槽安装应牢固、不得渗漏。凝结水应引流到指定位置。

j. 手动密闭阀安装时阀门上标志的箭头方向应与受冲击波方向一致。

② 风口安装的注意事项如下。

a. 风口安装前应清扫干净，检查其规格、尺寸，应以颈部外径或外边长为准，风口的外表面装饰面应平整，叶片或扩散环的分布应匀称，颜色应一致，无明显的划伤和压痕；调节装置应灵活、可靠，定位后应无明显自由松动。

b. 风口与风管的连接应严密、牢固，与装饰面相紧贴，表面平整不变形。条形风口的安装接缝处应衔接自然，无明显缝隙。在无特殊要求的情况下，露于室内部分应与室内线条平行。各种散流器的风口面应与顶棚平行。

c. 室内同类型风口应对称分布，安装高度应一致，排列应整齐；同一方向的风口，其调节装置应在同一侧。

d. 有调节和转动装置的风口，安装后应保持原来的灵活程度。

③ 罩安装的注意事项如下。

a. 局部排气系统的排气柜、排气罩及连接管等，必须在工艺设备就位并安装好后安装。

b. 安装时各排气部件应固定牢固，调整至横平竖直，外形美观，外壳不应有尖锐的边缘。

c. 安装的位置应不妨碍生产工艺设备的操作。

④ 风帽安装的注意事项如下。

a. 风帽可在室外沿墙绕过檐口伸出屋面，或在室内直接穿过屋面板伸出屋顶。

b. 穿过屋面板安装的风管，必须完好无损，不能有钻孔或其他创伤，以免使用时雨水漏入室内。风管安装好后，应装设防雨罩，防雨罩与接口应紧密，防止漏水。

c. 不连接风管的筒形风帽，可用法兰固定在屋面板上的混凝土或木底座上。当排送湿度较大的空气时，为了避免产生的凝结水滴漏入室内，应在底座下设有滴水盘并有排水装置。

d. 风帽装设高度高出屋面 1.5m 时，应用镀锌铁丝或圆钢拉索固定，防止被风吹倒。拉索不应少于 3 根，拉索可加花篮螺栓拉紧。拉索可在屋面板上预留的拉索座上固定。

⑤ 柔性短管安装的注意事项如下。

a. 柔性短管的安装应松紧适当，不能扭曲。不得用柔性短管当成找平找正的连接管或异径管。

b. 柔性风管作为空调系统的支管与风口连接时，可成一定弯度，不需要施加拉力而舒展。

4. 施工总结

① 防火阀、排烟阀（口）的安装方向、位置应正确。防火分区隔墙两侧的防火阀，距

墙表面不应大于200mm，不小于50mm。

② 风管对接应平直、不扭曲。暗装风管位置应正确，无明显偏差。对含有凝结水或其他液体的风管，坡度应符合设计要求，在最低处设排液装置。

③ 风管、风口安装的允许偏差及检验方法见表10-19。

表10-19　风管、风口安装的允许偏差及检验方法

项目			允许偏差	检验方法
风管	水平度	偏差	3/1000	拉线、液体连通器和尺量检查
		总偏差	20mm	
	垂直度	偏差	2/1000	吊线和尺量检查
		总偏差	20mm	
风口	水平度		3/1000	拉线、液体连通器和尺量检查
	垂直度		2/1000	吊线和尺量检查

六、组合式空调器和新风机组的安装

1. 施工现场图

组合式空调器安装施工现场见图10-21。

2. 注意事项

① 空气处理室安装就位后，应在系统连通前做好外部防护措施，防止受损坏或杂物落入机组内。

② 不得在安装完成后的空调机组上借力搭脚手板、脚手架；在室内装修时，应对其加以覆盖，防止污染机体及内部管道。

图10-21　组合式空调器安装施工现场

③ 空调机组安装就绪后未正式移交使用单位的情况下，空调机房应有专人看管保护，防止损坏、丢失零部件。

3. 施工做法详解

施工工艺流程▶▶▶▶ ··

设备开箱检查→基础验收→设备现场运输→设备就位。

（1）设备开箱检查

① 开箱检查应在甲方、监理、厂家及施工单位有关人员的参加下进行，应做开箱验收记录，如有缺损或与供货合同要求不符的情况出现，应及时要求供货单位进行更换。

② 检查箱号、箱数是否与单据相符以及包装是否完好。

③ 开箱后认真核对设备的名称、型号和规格。设备及其零、部件不得变形、损坏、锈蚀、错乱或丢失。手动盘车，检查叶轮与外壳有无擦碰、摩擦。

④ 核对装箱清单、设备技术文件、资料及专用工具，并妥善保管。

⑤ 如实详细填写现场设备开箱记录，会同各单位签字盖章，作为交接资料和设备的技术档案。

（2）基础验收

① 设备基础表面和地脚螺栓预留孔中的油污、碎石、泥土、积水等均应清除干净；预埋地脚螺栓的螺纹和螺母应保护完好；放置垫铁部位的表面应凿平。

② 设备基础尺寸应符合设计及设备厂方的技术要求，无明确要求时设备基础面应高于机房地平面150～200mm。

（3）**设备现场运输**

① 设备水平运输时尽量使用小拖车，如使用滚杠需采用保护措施，防止设备磕碰。

② 设备垂直运输时，对于裸装设备应在其吊耳或主梁上固定吊绳，带包装的设备根据受力点选好固定位置，将吊绳稳固在外包装上起吊，吊装时应采取措施，保证人员及设备的安全。

（4）**设备就位**

① 设备就位前，应按施工图和有关建筑物的轴线或边缘线及标高线，画定安装的基准线。

② 互相有连接、衔接或排列关系的设备，应画定共同的安装基准线，必要时，应按设备的具体要求，埋设一般的或永久性的中心标板或基准点。

③ 设备找正、调平的定位基准面、线或点确定后，应在给定的测量位置上进行检验；复检时亦不得改变原来测量的位置。

④ 设备找正、调平的测量位置，当设备技术文件无规定时，宜在设备的主要工作面确定。

⑤ 组合式空调机组安装时，应先检查空调器各段体与设计图纸是否相符，各段体内所安装的设备、部件是否完整无损，安装配件是否齐全。

⑥ 分段组装的组合式空调机组安装时，因各段连接部位螺栓孔大小、位置均相同，故需注意段体的排列顺序必须与图纸相符，安装前对各功能段进行编号，各段不得排错位置。空调机组分左式和右式，判断方法为看顺气流方向冷（热）水管路接管检查门的位置所在。

⑦ 空调机组组装时应从设备的一端开始，逐一将各段体抬上基座校正位置后加衬垫，将相邻的两段用螺栓连接严密牢固，每连接一段须将其内部清理干净后方可安装。

⑧ 空调机组与供、回水管的连接应按产品技术说明进行。无说明时，应保证空气与水流的逆流换热，冷热水一般均采用下进上出方式。

⑨ 检查门及门框应平正、牢固，无滴漏，开关灵活；凝结水的引流管（槽）畅通，冷凝水排放管应有水封，与外管路连接应正确。

⑩ 组合式空调机组各功能段之间的连接应严密，连接完毕后无漏风、渗水、凝结水排放不畅或外溢等现象出现。

4. 施工总结

① 组合式空调机组及柜式空调机组的安装应符合下列规定：组合式空调机组各功能段的组装应符合设计规定的顺序和要求；各功能段之间的连接应严密，整体应平直；机组与供回水管连接应正确，机组下部冷凝水排放管的水封高度应符合设计要求；机组应清扫干净，箱体内应无杂物、垃圾和灰尘；机组内空气过滤器和空气热交换器翅片应清洁、完好。

② 金属空气处理室壁板及各段的组装位置正确，表面平整，连接严密、牢固；喷水段的本体及其检查门不得漏水，喷水管和喷嘴的规格、排列应符合设计的规定；表面式换热器的散热面应保持清洁、完好。当用于冷却空气时，在下部应设排水装置，冷凝水的引流管或槽应畅通，冷凝水不外溢；表面式换热器与围护结构间的缝隙以及表面式热交换器之间的缝隙，应封堵严密；换热器与系统供回水管的连接应正确，且严密不漏。

③ 平面位置安装基准线与基础实际轴线或与厂房墙（柱）的实际轴线、边缘线的距离，其允许偏差为±20mm。

④ 设备定位基准的面、线或点对安装基准线的平面位置和标高的允许偏差，应符合表 10-20 的规定。

表 10-20 设备的平面位置

项目	允许偏差/mm		项目	允许偏差/mm	
	平面位置	标高		平面位置	标高
与其他设备无机械联系的	±10	+20 −10	与其他设备有机械联系的	±2	±1

七、通风机的安装工艺标准

1. 施工现场图

离心通风机安装施工现场见图 10-22。

2. 注意事项

① 整体安装的通风机，搬运和吊装的绳索不能捆绑在机壳和轴承盖的吊环上；与机壳边接触的绳索，在棱角处应垫好柔软的材料，防止磨损机壳及绳索被切断。

图 10-22 离心通风机安装施工现场

② 风机搬动时，不应将叶轮和齿轮轴直接放在地上滚动或移动。

③ 通风机的进气管、排气管、阀件、调节装置应设有单独的支撑；各种管路与通风机连接时，法兰面应对中贴平，不应硬拉使设备受力。风机安装后，不应承受其他机件的重量。

3. 施工做法详解

施工工艺流程 ▶▶▶▶▶ ....

基础验收→开箱检查→设备清洗→设备运输→设备安装。

(1) **基础验收**

① 根据设计图纸、产品样本或风机实物对设备基础的外形尺寸、位置、标高及预留孔洞等进行检查，检查是否符合要求。

② 风机安装前应在基础表面铲出麻面，以便二次浇筑的混凝土或水泥砂浆面层与基础紧密结合。

(2) **开箱检查**

① 检查风机是否符合设计要求的型号、规格，其质量证明文件、技术文件是否齐全。

② 检查风机外露部分各加工面及转子是否发生明显的变形或严重锈蚀、碰伤等，如有上述情况应会同有关单位研究处理。进、排气口应有盖板严密遮盖，防止尘土和杂物进入。

③ 风机的叶轮有左旋转和右旋转两种形式，即从电机一端正视，叶轮按顺时针方向旋转的称为右旋转风机，按逆时针旋转的称为左旋转风机。风机的出口位置以机壳的出口角度表示。叶轮旋转方向应符合设备技术文件的规定。

④ 风机安装所使用的减振器等部件应有出厂合格证或质量鉴定文件。

(3) **设备清洗**

① 散装风机安装前，应将轴承、传动部位及调节机构进行拆卸、清洗，装配后使其传动、调节灵活。润滑、密封管路应进行除锈、清洗。

② 风机轴承充填的润滑剂，其黏度应符合设计要求，不应使用变质或含有杂物的润滑剂。

③ 离心通风机的拆卸、清洗时，应将机壳和轴承箱拆开并将转子卸下清洗，但电动机直联传动的风机可不拆卸清洗。

④ 轴流通风机的拆卸、清洗时应检查叶片根部是否损伤，紧固螺母是否松动，立式风机应清洗变速箱、齿轮组或蜗轮蜗杆。

⑤ 罗茨式和叶氏式鼓风机的清洗、拆卸时应清洗润滑系统、齿轮箱及其齿轮，并检查转子和机壳内部。

（4）设备运输

① 大型风机设备搬运应配有起重工，设专人指挥，使用的工具及绳索必须符合安全要求。

② 整体安装的风机，搬运和吊装时的绳索，不得捆缚在转子和机壳或轴承盖的吊环上。

③ 现场组装的风机，绳索的捆缚不得损伤机件表面和转子与齿轮轴两端中心孔、轴瓦的推力面和推力盘的端面，机壳水平中分面的连接螺栓孔、转子轴颈和轴封处均不应作为捆缚部位。

④ 输送特殊介质的风机转子和机壳内涂有保护层，应严加保护，不得损伤。

⑤ 不应将转子和齿轮轴直接放在地上滚动或移动。

（5）设备安装

① 离心通风机的安装要求如下。

a. 整体风机的安装，无减振要求的应直接放置在基础上用成对斜垫铁找平。

b. 现场组装的风机，底座上的切削加工面应妥善保护，不应锈蚀。底座放置在基础上时，应用成对斜垫铁找平。

c. 轴承座与底座应紧密接合，位置正确。

d. 轴瓦研刮前应先将转子轴心线与机壳轴心线校正，同时调整叶轮与进气口间的间隙和主轴与机壳后侧板轴孔间的间隙，使其符合设备技术文件的规定。

e. 主轴和轴瓦组装时，应按设备技术文件的规定进行检查。轴承盖与轴瓦间应保持 $0.03\sim0.04\mathrm{mm}$ 的过盈（测量轴瓦的外径和轴承座的内径）。

f. 机壳组装时，应以转子轴心线为基准找正机壳的位置，并将叶轮进气口与机壳进气口间的轴向和径向间隙调整至设备技术文件规定的范围内，同时检查地脚螺栓是否紧固。其间隙值如设备技术文件无规定时，一般轴向间隙应为叶轮外径的 1%，径向间隙应均匀分布，其数值应为叶轮外径的 $(1.5\sim3)/1000$（外径小者取大值）。调整时力求间隙值小一些，以提高风机效率。

g. 离心通风机找正时，径向位移不应超过 $0.05\mathrm{mm}$，倾斜不应超过 $0.2/1000$。

h. 装配滚动轴承的风机，两轴承架上轴承孔的同轴度，可待转子装好后，以转动灵活为准。

i. 风机的进气管、排气管、阀件调节装置和冷却装置油路系统管路等均应有单独的支撑并与基础或其他建筑物连接牢固；各管路与风机连接时法兰面应对中贴平，不应硬拉和别劲，风机机壳不应承受其他机件的重量，防止机壳变形。管路安装完毕后，应复测风机的同轴度是否符合要求。

j. 风机连接的管路需要切割或焊接时，应在管路与机壳脱开后进行，防止操作时机壳发生热变形。

k. 风机的传动装置外露部分应有护罩；风机的进气口或进气管路直通大气时应加装保护网或其他安全设施。

② 轴流通风机的安装现场见图 10-23。

a. 整体风机的安装应直接放置在基础上，用成对斜垫铁找平。

b. 组装现场组装的风机。

ⅰ. 水平剖分风机应将主体风筒上部和转子拆下，并将主体风筒下部、轴承座和底座等在基础上组装后，用成对斜垫铁找平。

ⅱ. 垂直剖分风机应将进气室安放在基础上，用成对斜垫铁找平，再安装轴承座，且轴承座与底平面应均匀接触，两轴承孔对公共轴线的不同轴度不应超 0.05mm；轴瓦研刮后，将主轴平放在轴瓦上，用划针固定在主轴轴头上，以进气室密封圈为

图 10-23　轴流通风机安装现场

基准测主轴和进气室的不同轴度，其值不应超过 2mm，然后依次装上叶轮、机壳、静子和扩压器。

ⅲ. 立式风机的不水平度不应超过 0.2/1000，用水平仪在轮毂上测量，传动轴与电动机轴的不同轴度，径向位移不应超过 0.2/1000。

ⅳ. 水平剖分和垂直剖分风机的风机轴与电动机轴的不同轴度，径向位移不应超过 0.05mm，倾斜不应超过 0.2/1000；风机的纵向水平度不应超过 0.2/1000，横向水平度不应超过 0.3/1000（电站用轴流引风机按设备技术文件规定），用水平仪分别在主轴和轴承座的水平中分面上测量。

c. 叶片校正时，应按设备技术文件的规定校正各叶片的角度，并锁紧固定叶片的螺母，如需将叶片自轮毂上卸下时，必须按打好的字头对号入座，防止位置错乱破坏转子平衡。如叶片损坏需更换时，在叶片更换后，必须锁紧螺母并符合设备技术文件规定的要求。

d. 主轴和轴瓦组装时，应按设备技术文件的规定进行检查。

e. 叶轮与主体风筒（或机壳）间的间隙应均匀分布，并符合设备技术文件的规定。

f. 主体风筒上部接缝或进气室与机壳、静子之间的连接法兰以及前后风筒和扩压器的连接法兰均应对中贴平，接合严密。前、后风箱和扩压器等应与基础连接牢固，其重量不得加在主体风筒（或进气室）上，防止机体变形。

g. 带减振装置的减振器的布点应合理，减振器的压缩量应基本一致。

③ 离心鼓风机（图 10-24）安装要求如下。

a. 离心鼓风机找平时，应符合下列要求。

图 10-24　离心鼓风机

ⅰ. 直联风机找平时，纵向用水平仪在轴上测量，水平度不应超过 0.03/1000；横向用水平仪在机壳中分面上测量，水平度不应超过 0.1/1000。

ⅱ. 有增速器的风机找平时，纵向用水平仪在轴颈上测量，水平度不应超过 0.02/1000；横向用水平仪在下机壳的水平中分面上测量，水平度不应超过 0.1/1000；整个风机的找正一般均以增速器为基准进行。

b. 底座或整体风机安装时符合下列要求。

ⅰ. 按风机的大小选用成对斜垫铁，对转速超过 3000r/min 的风机，各块垫铁之间、垫铁与基础、底座之

间的接触面积均不应小于接合面的 70％，局部间隙不应大于 0.05mm。

ⅱ. 每组垫铁选配后应成组放好，并做出标记，防止错乱。

ⅲ. 底座如为数块组成者，应按设备技术文件的规定核对机壳和轴承座等地脚螺栓的位置是否相符。

ⅳ. 底座上导向键（水平平键或垂直平键）与机体间的间隙应均匀。

c. 轴承座和下机壳装在底座上时，应符合下列要求。

ⅰ. 轴承座与下机壳为整体的风机，应将机体的下半部装在底座上，同时以轴承孔为基准找平（有增速器的风机一般以增速器为基准进行上述工作）。

ⅱ. 轴承座与下机壳不是一体的风机，轴承座应先装在底座上，同时以轴承孔为基准找平，校正下机壳与主轴轴心线的不同轴度（有增速器的风机，一般以增速器为基准进行上述工作）。

ⅲ. 有导向键的轴承座或下机壳上的锚爪与底座相连接的螺栓应正确固定，螺栓与螺孔的间隙和螺母与机座的间隙应符合设备技术文件的规定，无规定时，螺母与机座的间隙一般可以为 0.03～0.06mm。

ⅳ. 轴承座与底座间，或下机壳的锚爪、轴承座与底座间应紧密贴合，未拧紧螺栓前用塞尺检查其局部间隙，对转速不高于 3000r/min 的风机不大于 0.05mm，高于 3000r/min 的风机不应大于 0.04mm。

d. 增速器底面与底座应紧密贴合，未拧紧螺栓前用塞尺检查其局部间隙不应大于 0.04mm。

e. 轴瓦与轴颈的接触弧面、顶间隙、侧间隙均应符合设备技术文件的规定。如某项指标不符合，允许进行修、刮，但修、刮轴瓦时，应注意校正转子与机壳密封装置的不同轴度，并使转子与密封装置间的间隙符合设备技术文件的规定。

f. 上、下机壳的接合面应紧密，未拧紧螺栓前，局部间隙允许值应符合设备技术文件的规定。

g. 增速器组装时，轴瓦的各部间隙（顶隙、侧隙等）、接触弧面和单位面积内的触点数，应符合设备技术文件的规定，必要时应进行刮研，齿轮组轴间的中心距、平行度、齿侧间隙和接触点应符合设备技术文件的规定。

h. 所有上瓦背与轴承盖（或压盖）的过盈值以及下瓦背和轴承孔的接触面占比均应符合设备技术文件的规定（过盈值一般为 0.03～0.07mm，接触面占比一般不应小于 75％）。

i. 电动机、汽轮机、燃气轮机与增速器、鼓风机、压缩机连接时，其同轴度应符合设备技术文件的规定。

4. 施工总结

① 风机安装的允许偏差应符合表 10-21 的规定，叶轮转子与机壳的组装位置应正确；叶轮进风口插入风机机壳进风口或密封圈的深度应符合设备技术文件的规定，或为叶轮外径值的 1/100。

表 10-21　风机安装的允许偏差

项目	允许偏差/mm	检验方法
中心线的平面位移	10	经纬仪或拉线和尺量检查
标高	±10	水准仪或水平仪、直尺、拉线和尺量检查
皮带轮轮宽中心平面偏移	1	在主、从动皮带轮端面拉线和尺量检查

项目		允许偏差/mm	检验方法
传动轴水平度		纵向 0.2/1000 横向 0.3/1000	在轴或皮带轮 0°和 180°的两个位置上,用水平仪检查
联轴器	两轴芯径向位移	0.05mm	在联轴器互相垂直的四个位置上,用百分表检查
	两轴线倾斜	0.2/1000	

② 现场组装的轴流风机叶片安装角度应一致,达到在同一平面内运转,叶轮与筒体之间的间隙应均匀,水平度允许偏差为 1/1000。

③ 安装隔振器的地面应平整,各组隔振器承受荷载的压缩量应均匀,高度误差应小于 2mm。

④ 安装风机的隔振钢支、吊架,其结构形式和外形尺寸应符合设计或设备技术文件的规定;焊接应牢固,焊缝应饱满、均匀。

八、风机盘管与诱导器的安装

1. 施工现场图

风机盘管安装施工现场见图 10-25。

2. 注意事项

① 冬季施工时,在环境温度低于 5℃的条件下,风机盘管等末端设备水压试验后必须将水排放干净,以防冻坏设备。

② 风机盘管、诱导器安装施工要随运随装,与其他工种交叉作业时要注意成品保护,防止碰坏。

扫码观看视频

风机盘管与诱导器安装

图 10-25 风机盘管安装施工现场

③ 立式安装风机盘管,安装完后要配合好土建安装保护罩。

④ 土建装饰面前应采用防护措施,保护已安装好的设备,保证清洁。

3. 施工做法详解

施工工艺流程 ▷▷▷▷▷ ....

安装准备→设备开箱检查→设备单项试压及风机盘管机组三速试运转→吊架安装→机组稳装→配管连接→检验。

（1）安装准备

① 风机盘管和诱导器等运至现场后要妥善保管,安装时要随运随装,与其他工种交叉作业时要注意成品保护,防止碰坏。

② 土建施工时即搞好配合,按设计位置预留孔洞。待土建施工完毕后再检查安装的位置尺寸是否符合设计要求。

③ 风机盘管、诱导器等应随装随运,与其他工种交叉作业时要注意成品保护,防止碰坏。

（2）设备开箱检查

① 开箱检验应检查每台电机壳体及表面交换器有无损伤、锈蚀等缺陷。

② 风机盘管与诱导器应有装箱单、设备说明书、产品质量合格证书与产品性能检测报告等随机文件,进口设备还应具有商检合格的证明文件。风机盘管、诱导器设备的结构形式、安装形式、出口方向、进水位置应符合设计安装要求。设备安装所使用的主要材料和辅助材料规格、型号应符合设计规定,并具有出厂合格证。

③ 诱导器有立式和卧式两种。卧式（水平悬吊式）挂于顶棚下；立式（窗台式）装于窗台下。按诱导风能否进行局部处理分为简易诱导器和冷热诱导器两类。诱导器安装前须逐台进行质量检查。

a. 各连接部位不能松动、变形和产生破裂等现象。

b. 喷嘴不能脱落和堵塞。静压箱封头处的缝隙密封材料，不能有裂痕和脱落。

c. 一次风量调节阀必须灵活可靠，并调到全开位置，以便安装后的系统调试。

（3）设备单项试压及风机盘管机组三速试运转

① 机组设备应与电气专业配合进行三速运行测试。

② 风机盘管和诱导器应进行水压试验，试验压力为工作压力的 1.5 倍，在 2min 内不渗不漏为合格。

（4）吊架安装

① 卧式风机盘管和诱导器应设置独立的支、吊架固定。其安装的高度、位置应正确，且固定牢固，吊杆不应摆动，并应便于拆卸和维修。吊杆与托盘相连应用双螺母紧固、找平整，冷凝水托盘应有一点坡度坡向冷凝管口。

② 有减振要求的应采取有效可靠的减振措施。

（5）机组稳装

① 吊装应平直牢固、位置正确。

② 立式风机盘管安装应牢固，位置及高度应正确。立式暗装风机盘管，安装后要配合好土建安装保护罩。屋面喷浆前要采取防护措施，保护已安装好的设备，保持清洁。

扫码观看视频

机组安装

③ 暗装的卧式风机盘管及诱导器在吊顶处应留有活动的检查门，便于风机能整体拆卸和维修。

（6）配管连接

① 风管、回风箱及风口与风机盘管风机连接应严密、牢固。

② 诱导器水管接头方向和回风面朝向应符合设计要求，立式双面回风诱导器，应将靠墙一面留出 50mm 的空间，以利回风；卧式双回风诱导器，要保证靠楼一面留有足够的空间。

③ 诱导器出风口和回风口的百叶格栅，其有效通风面积不应小于 80%。

（7）检验

① 安装完毕应对设备、配管等进行检验。

② 机组安装稳定、坡度合理，各类仪表、阀部件安装齐全，凝结水的引流管（槽）畅通，连接完毕后无漏风、渗水、凝结水排放不畅或外溢等现象出现。

③ 安装完毕后，机组应清理干净，箱体内应无杂物。

4. 施工总结

① 风机盘管安装前应逐台进行单机三速试运转及水压试验，其机械部分不得摩擦，电气部分不得漏电，风机盘管和诱导器应逐台进行水压试验，试验压力为工作压力的 1.5 倍，在 2min 内不漏为合格。

② 机组应设独立支、吊架，安装的位置、高度及坡度应正确，固定牢固。

③ 机组与风管、回风箱或风口的连接应严密可靠。

第二节 ▶ 空调系统安装

一、空调水系统管道安装

1. 施工现场图

管道支、吊架施工现场见图 10-26。

图 10-26 管道支、吊架施工现场

2. 注意事项

① 管道预制加工、防腐、安装、试压等工序应紧密衔接，如施工有间断，应及时将敞开的管口封闭，以免进入杂物堵塞管道。

② 吊装重物不得利用已安装好的管道作为吊点，也不得在管道上放脚手板踩蹬。

③ 安装用的管洞修补工作，必须在面层粉饰之前全部完成。粉饰工作结束后，墙、地面建筑成品不得破坏。

④ 粉饰工程期间，必要时应设专人监护已安装完的管道、阀部件、仪表等。防止其他施工工序插入时破坏成品。

3. 施工做法详解

施工工艺流程

预制加工→支、吊架安装→空调水系统管道安装。

（1）预制加工

① 按设计图纸画出管道分路、管径、变径、预留管口、阀门位置等施工草图。在实际安装的结构位置做上标记，按标记分段量出实际安装的准确尺寸，记录在施工草图上。

② 按草图测得的尺寸断管，使用专用工具垂直切割管材，切口应平滑，无毛刺。

③ 清洁管材与管件的连接部件，避免砂粒、灰尘等损害接头的质量。

④ 管道连接：管道连接形式应符合设计要求。如设计无要求，管道连接形式可按如下要求选用：

a. 镀锌钢管管径≤100mm 的应采用螺纹连接，管径＞100mm 的镀锌钢管应采用法兰或卡套式专用管件连接（沟槽式连接），镀锌层破坏处采用防腐处理或二次镀锌；

b. 碳素钢管管径≤32mm 宜采用螺纹连接，管径＞32mm 宜采用焊接或法兰连接；

c. 给水钢塑复合管道管径≤100mm 时可采用螺纹连接，管径＞100mm 时采用法兰或沟槽连接；

d. 其他复合管道及塑料管道采用热熔连接、机械锁紧式连接、粘接连接、插接连接。

⑤ 螺纹连接要求如下。

a. 管道螺纹使用套丝机或套丝板加工；螺纹连接的管道，螺纹应清洁、规整，断丝或缺丝不大于螺纹全扣数的 10%。

b. 连接牢固；接口处根部外露螺纹为 2～3 扣，无外露填料；采用生料带或铅油麻丝作填料，管道连接后应将螺纹外的填料清除干净。

c. 镀锌管道的镀锌层应注意保护，对局部的破损处应做防腐处理。

⑥ 焊接连接要求如下。

a. 管径、壁厚相同的管子或管件对口时，内壁应齐平；对口的平直度为1%，全长不大于10mm。

b. 管道的固定焊口应远离设备，且不宜与设备接口中心线相重合。管道对接焊缝与支、吊架的距离应大于50mm。

⑦ 法兰连接要求如下。

a. 管道与法兰焊接要双面满焊，法兰面应与管道中心线垂直，并同心。焊接时管道插入法兰深度以法兰厚度的一半为宜，以便进行内口焊接，内口焊缝不允许超出法兰平面。

b. 法兰对接应平行，其偏差不应大于其外径的1.5/1000，且不得大于2mm。法兰的密封面应平整、光洁，不得有毛刺或径向凹槽。

c. 法兰连接螺栓的规格及长度应一致，螺母在同侧，均匀拧紧，螺栓紧固后凸出螺母平面长度应为螺栓直径的1/2。

⑧ 沟槽连接要求如下。

a. 检查加工好的钢管端部应平整光滑，无裂纹、凸起、压痕及毛边。管端到凹槽之间管道要光滑，如有松散的油漆、铁屑、污物、碎片和铁锈等杂质必须除去。沟槽加工深度应符合表10-22规定，不符合的应作为废品，不得使用。

表10-22 沟槽式连接管道的沟槽深度及允许偏差

公称直径/mm	沟槽深度/mm	允许偏差/mm	端面垂直度允许偏差/mm
65～100	2.2	0～+0.3	1.0
125～150	2.2	0～+0.3	
200	2.5	0～+0.3	
225～250	2.5	0～+0.3	1.5
300	3.0	0～+0.5	

b. 沟槽式连接的管道，其沟槽与橡胶密封圈和卡箍套必须为配套合格产品。检查密封圈是否变形。

c. 把密封圈套在钢管末端，并保证密封圈边缘不超出管道末端。

d. 把两管和管件对接在一条直线上，两端对接，然后移动密封圈，使之到两沟槽间的中心位置，不能盖住或挡住沟槽，密封圈不应偏向任何一边。安装过程中要使用润滑剂或肥皂水均匀涂在垫圈边缘及外侧。

e. 把管箍合在密封圈上并确保接头边缘在沟槽内。

f. 插上螺栓，然后套上螺母，均匀地拧紧两边螺母，使接头两端口紧密结合在一起。

⑨ 钢塑复合管道的安装，当系统工作压力不大于1.0MPa时，可采用涂（衬）塑焊接钢管螺纹连接；当系统工作压力为1.0～2.5MPa时，可采用涂（衬）塑无缝钢管法兰连接或沟槽式连接，管道配件均为无缝钢管涂（衬）塑管件。

（2）支、吊架安装

① 支、吊架的安装应平整牢固，与管道接触紧密。管道与设备连接处，应设独立支、吊架。

② 冷（热）媒水、冷却水系统管道机房内总、干管的支、吊架，应采用承重防晃管架；与设备连接的管道管架宜有减振措施。当水平支管的管架采用单杆吊架时，应在管道起始点、阀门、三通、弯头及长度每隔15m设置承重防晃支、吊架。

③ 无热位移的管道吊架，其吊杆应垂直安装；有热位移的，其吊杆应向热膨胀（或冷收缩）的反方向偏移安装，偏移量按计算确定。

④ 滑动支架的滑动面应清洁、平整，其安装位置应从支承面中心向位移反方向偏移1/2

位移值或符合设计文件规定。

⑤ 竖井内的立管，每隔 2～3 层应设导向支架。

在建筑结构负重允许的情况下，水平安装金属管道支、吊架的间距应符合表 10-23 的规定；采用聚乙烯（PEX）等管道时，管道与金属支、吊架之间应有隔绝措施，不可直接接触。当为热水管道时，还应加宽其接触的面积。支、吊架的间距应符合设计和产品技术要求的规定。非金属应参照建筑给排水及采暖工程工艺标准相关内容执行。

表 10-23　水平安装金属管道支、吊架的间距

公称直径/mm	支架的最大间距/mm		公称直径/mm	支架的最大间距/mm	
	保温管道	不保温管道		保温管道	不保温管道
15	1.5	2.5	80	5.0	6.5
20	2.0	3.0	100	5.0	6.5
25	2.5	3.5	125	5.5	7.5
32	2.5	4.0	150	6.5	7.5
40	3.0	4.5	200	7.5	9.0
50	3.5	5.0	250	8.5	9.5
70	4.0	6.0	300	9.5	10.5

注：对于大于 300mm 的管道可参考 300mm 管道。

⑥ 沟槽式连接的管道，其沟槽与橡胶密封圈和卡箍套必须为配套合格产品。支、吊架不得支承在连接头上，水平管的任意两个接头之间必须有支、吊架，支、吊架间距必须符合表 10-24 的规定。

表 10-24　沟槽式连接管道支、吊架的间距

公称直径/mm	支吊架的间距/m	端面垂直度允许偏差/mm
65～100	3.5	1.0
125～150	4.2	
200	4.2	
225～250	5.0	1.5
300	5.0	

⑦ 固定在建筑结构上的管道支、吊架，不得影响结构的安全。

(3) 空调水系统管道安装

① 吊顶、管井内以及保温管道安装完毕后，按照施工图对安装好的管道坐标、标高及预留管口尺寸进行自检，确认准确无误后做水压试验。

② 试验合格后，排净管道中积水并封堵各管口。对需要隐蔽管道进行隐检，并填写隐蔽工程验收记录，办理隐蔽工程验收手续。隐蔽验收合格后，配合土建填堵孔、洞，装饰装修。

③ 安装在吊顶内的盘管风机等末端设备安装完毕，连接好管道、控制装置等，经检查确认无误后，进行隐蔽工程检查验收，并办理验收手续。

4. 施工总结

① 管道弯制弯管的弯曲半径，热弯不应小于管道外径的 3.5 倍、冷弯不应小于 4 倍；焊接弯管不应小于 1.5 倍；冲压弯管不应小于 1 倍。弯管的最大外径与最小外径的差不应大于管道外径的 8%，管壁减薄率不应大于 15%。复合管、塑料管、镀锌钢管等不得采用热煨弯。

② 冷凝水排水管坡度应符合设计文件的规定。当设计无规定时，其坡度宜大于或等于 8/1000；软管连接的长度不宜大于 150mm。

③ 风机盘管机组及其他空调设备与管道的连接，宜采用弹性接管或软接管（金属或非金属软管），其耐压值应大于等于 1.5 倍的工作压力。软管的连接应牢固，不应有强扭和瘪管。

④ 管道穿越墙体或楼板处应设钢制套管，管道接口不得置于套管内，钢制套管应与墙体饰面或楼板底部平齐，上部应高出楼层地面 20～50mm，并不得将套管作为管道支撑。保温管道与套管四周间隙应使用不燃绝热材料填塞紧密。

⑤ 管道安装的坐标、标高和纵、横向的弯曲度应符合表 10-25 的规定。在吊顶内等暗装管道的位置应正确，无明显偏差。

表 10-25　管道安装的允许偏差和检验方法

项目			允许偏差/mm		检查方法
			合格	行业标准	
坐标	架空及地沟	室外	25	20	按系统检查管道的起点、终点、分支点和变向点及各点之间的直管用经纬仪、水准仪、液体连通器、水平仪、拉线和尺量检查
		室内	15	12	
	埋地		60	55	
标高	架空及地沟	室外	±20	±15	
		室内	±15	±12	
	埋地		±25	±20	
水平管道平直度	DN≤100mm		0.002L，最大 40	0.002L，最大 35	用直尺、拉线和尺量检查
	DN>100mm		0.002L，最大 60	0.002L，最大 55	
立管垂直度			0.005L，最大 25	0.004L，最大 20	用直尺、线锤、拉线和尺量检查
成排管段间距			15	12	用直尺尺量检查
成排管段或成排阀门在同一平面上			3	2	用直尺、拉线和尺量检查

注：L 为管道长度。

图 10-27　空调制冷管道安装施工现场

二、空调制冷管道的安装

1. 施工现场图

空调制冷管道安装施工现场见图 10-27。

2. 注意事项

① 管道预制加工、防腐、安装、试压等工序应紧密衔接，如施工有间断，应及时将敞开的管口封闭，以免进入杂物堵塞管道。

② 吊装重物不得利用已安装好的管道作为吊点，也不得在管道上放脚手板蹬踩。

③ 管洞的修补工作，必须在面层粉饰之前全部完成。粉饰工作结束后，墙、地面建筑成品不得破坏。

3. 施工做法详解

 施工工艺流程

施工准备→管道支、吊架安装→管道及附件安装→阀门、安全阀安装→仪表安装→施工试验及验收→系统充注制冷剂。

(1) 施工准备

① 认真熟悉图纸、技术资料，搞清工艺流程、施工程序及技术质量要求；编制施工方案、进行施工技术交底。

② 按施工图所示的管道位置、标高测量放线，找出支吊架预埋件。

③ 制冷系统的阀门，进场后应按设计要求对型号、规格、性能及技术参数进行核对检查。

④ 制冷剂和润滑油系统的管道、管件应将内外壁铁锈及污物清除干净，除完锈应将管口封闭，并保持内外壁干燥。

（2）**管道支、吊架安装**

① 按照设计规定的形式、标高、坡度及坡向，预制加工管道支吊架。需绝热的管道、支架与管道接触处应垫以绝热衬垫或用经防腐处理的木垫隔开，其厚度应与绝热层厚度相同。

② 支、吊架的间距应符合设计及设备技术文件要求，当设计无规定时应符合表 10-26 的规定。

表 10-26　制冷管道支吊架间距

直径/mm	支、吊架最大间距/m	直径/mm	支、吊架最大间距/m
$\phi 38 \times 2.5$	1.0	$\phi 108 \times 4$	3.0
$\phi 45 \times 2.5$	1.5	$\phi 133 \times 4$	3.0
$\phi 57 \times 3.5$	2.0	$\phi 159 \times 4.5$	4.0
$\phi 76 \times 3.5$	2.5	$\phi 219 \times 6$	5.0
$\phi 89 \times 3.5$	2.5	$\phi 377 \times 7$	6.5

（3）**管道及附件安装**

① 制冷系统的液体管道安装不应有局部向上凸起的弯曲，以免形成气囊。气体管道安装不应有局部向下凹的弯曲，以免形成液囊。

② 从液体干管引出支管，应从干管底部或侧面接出；从气体干管引出支管，应从干管上部或侧面接出。

③ 管道成三通连接时，应将支管按制冷剂流向弯成弧形再进行焊接，当支管与干管直径相同且管道内径小于 50mm 时，则需在干管的连接部位换上大一号管径的管段，再按以上规定进行焊接。

④ 不同管径的管道直线焊接时，应采用同心异径管。

⑤ 紫铜管的连接宜采用承插口焊接，或套管式焊接；承口的扩口深度不应小于管径，扩口方向应迎介质流向。铜管的连接及安装详见《铜管道安装工艺标准》。

⑥ 紫铜管切口表面应平齐，不得有毛刺、凹凸等缺陷。切口平面允许倾斜偏差为管子直径的 1%。

⑦ 紫铜管煨弯可用热弯或冷弯，椭圆率不应大于 8%。

（4）**阀门、安全阀安装**

① 阀门安装位置、方向、高度应符合设计要求，不得反装。

② 安装带手柄的手动截止阀，手柄不得向下。电磁阀、调节阀、热力膨胀阀、升降式止回阀等，均应向上竖直安装。

③ 热力膨胀阀的感温包，应装于蒸发器末端的回气管上，应接触良好，绑扎紧密，并用隔热材料密封包扎，其厚度与管道绝热层相同。

④ 安全阀安装前，应检查铅封情况、出厂合格证书和定压测试报告，不得随意拆启；安全阀与设备之间若设关断阀门，在运转中必须处于全开位置，并予铅封。

（5）**仪表安装**

① 所有测量仪表按设计要求均采用专用产品，并应有合格证书和有效的检测报告。压力测量仪表须用标准压力表进行校正，温度测量仪表须用标准温度计校正并做好记录。

② 所有仪表应安装在光线良好、便于观察、不妨碍操作检修的地方。

③ 压力继电器和温度继电器应装在不受振动的地方。

（6）施工试验及验收

① 系统吹污要点如下。

a. 整个制冷系统是一个密封、清洁的系统，系统内不得有任何杂物，管道安装后必须采用洁净干燥的空气对整个系统进行吹污，将残存在系统内部的铁屑、焊渣、泥砂等杂物吹净。

b. 吹污前应选择在系统的最低点设排污口，采用压力 0.6MPa 的干燥压缩空气或氮气进行吹扫；如系统较长，可采用几个排污口进行分段排污。连续反复多次进行后用浅色布检查 5min，无污物时为合格。系统吹扫干净后，应将系统中阀门的阀芯拆下清洗干净。

② 系统气密性试验方法如下。

a. 系统内污物吹净后，应对整个系统（包括设备、阀件）进行气密性试验。

b. 制冷剂为氨的系统，采用压缩空气进行试验。制冷剂为氟利昂的系统，采用瓶装压缩氮气进行试验。对于较大的制冷系统也可采用经干燥处理后的压缩空气充入系统进行试验。

c. 用肥皂水对系统所有焊口及阀门、法兰等连接部件进行仔细涂抹检漏。试验过程中如发现泄漏要做好标记，必须在泄压后进行检修，不得带压修补。

d. 系统气密性试验压力见表 10-27。

表 10-27　系统气密性试验压力（绝对压力）

系统压力	低压系统/MPa	高压系统/MPa	系统压力	低压系统/MPa	高压系统/MPa
R717、R502	1.8	2.0	R12、R134a	1.2	1.6
R22	1.8	2.5	R11、R123	0.3	0.3

注：在低压系统中，指自节流阀起，经蒸发器到压缩机吸入口的试验压力。
在高压系统中，指自压缩机排出口起，经冷凝器到节流阀止的试验压力。

e. 在试验压力下保持 24h：前 6h 压力下降不大于 0.03MPa；后 18h 除去因环境温度变化而引起的变化外，压力无变化为合格。

③ 系统真空试验要求如下。

a. 真空试验的剩余压力，氨系统不应高于 8kPa，氟利昂系统不应高于 5.3kPa，保持 24h，氨系统以压力无变化为合格，氟利昂系统压力回升不大于 0.53kPa 为合格。

b. 溴化锂吸收式制冷系统的气密性试验和真空试验应符合设备技术文件规定。

（7）系统充注制冷剂

① 制冷系统充注制冷剂时，应将装有质量合格的制冷剂钢瓶在磅秤上称好重量，做好记录，用连接管与机组注液阀接通，利用系统内的真空度使制冷剂注入系统。

② 当氨系统加压力至 0.1～0.2MPa 时，用酚酞试纸对系统再次进行检漏。氟利昂系统加压力至 0.2～0.3MPa 时，用卤素喷灯或卤素检漏仪检漏。查明泄漏后应予以修复，无渗漏时再按技术文件规定继续充注制冷剂。充注时应防止吸入空气和杂质，严禁用高于 40℃ 的温水或其他方法对钢瓶加热。

③ 当系统压力与钢瓶压力相同时，即可启动压缩机，加快充入速度，直至符合设备技术文件规定的制冷剂重量。

4. 施工总结

① 制冷机与附属设备之间制冷剂管道的连接，其坡度与坡向应符合设计及设备技术文件要求。当设计无规定时，应符合表 10-28 的规定。

表 10-28　制冷剂管道坡度、坡向

管道名称	坡向	坡度
压缩机吸气水平管（氟）	压缩机	≥10/1000
压缩机吸气水平管（氨）	蒸发器	≥3/1000
压缩机排气水平管	油分离器	≥10/1000
冷凝器水平供液管	贮液器	(1~3)/1000
油分离器至冷凝器水平管	油分离器	(3~5)/1000

② 燃气系统管道与机组的连接不得使用非金属软管。燃气管道的吹扫和压力试验应为压缩空气或氮气，严禁用水。当燃气供气管道压力大于 0.05MPa 时，焊缝的无损检测的执行标准应按设计规定。当设计无规定且采用超声波探伤时，应全数检测，以质量不低于Ⅱ级为合格。

③ 采用承插钎焊焊接连接的铜管，其承口的扩口深度应符合表 10-29 的规定，承插的扩口方向应迎介质流向。当采用套接钎焊焊接连接时，其插接深度应不小于承插连接的规定。采用对接焊缝组对的管道内壁应齐平，错边量不大于壁厚的 10%，且不大于 1mm。

表 10-29　承插式焊接的铜管承口的扩口深度

铜管规格	承插口的扩口深度/mm	铜管规格	承插口的扩口深度/mm
≤DN15	9~12	DN40	21~24
DN20	12~15	DN50	24~26
DN25	15~18	DN65	26~30
DN32	17~20		

④ 制冷系统的吹扫排污应采用压力为 0.6MPa 的干燥压缩空气或氮气，以浅色布检查 5min，无污物为合格。系统吹扫干净后，应将系统中阀门的阀芯拆下清洗干净。

三、空调水系统设备安装及配管

1. 施工现场图
空调冷却塔安装施工现场见图 10-28。

2. 注意事项
① 当设备房间地面做好后，在进行设备水平运输时应将地面清扫干净，垫好木板等防止损坏地面，如果采用滚杠且滚杠直接与地面接触时，滚杠两头应圆滑无凸出物，防止损坏地面。如果搭设架子时架子脚应采取防护措施，以免对地面造成损坏。

② 设备在楼板上运输时必须了解该楼板的承载能力，承载能力不足时必须取得土建施工单位或设计的配合，采取有效的保护措施。

图 10-28　空调冷却塔安装施工现场

③ 在进行设备及管道安装时，不得损坏或污染门、窗、基础以及完成施工的装饰面。

④ 设备安装完毕，应对设备、阀门、仪表等采取覆盖塑料布等防护措施，不得将架子搭设在设备或管道上，以防止设备或管道被污染或损坏。

⑤ 设备安装完毕，土建对设备基础进行修饰时应派专人配合，不得污染、抹死、损伤减振器。

3. 施工做法详解

施工工艺流程 ▶▶▶▶
设备基础施工、验收→水箱安装→水泵安装→冷却塔安装→制冷设备安装→其他辅助设备安装→配管。

（1）设备基础施工、验收

① 根据设备用房平面图和基础图放安装基准线，如有多台设备时应一次放出基准线。主要设备必须预留出检修通道；距墙、顶及设备之间应有合理的检修间距。

② 设备基础必须按实际到场的设备尺寸以及设备基础图尺寸要求进行施工，设备基础的高度除应符合设备稳装的要求外，还应根据连接设备的进出水管道的标高、附属装置的使用要求来确定。

③ 设备就位前应对设备基础进行预检，合格后方可进行安装。基础混凝土强度、坐标、标高、尺寸和螺栓孔位置必须符合设计或厂家技术要求，表面平整、外观质量较好，不得有蜂窝、麻面、裂纹、孔洞、露筋等缺陷。水箱、罐等静置设备的支架或底座安装，其尺寸及位置应符合设计或厂家技术要求，埋设平整牢固。

④ 采用基础减振的应把地面清理干净，按设计要求放置减振器，把基础吊装平稳搁置在减振器上，减振器压缩量应一致并找直找正。

⑤ 在设备基础上画上设备的纵横基础线，做出安装位置的记号。成排设备的中心线应在同一条直线上。

（2）水箱安装

① 水箱基础表面应用水平尺找平。

② 成品整体水箱可用人工抬到基础上或架设三脚架用捯链吊装到基础上就位，放置受力均匀。现场组装的应按照水箱尺寸下好料运至安装场地，从箱底开始进行安装。装配式（组合式）安装时箱底四周及箱底标准块之间的连接缝要坐落在支座上。

③ 水箱与基础接触紧密，安装位置正确，平稳端正。水箱安装的过程中四个立面必须用吊线找正，并用水平尺找平。

（3）水泵安装

① 水泵吊装：水泵整机可用人抬或架设三脚架用捯链吊装的方式在基础上就位。吊装时将地脚螺栓穿入底座螺栓孔内，带上螺母并留出减振器的量，使水泵随底座一起就位在基础上。

② 水泵找正：用撬棍调整底座位置，直到和基础上画定的纵横中心线相吻合；在底座的四个角下方放上斜垫铁，用以进行水平度的调整；把水平尺放在水泵底座的加工面上，从纵横两个方向上检查水泵是否水平，水平度不能满足要求时，在底座下轻轻打入斜垫铁找平。

③ 水泵与电动机同心度的调测：从电动机吊装环中心和泵壳中心拉线，如完全落于泵轴的中心位置，则同心度粗测合格；用钢板尺检测联轴器径向间隙，用塞尺检测轴向间距。当轴向、径向间隙检测合格，则同心度良好。如同心度不好时应当进行调整。松动电动机或水泵与底座的紧固螺栓，微动调节，调整后再拧紧紧固螺栓。

④ 设备固定：预埋有预埋铁的，垫好垫铁、焊接牢固并把地脚螺栓焊接在预埋铁板上。预留了螺栓洞的应用水或皮风箱将基础上全部地脚螺栓埋设孔内的杂物清出；填满比基础混凝土强度大一号的细石混凝土并捣实。使得地脚螺栓最终与基础连为一体。

⑤ 采用非基础减振形式的，卸下螺母，抬起水泵，在水泵底座下垫上减振器，放稳水泵地脚螺栓，加上平光垫片、弹簧垫片，拧紧螺母。减振器压缩量应一致，不应有明显扭曲、变形；采用基础减振形式的先卸下螺母，再加上平光垫、弹簧垫拧紧螺母。水泵整装完毕，宜再次检测水泵水平度与同心度。

（4）冷却塔安装

① 冷却塔（图10-29）的型号、规格、技术参数必须符合设计要求。对含有易燃材料冷却塔的安装，必须严格执行施工防火安全的规定。

② 基础标高应符合设计的规定，允许误差为±20mm。冷却塔地脚螺栓与预埋件的连接或固定应牢固，各连接部件应采用热镀锌或不锈钢螺栓，其紧固力应一致、均匀。

③ 冷却塔安装应水平，单台冷却塔安装水平度和垂直度允许偏差均为2/1000。同一冷却水系统的多台冷却塔安装时，各台冷却塔的水面高度应一致，高差不应大于30mm。

图10-29　冷却塔

④ 冷却塔的出水口及喷嘴的方向和位置应正确，积水盘应严密无渗漏；分水器布水均匀。带转动布水器的冷却塔，其转动部分应灵活，喷水出口按设计或产品要求，方向应一致。

⑤ 冷却塔风机叶片端部与塔体四周的径向间隙应均匀。对于可调整角度的叶片，角度应一致。

（5）制冷设备安装

① 制冷设备的搬运和吊装要点如下。

a. 吊运前应核对设备重量，吊运装置应安全可靠，吊运捆扎应稳固，主要承力点应高于设备重心。

b. 安装前需要搬运的设备，应用衬垫将设备垫妥，防止损伤及变形。

c. 吊装具有公共底座的机组，其受力点不得使机组底座产生扭曲和变形。

d. 吊索的转折处与设备接触部位，应采用软质材料衬垫。

e. 整体出厂的设备搬运和吊装时，绳索不得捆缚在转子和机壳上盖或轴承上盖的吊耳上。

f. 解体出厂的设备绳索的捆缚不得损伤机件表面；转子和齿轮的轴颈、测振部位均不应作为捆缚部位；转子和机壳的吊装应保持水平。

g. 当输送特殊介质的风机转子和机壳内涂有保护层时，应妥善保护，不得损伤。

h. 转子和齿轮不应直接放在地上滚动或移动。

② 设备安装要求如下。

a. 设备安装的位置、标高和管口方向必须符合设计要求。当设计无要求时应按表10-30执行。

表10-30　设备安装允许偏差

项目	允许偏差/mm
平面位移	10
标高	±10

b. 整体安装的制冷机组，其机身纵、横向水平度的允许偏差为1/1000，并应符合设备技术文件的规定。

c. 制冷附属设备安装的水平度或垂直度允许偏差为1/1000，并应符合设备技术文件的规定。

d. 用地脚螺栓固定的制冷设备或制冷附属设备，其垫铁的放置位置应正确、接触紧密；螺栓必须拧紧，并有防松动措施。

e. 采用隔振措施的制冷设备或制冷附属设备，其隔振器安装位置应正确；各个隔振器的压缩量应均匀一致，偏差不应大于2mm。

f. 设置弹簧隔振的制冷机组，应设有防止机组运行时水平位移的定位装置。

（6）其他辅助设备安装

① 辅助设备基础表面平正，并应用水平尺找平。未设有基础的应设置单独的固定支架，平正牢固，无倾斜。

② 可用人抬或架设三脚架用捯链吊装到基础（支架）上就位，放置受力均匀。

③ 与基础接触紧密，安装位置正确，平稳端正。安装的过程中应用吊线找正、找平。地脚螺栓配备齐全，均加设平光垫和弹簧垫并拧紧螺母。

（7）配管

① 管道选用的管材及连接方式与各自所属系统一致，要求详见各系统管道的安装。设备上的控制阀、安全阀、压力表、泄水管、水位指示器等的安装设计无要求时，应符合产品使用说明书的要求。对于气压罐均应设置安全阀。

② 水箱配管安装要点如下。

a. 给水箱配备的管道一般有：进水管、出水管、溢水管、排污（泄水）管和信号管等。

b. 膨胀水箱配备的管道一般有：膨胀管、溢水管、循环管和排污（泄水）管等。

c. 生活水箱的进水口应高于溢流水位，其最小空气间隙不小于配水出水管径的2.5倍。

d. 水箱溢水管管径应比其进水管管径大2号；水箱溢流管和泄放管应设置在排水地点附近，但不得与排水管、沟、集水坑直接连接，应有不小于100mm的空气隔断。溢流管末端应设置防虫网罩。

e. 水箱液位计下方应设置带冲洗的角阀。

f. 生活给水系统设置有水箱（池）时，生活给水系统总供水管上应设置消毒措施。

③ 水泵吸入和排出管路的安装要求如下。

a. 吸入和排出管路的直径不应小于泵入口和出口的直径；当采用变径时，变径管的长度不应小于大小管径差的5～7倍。

b. 出水管上应加设柔性连接管、压力表。当两台及以上水泵并联时，出水管上应安装止回阀。安装压力表时应加设缓冲装置并应设置在减振区域外，压力表位于软接头与止回阀之间；压力表和缓冲装置之间应安装旋塞；压力表量程应为工作压力1.5～2.5倍。

c. 吸水管上的控制阀应在水泵固定于基础之上之后再进行安装。吸水管上应加设柔性连接管。

d. 吸入管路应非常严密，宜短且宜减少弯头。

④ 设备配管支架安装：所有与设备连接的管道均应设置独立、牢固的固定支架，且应靠近管道与设备接口，有减振要求的设备应设置在减振区域外；水平管道、垂直管道的支架安装应与各自系统相同，管道转向处应适当加强，必要部位应设置固定支架。

4. 施工总结

① 敞口水箱的满水试验和密闭水箱（罐）的水压试验必须符合设计的规定，设计无要求时满水试验静置24h观察，不渗不漏；水压试验在试验压力下10min压力不降，不渗不漏。

② 热交换器应以工作压力的1.5倍作为水压试验。蒸汽部分应不低于蒸汽供汽压力加0.3MPa；热水部分应不低于0.4MPa。试验压力下10min内压力不降，不渗不漏。

③ 水箱溢流管和泄放管应设置在排水地点附近，但不得与排水管直接连接。水箱给水进水口应高于溢水口2.5倍进水管管径。溢流管管口距排水水面不小于100mm，管口防虫

网设置应严密、美观。

④ 压力表必须安装在便于观察和吹洗的位置，并防止受高温、冰冻和振动的影响，同时要有足够的照明。压力表必须设存水弯管。存水弯管采用钢管煨制时，内径不应小于10mm；采用铜管煨制时，内径不应小于6mm。压力表与存水弯管之间应安装三通旋塞。旋塞要求无污染，朝向统一，工作压力的标识明确。温度计与压力表在同一管道上安装时，应在压力表下游处按介质流动方向安装，如温度计需在压力表的上游安装时，其间距不应小于300mm。

⑤ 设备安装的允许偏差和检验方法应符合表10-31的规定。

表 10-31　设备安装的允许偏差和检验方法

项目			允许偏差/mm		检验方法
			合格	行业标准	
静置设备	坐标		15	12	经纬仪或拉线、尺量
	标高		±5	±4	用水准仪、拉线和尺量检查
	垂直度（每米）		5	4	吊线和尺量检查
离心式	立式泵体垂直度（每米）		0.1	—	水平尺和塞尺检查
	卧式泵体水平度（每米）		0.1	—	水平尺和塞尺检查
	联轴器同心度	轴向倾斜（每米）	0.8	0.6	在联轴器互相垂直的四个位置上用水准仪、百分表或测微螺钉和塞尺检查
		径向位移	0.1	—	

四、风管与部件防腐、绝热保温施工

1. 示意图和施工现场图

风管保温材料下料示意和风管保温施工现场分别见图10-30和图10-31。

2. 注意事项

① 保温材料现场堆放一定要有防水措施，尽可能存放于库房中或用防水材料遮盖并与地面架空。镀锌铁丝、玻璃丝布、保温钉及保温胶等材料应放在库房内保管。

图 10-30　风管保温材料下料示意

图 10-31　风管保温施工现场

② 保温用料应合理使用，尽量节约用材，收工时未用尽的材料应及时带回保管或堆放在不影响施工的地方，防止丢失和损坏。

③ 保温必须在不再有下道工序损坏保温层的前提下方可进行。施工时应严格遵循先里后外的原则，操作人员不得踩踏、挤压保温层，以免保温层受到损伤。

④ 如有特殊情况需拆下保温层进行管道处理或其他工种在施工中损坏保温层时，应及时按原要求进行修复。

3. 施工做法详解

施工工艺流程 »»»»» ....

领料→下料→保温层（绝热层）施工→覆盖防潮层或保护壳。

（1）领料

① 根据被保温的风管规格、尺寸，合理规划、安排板材（卷材）的规格以及下料尺寸排布，要求接缝尽量少，产生的边角废料少。

② 将保温材料运至施工地点，排放整齐，并按照施工进度取用。

（2）下料

① 保温材料下料要准确，切割面要平齐。

② 对于圆形风管，板材剪切切线应为平行于轴线的平滑直线。对于矩形风管，在裁料时要使水平、垂直面搭接处以短面两头顶在大面上。

③ 管件及附件部分的保温层应按照其形状及大小进行放样，试包裹无间隙后方可按照放样进行保温材料的裁剪。

（3）保温层（绝热层）施工

① 风管绝热层采用保温钉连接固定，方法如下。

a. 黏结保温钉前要将风管壁上的尘土、油污擦净，将黏结剂分别涂抹在管壁和保温钉的黏结面上，稍后再将其粘上。

b. 矩形风管及设备保温钉密度应均布，底面每平方米不少于16个，侧面每平方米不少于10个，顶面每平方米不少于6个。保温钉粘上后应待12～24h后再铺覆保温材料。

② 风管绝热层采用黏结方法固定，方法如下。

a. 将风管壁上以及保温材料表面、接缝端面上的尘土、油污擦净。

b. 将黏结剂分别均匀地涂抹在管壁和保温黏结面上，应短时间搁置一下后往风管上覆盖保温层，但不得长期搁置以免黏结剂失去黏结效果。

③ 铺覆保温材料的方法如下。

a. 将裁好的保温材料覆盖在管道或附件上，并均匀用力地按向保温面，使得保温材料与被保温物体面接触严密无空隙。接缝应严密、无缝隙，必要时还应在接缝端面上均匀涂抹黏结剂，两边高度应一致。圆形风管接缝应平行于管轴，矩形风管接缝应平行于风管边角。

b. 保温材料铺覆应使纵、横缝错开，如图10-32所示。小块保温材料应尽量铺覆在不易看见的部位，常为风管或附件的上面。

c. 内保温。保温材料如采用岩棉类，铺覆后应在法兰处保温材料断面上涂抹固定胶，防止纤维被吹起。岩棉内表面应涂有固定化涂层。

d. 聚苯板类外保温。聚苯板铺好后，在四角放上铁皮短包角，然后用薄钢带作箍，用打包钳卡紧，钢带箍每隔500mm打一道，如图10-33所示。

图10-32　保温材料铺覆

图10-33　聚苯板类外保温包角

e. 岩棉类外保温。岩棉板保温材料每块之间的搭头采取图 10-34 的做法。对明管保温后应在四角加上长条铁皮包角，用玻璃丝布缠紧。

（4）覆盖防潮层或保护壳

① 缠裹防潮材料的方法如下。

a. 选择或裁剪成长度、宽度适宜的缠裹材料，材料的边缘应平直、光滑。常用的缠裹材料有玻璃丝布、防火塑料布等。

b. 检查保温层已安装完毕，并且合格后，将缠裹材料起始头固定在既定缠裹的起点处，按照确定的搭接宽度，均匀用力往保温材料上进行缠裹，缠裹方向应按照逆时针方向进行，搭接宽度应一致，不得出现颜色差别较大的部位；甩头要用卡子卡牢或用胶粘牢。应按图 10-35 的缠裹方式操作。

图 10-34　岩棉板保温材料的搭头做法　　　　图 10-35　风管缠裹示意

c. 采用玻璃丝布时应注意把光边搭接在毛边上，若采用不封边的玻璃丝布作保护壳时，要将毛边折叠，不得外露。

d. 缠裹完毕、检查合格后，外表面应按要求刷两道防火漆等进行防火处理及管道标识。

② 覆盖金属保护壳的方法如下。

a. 依照保温层外表面的尺寸、形状裁剪金属皮，注意留出搭接余量。管道附件及管件部位必须根据不同的形状、大小单独下料。按照不同搭接要求对裁剪好的金属皮进行咬口处理。

b. 按照指定的规格在确定的保温层覆盖金属保护壳，接口应朝向管道的里侧，并与已经安装好的进行接口。接口要牢固且纵缝搭口应朝下（顺水搭接），搭接长度，环形宜为 30mm。

c. 外壳间的搭接处采取拉铆固定，应严密，但不得破坏防潮层。

d. 对于有防潮、防水要求的地方应在接缝处进行打胶处理。打胶应严密无遗漏。

③ 当用橡塑保温以及带铝箔层的保温层时，可以不再设置防潮层或保护层。

④ 室外明露部分宜在绝缘层外加上一层镀锌钢板或铝皮保护层。

4. 施工总结

① 电加热器前后 800mm 的风管绝热层；穿越防火隔墙两侧 2m 范围内风管绝热层。必须使用不燃绝热材料。

② 输送介质温度低于周围空气露点温度的管道，当采用非闭孔性绝热材料时，隔气层（防潮层）必须完整，且封闭良好。

③ 绝热材料层应密实，无裂缝、空隙等缺陷。表面应平整，允许偏差为 5mm。防潮层（包括绝热层的端部）应完整，且封闭良好；其搭接缝应顺水。

④ 当采用玻璃纤维布作为绝热保护层时，搭接的宽度应均匀，宜为 30～50mm，且松紧适度。

第一节 ▶ 施工准备

一、架空线路的器材及验收

1. 施工示意图和施工现场图

直线杆示意和实例分别见图 11-1 和图 11-2。

图 11-1 直线杆示意

图 11-2 直线杆实例

2. 注意事项

① 杆的地下装置为基础。混凝土杆的基础主要包括卡盘、底盘以及拉线盘等，均为水泥制件。

② 接地装置主要包括避雷器、避雷线以及接地引线和接地极等。

③ 架空线路工程使用的器材，必须符合国家或有关部委的现行标准及具备出厂的质量证明，对导线、电杆、绝缘子、金具应有生产制造许可证的复印件。若无出厂质量证明或资料不全者，必须按有关规定进行检验，其中绝缘子和电瓷件无论是否有证件，安装前均必须进行耐压试验。

3. 施工做法详解

工艺流程 ▶▶▶▶▶
电杆安装→导线安装→绝缘子安装→金具安装。

（1）电杆安装

① 电杆的杆型及用途如下。

电杆埋设在地上用来支持和架设导线，并且承载导线、绝缘子、横担和各种金具的重量，常年日晒雨淋，承受风力作用，有时还要承担导线的拉力。根据其所处不同位置和起到的作用，电杆主要包括直线杆、耐张杆、转角杆、终端杆、跨越杆、换位杆、分支杆等，杆型是由电压等级、档距、地形、导线、气候条件综合决定的。

a. 直线杆：直线杆用于线路直线段的途径中，只承受导线的自重和风压、覆冰荷重的电杆即为直线杆。其结构和组装比较简单，直线杆有单杆和双杆。单杆上导线排列包括三角形、上字形，双杆多为水平排列；直线杆一般不设拉线，只有在线路很长时，才分段设置与线路方向垂直的人字形拉线，称为防风拉线。

b. 耐张杆：耐张杆又称为承力杆，通常指直线段的耐张杆或线路方向与导线方向夹角小于5°的转角杆。耐张杆的荷重基本与直线杆相同，导线的张力在线路的两侧是互相抵消的，只有在事故发生时才承受未断线方向的拉力。设置耐张杆的目的主要是为了将线路分段，控制事故的范围，便于安装检修。所以，耐张杆必须在杆的两侧设置拉线。

c. 转角杆（图11-3）：转角杆设在需要改变送电线路方向的地方，转角杆也属于耐张杆。为了平衡由于转角而产生的内角侧的合力，应在转角反方向增设拉线，并且加强杆的机械强度。

d. 终端杆：位于线路进、出线两端的第一基杆称为终端杆。终端杆一侧承受导线拉力，另一侧由拉线的拉力平衡。由于终端杆承受的拉力很大，杆和金具都必须加强，所以，终端杆通常采用双杆、双横担或采用三根单杆，一杆一相。

e. 跨越杆：架空线路的途径中若与通信线路、其他电力线路、公路、铁路、河流等交叉架设时，

图11-3　转角杆结构示意

位于跨越处两端的第一基杆即为跨越杆，跨越杆必须符合规程规定的跨越要求。跨越杆的高度比直线杆高，通常要设置拉线并且加强杆的机械强度。

f. 换位杆：由于导线在杆上的排列不同，一般会使得导线相与相之间的距离也不尽相同，所以每相导线的感应阻抗、电压降也不同。为了使各相感抗、容抗相等，减小相邻平行电力线的相互影响，就需要换位，即从某基杆起，三相中的任意两相对调位置。规程规定，中性点直接接地的电网中，长度超过100km的线路，导线均应换位。

g. 接户杆或进户杆：高压线路的终端杆即为接户杆或进户杆，其用途是把电源引出或引入杆塔。对于低压线路，线路中的任一基杆都可能成为进户杆，这是随用户决定的。

② 电杆的技术规格如下。

电杆按照材质分为木电杆、金属电杆和钢筋混凝土电杆。木电杆已较少使用，金属电杆主要用于35kV以上架空线路，应用最为广泛的是钢筋混凝土杆；在跨度较大、线路较高的架空线路段，常采用分段混凝土杆，并且在现场焊接成所需要的高度。

钢筋混凝土杆横截面形状包括方形和环形两种，通常多用环形截面电杆。环形电杆又分为锥形杆（拔梢杆）和等径杆，锥形杆使用最多。与钢筋混凝土杆配套使用的附件包括卡盘和底盘。

（2）**导线安装**　导线选择原则如下。

架空线路导线通常采用铝绞线，型号为LJ；当高压线路档距较长或交叉档距较长时采

用钢芯铝绞线，型号为 LGJ；在沿海地区由于有盐雾或化学腐蚀性气体的存在，应采用防腐铝绞线、钢绞线或其他措施。低压线路常用导线为铝绞线，架空导线常用镀锌钢绞线，型号为 GJ；只是在有特殊要求时才使用铜绞线，型号为 TJ。

铝绞线是由铝线绞制而成，由于机械强度不高，常用于受力不大、档距较小的一般配电架空线路。钢芯铝绞线内部有单线或多根钢线绞合制成的加强钢芯，机械强度高，可用于各种输配电架空线路。

10kV 及以下架空线路导线截面面积通常按计算负荷、允许电压损失以及机械强度确定。当采用电压损失校核导线截面面积时应满足以下条件。

① 高压线路，自供电变电所二次侧出口至线路末端变压器或末端受电变电所一次侧入口的允许电压损失，为供电变电所二次额定电压的 5%。

② 低压线路，配电变压器二次侧出口至线路末端（不包括接线户）的允许电压损失，通常为额定配电电压的 4%。

当确定高、低压导线截面面积时，除根据负荷条件外，尚应与地区配电网的发展规划相结合，在选择导线截面面积时要有一定的发展空间。

中性线截面面积选择不当，可能产生断线烧毁用电设备的事故。中性线截面面积过小，遇到大风时，容易造成断线、混线事故，烧毁电器。由于近年来民用电器增多，用电量增长，对中性线截面面积与相线截面面积的配合提出了新的规定，以利于线路的安全运行。单相制的中性线截面面积与相线截面面积相同。

（3）**绝缘子安装**　绝缘子是用来支持导体并使其绝缘的器件。架空线路绝缘子按其使用电压等级可以分为高压绝缘子和低压绝缘子；按结构用途可以分为高压线路刚性绝缘子、高压线路悬式绝缘子和低压线路绝缘子。

① 高压线路刚性绝缘子的介绍如下。

高压线路刚性绝缘子包括针式绝缘子、蝶式绝缘子和瓷横担绝缘子。高压针式绝缘子用于 6~35kV 高压架空输配电线路。针式绝缘子由瓷件和安装铁脚组成，瓷件表面有一层棕色或白色的硬质瓷釉，以提高绝缘子的机械和电气强度。铁脚一般用碳素钢锻制而成，表面有防锈蚀的热镀锌层。6~15kV 的绝缘子为单层瓷件，与铁脚装成一个整体，铁脚分为直脚和弯脚两种。直脚端部为公制标准螺纹，供螺母固定；弯脚端部为木螺纹，以便拧在木质电杆上。20kV、35kV 的绝缘自主绝缘体由两层瓷件胶合而成，下瓷件内孔还胶有螺套以便与铁脚旋合。铁脚为可拆卸式，通常为双头螺纹。导线安装时，用金属丝将导线绑扎在顶槽或侧槽内即可。

高压线路蝶式绝缘子一般用于架空输配电线路终端，也可以与线路悬式绝缘子配合，作为线路金具中的一个元件简化金具结构。蝶式绝缘子是具有两个或多个伞裙、近似圆柱形的绝缘子。导线绑扎在中部，由于上下有足够大的伞裙，可以使中部导线与两端绝缘。瓷件中央为通孔，可以穿过螺栓进行安装连接。高压蝶式绝缘子的中部是承受机电作用的重要部位，由于它有效利用了瓷件抗压强度高的特点，所以，具有较高的抗机械破坏强度。

高压线路瓷横担用于架空输配电线路中支持导线和绝缘，可以代替目前大量使用的针式和悬式绝缘子，并且省去电杆横担。瓷横担绝缘子较针式、悬式绝缘子具有以下优点：

a. 节约木材、金属，有效利用杆塔高度，降低线路造价；

b. 实心结构不易击穿，绝缘水平较高，运行安全可靠；

c. 瓷件表面易于自洁，有较高的耐雷击性能；

d. 在线路断线时能自行转动，不致因一处断线而扩大事故。

高压线路瓷横担绝缘子由实心瓷件和金属附件组成，包括全瓷式、胶装式、单臂式和 V 形等结构形式，瓷件表面设有伞棱，以增大泄漏距离和提高电气性能。全瓷式瓷横担与电杆连接的一端有安装孔，供螺栓紧固连接。胶装式瓷横担的金属附件上有安装孔和起稳定作用的小孔。稳定孔的作用是当线路断线时，导线的不平衡张力将稳定螺钉剪断，使安装螺栓得以自由转动，以保证瓷横担的安全，防止事故扩大。

瓷横担顶端设有线槽，瓷横担与导线通常采用绑扎法连接。瓷横担表面一般涂白釉，若有特殊要求也可涂棕釉。

② 高压线路悬式绝缘子的形式如下。

高压线路悬式绝缘子包括高压线路盘形悬式绝缘子、耐污盘形悬式绝缘子、盘形悬式玻璃绝缘子、耐污盘形悬式玻璃绝缘子、瓷拉棒绝缘子、高压架空线路绝缘地线用盘形悬式绝缘子和架空电力线路用拉紧绝缘子。盘形悬式绝缘子常用于 35kV 及以上线路，供悬挂或张紧导线，并且使其与杆塔绝缘。悬式绝缘子机电强度高，通过不同的串组就能适应各种电压等级，适合各种强度需要，所以目前应用最为广泛。

高压线路盘形悬式绝缘子由一个盘状或钟状的绝缘瓷件、铁帽、铁脚和销子等零件组成。铁帽采用可锻铸铁、铁脚采用碳素钢、销子采用有弹性的金属材料制成。这些金属附件表面都经过热镀锌处理以防锈蚀。绝缘子瓷件通常上有白釉或棕釉，绝缘子的连接结构包括球窝连接和槽形连接两种。为了保证绝缘子串的锁接，对球窝连接还配有锁紧销，对槽形连接则配有圆柱销与驼背形开口销。球窝连接没有方向性，挠性大，可转动，并且装卸方便，有利于带电作业，通常多采用这种连接方式。槽形连接金属结构简单，一般用于配电线路中。

架空电力线路拉紧绝缘子适用于架空电力线路和通信线路终端拐角或大跨距电杆上，平衡电杆所受拉力，作为拉紧或张紧导线使用。架空电力线路用拉紧绝缘子结构形式包括蛋形、U 形槽不带孔结构，四角柱体带孔结构和八角柱体带孔结构四种。

③ 低压线路绝缘子的介绍如下。

常用低压线路绝缘子包括低压线路针式绝缘子、低压线路蝶式绝缘子、低压线路线轴式绝缘子、电车线路用绝缘子和低压线路瓷横担绝缘子。低压线路针式绝缘子用于工频交流或直流 1kV 以下的低压架空电力线路，用来绝缘和固定导线。低压蝶式和线轴式绝缘子作工频交流或直流 1kV 以下架空线路终端、耐张杆和转角杆上作绝缘和固定导线之用。低压线路针式绝缘子由瓷件和铁脚装配而成。瓷件表面涂有白色瓷釉，金属附件表面镀锌处理。铁脚的形式包括木担直脚、铁担直脚和弯脚三种。常用低压线路绝缘子结构如图 11-4 所示。

(a) 铁担直脚针式绝缘子　　(b) 弯脚针式绝缘子　　(c) 针式绝缘子瓷件　　(d) 低压蝶式绝缘子

图 11-4　常用低压线路绝缘子结构

（4）金具安装

金具是架空线路用于连接、固定和支撑的镀锌铁件的总称。金具是与导线和绝缘子配套的器材，选用时必须结合三者综合考虑。常用金具主要包括以下几类。

① 连接金具主要包括悬垂线夹、释放线夹、耐张线夹、平行挂板和曲形挂板等。

② 固定金具主要包括抱箍、穿钉、抱铁和叉梁等。

③ 支撑金具主要包括横担、支撑、斜撑和拉板等。

④ 接续金具主要用于连接导线，包括铝钳接管、钢压接管和并沟线夹等。

⑤ 保护金具包括防振锤、防护条、均压环和补修条等。

⑥ 拉线金具包括用于拉线的楔形线夹、UT 线夹、拉线 U 形环、花篮螺钉等。

4. 施工总结

架空电力线路使用的线材，架设前应进行外观检查，且应符合下列规定。

① 不应有松股、交叉、折叠、断裂及破损等缺陷。

② 不应有严重腐蚀现象。

③ 钢绞线、镀锌铁线表面镀锌层应良好，无锈蚀。

④ 绝缘线表面应平整、光滑、色泽均匀、无破损绝缘层，厚度应符合规定。绝缘线的绝缘层应包裹挤压紧密，且易剥离，绝缘线端部应有密封措施。

二、施工前期的准备工作

1. 示意图和施工现场图

常用绝缘子结构示意和电线杆安装施工现场分别见图 11-5 和图 11-6。

图 11-5　常用绝缘子结构示意

图 11-6　电线杆安装施工现场

2. 注意事项

架空电力线路施工前，必须选择合理的路径、确定电杆的位置。必须要做好技术准备和现场勘察，然后才能进行具体的电杆定位工作。

3. 施工做法详解

首先要熟悉国家和当地的有关技术规定、标准等。设计图样上的路径选择只能作为参考，在现场还要进一步核对工程设计施工图中电杆和拉线的方位，与地下现有的管道、电缆等方位是否冲突，特别是交叉路口及弯道处。只有到现场实地勘测后，路径才能最后确定。

现场勘查内容如下。将要施工的架空线路区域内，是否有需要跨越交叉的高、低压线路，路灯线路和电信线路，铁路、道路等设施。若有障碍，应首先考虑适当调整杆位、线路，避开和减少矛盾，若还不能解决问题，应确定该线路的高度以及防护措施，并且应在立杆前或放线前与有关单位联系，办理好停电等手续，这样可不变更线路原有的设计。

在线路基本确定的基础上，还要进一步勘查电杆杆位以及拉线盘附近是否存在与工程有冲突的地下设施。若和个别杆位有冲突，可通过调整杆间距离来解决。若与杆位冲突较多，影响较大，则必须改变线路的方位和走向。10kV及以下架空线路杆塔埋地部分，与地下工程设施（不包括电缆线路）间的水平净距不宜小于1m。

在线路基本确定后，要根据现场的实际需要进行电杆的定位。供电点和用电点之间，要尽量走近路，两点间路径越接近直线越好，线路要尽量减少转角，更不能迂回曲折。电杆定位的同时，要确定好立杆方向，以便在挖电杆坑时确定杆坑马道的方向，便于立杆。

4. 施工总结

① 架空电力线路工程施工前必须根据设计提供的线路平面图、断面图对标定的线路中心桩位进行复核，最终确定电杆位置。若误差值超过施工规范规定，应通知设计人员查明原因，予以纠正。

② 中心桩位置确定后，应按中心桩标定必要的辅助桩作为施工及工程质量检查的依据。

a. 直线单杆：顺线路方向，在中心桩（主桩）前后3m处各设一辅助桩（副桩）。

b. 直线双杆：顺线路方向，在中心桩前后3～5m处各设一辅助桩，垂直于线路方向，在中心桩左右大约5m处再各设一辅助桩。

c. 转角杆：除在中心桩前后各设一辅助桩外，并在转角点的夹角平分线上内外侧各设一辅助桩。

第二节 ▶ 线路及设备安装

一、立杆及杆身调整

1. 施工现场图

立杆施工现场见图11-7。

2. 注意事项

① 电杆组立位置应正确，桩身应垂直。允许偏差：直线杆横向位移不大于50m，杆梢偏移不大于杆梢直径的1/2，转角杆紧线后不向内角倾斜，向外角倾斜不大于1个杆梢直径。

图11-7 立杆施工现场

② 直线杆单横担应装于受电侧，终端杆、转角杆的单横担装于拉线侧，允许偏差：横担的上下歪斜和左右扭斜，从横担端部测量均不大于20mm。

3. 施工做法详解

（1）**汽车起重机立杆** 该方法适用范围广、安全、效率高，有条件的地方应尽量采用。

① 立杆时，先将汽车起重机开到距坑道适当位置加以稳固，然后在电杆（从根部量起）1/3～1/2处系一根起吊钢丝绳，再在杆顶向下500mm处临时系三根调整绳。

② 起吊时，坑边站两人负责电杆根部进坑，另由三人各拉一根调整绳，以坑为中心，站位呈三角形，由一人负责指挥。

③ 当杆顶吊离地面500mm时，对各处绑扎的绳扣进行一次安全检查，确认无问题后再

继续起吊。

④ 电杆竖立后，调整电杆位于线路中心线上，偏差不超过 50mm，然后逐层（300mm 厚）填土夯实。填土应高于地面 300mm，以备沉降。

（2）**人字抱杆立杆**　人字抱杆立杆是一种简易的立杆方式，它主要依靠装在人字抱杆顶部的滑轮组，通过钢丝绳穿绕杆脚上的转向滑轮，引向绞磨或手摇卷扬机来吊立电杆。人字抱杆立杆示意见图 11-8。以立 10kV 线路电杆为例，所用的起吊工具主要包括人字抱杆 1 副（杆高约为电杆高度的 1/2）；承载 3t 的滑轮组一副，承载 3t 的转向滑轮一个；绞磨或手摇卷扬机一台；起

图 11-8　人字抱杆立杆示意

吊用钢丝绳（φ10）45m；固定人字抱杆用牵引钢丝绳两条（φ6），长度为电杆高度的 1.5～2 倍；锚固用的钢钎 3～4 根。

（3）**三脚架立杆**　三脚架立杆也是一种较简易的立杆方式，它主要依靠装在三脚架上的小型卷扬机、上下两只滑轮以及牵引钢丝绳等吊立电杆。立杆时，首先将电杆移到电杆坑边，立好三脚架，做好防止三脚架根部活动和下陷的措施，然后在电杆梢部系三根拉绳，以控制杆身。在电杆杆身 1/2 处，系一根短的起吊钢丝绳，套在滑轮吊钩上。用手摇卷扬机起吊时，当杆梢离地 500mm 时，对绳扣做一次安全检查，确认无问题后，方可继续起吊。将电杆竖起落于杆坑中，即可调正杆身，填土夯实。

（4）**倒落式人字抱杆立杆**　采用倒落式人字抱杆立杆的工具主要包括人字抱杆、滑轮、卷扬机（或绞磨）以及钢丝绳等。但是，对于 7～9m 长的轻型钢筋混凝土电杆，可以不用卷扬机，而采用人工牵引。

① 立杆前，先将制动用钢丝绳一端系在电杆根部，另一端在制动桩上绕 3～4 圈，再将起吊钢丝绳一端系在抱杆顶部的铁帽上，另一端绑在电杆长度的 2/3 处。

在电杆顶部接上临时调整绳三根，按三个角分开控制。总牵引绳的方向要与制动桩、坑中心、抱杆铁帽处于同一直线上。

② 起吊时，抱杆和电杆同时竖起，负责制动绳和调整绳的人要配合好，加强控制。

③ 当电杆起立至适当位置时，缓慢松动制动绳，使电杆根部逐渐进入坑内，但是杆根应在抱杆失效前接触坑底。当杆根快要触及坑底时，应控制其正好处于立杆的正确位置上。

④ 在整个立杆过程中，左右侧拉线要均衡施力，以保证杆身稳定。

⑤ 当杆身立至与地面成 70°位置时，反侧临时拉线要适当拉紧，以防电杆倾倒。当杆身立至 80°时，立杆速度应放慢，并且用反侧拉线与卷扬机配合，使杆身调整到正直。

⑥ 最后用填土将基础填妥、夯实，拆卸立杆工具。

（5）**架腿立杆**　架腿立杆又称撑式立杆，它是利用撑杆来竖立电杆的。该方法使用的工具比较简单，但是劳动强度大。当立杆少，又缺乏立杆机具的情况下，可以采用，但是只能竖立木杆和 9m 以下的混凝土电杆。采用这种方法立杆时，应先将杆根移至坑边，对正马道，坑壁竖一块木滑板，电杆梢部系三根拉绳，以控制杆身，防止在起立过程中倾倒，然后将电杆梢抬起，到适当高度时用撑杆交替进行，向坑心移动，电杆即逐渐抬起。

（6）**电杆调整要求**　调整杆位，通常可用杠子拨，或用杠杆与绳索联合吊起杆根，使其移至规定位置。调整杆面，可用转杆器弯钩卡住，推动手柄使杆旋转。

① 站在相邻未立杆的杆坑线路方向上的辅助标桩处（或其延长线上），面对线路向已立杆方向观测电杆，或通过垂球观测电杆，指挥调正杆身，或使与已立正直的电杆重合。

② 若为转角杆，观测人站在与线路垂直方向或转角等分角线的垂直线（转角杆）的杆坑中心辅助桩延长线上，通过垂球观测电杆，指挥调正杆身，此时横担轴向应正对观测方向。

4. 施工总结

① 直线杆的横向位移不应小于 50mm；电杆的倾斜不应使杆梢的位移大于半个杆梢。

② 转角杆应向外角预偏，紧线后不应向内角倾斜，向外角的倾斜不应使杆梢位移大于一个杆梢。转角杆的横向位移不应大于 50mm。

③ 终端杆立好后应向拉线侧预偏，紧线后不应向拉线反方向倾斜，向拉线侧倾斜不应使杆梢位移大于一个杆梢。

④ 双杆立好后应正直，双杆中心与中心桩之间的横向位移偏差不得超过 50mm；两杆高低偏差不得超过 20mm；迈步不得超过 30mm；根开不应超过±30mm。

二、拉线制作与安装

1. 示意图和施工现场图

拉线结构示意和拉线加固施工现场分别见图 11-9 和图 11-10。

图 11-9　拉线结构示意

图 11-10　拉线加固施工现场

2. 注意事项

采用拉桩杆拉线的安装应符合下列规定。

① 拉杆桩埋设深度不应小于杆长的 1/6。

② 拉杆桩应向张力反方向倾斜 15°～20°。

③ 拉杆坠线与拉桩杆夹角不应小于 30°。

④ 拉桩坠线上端固定点的位置距拉桩杆顶应为 0.25m，距地面不应小于 4.5m。

3. 施工做法详解

工艺流程 ▶▶▶▶ ....

伸线→束合→拉线安装。

电杆拉线的制作方法包括束合法和绞合法两种。由于绞合法存在绞合不好会产生各股受力不均的缺陷，目前常采用束合法，其制作方法如下。

（1）**伸线**　将成捆的铁线放开拉伸，使其挺直，以便束合。伸线方法，可使用两只紧线钳将铁线两端夹住，分别固定在柱上，用紧线钳收紧，使铁线伸直。也可以采用人工拉伸，将铁线的两端固定在支柱或大树上，由 2～3 人手握住铁线中部，每人同时用力拉数次，使铁线充分伸直。

（2）**束合** 将拉直的铁线按照需要股数合在一起，另用 $\phi 1.6～1.8$ 镀锌铁线在适当处压住一端拉紧缠扎 3～4 圈，而后将两端头拧在一起成为拉线节，形成束合线。拉线节在距地面 2m 以内的部分间隔 600mm；在距地面 2m 以上部分间隔 1.2m。

（3）**拉线安装**

① 拉线把的缠绕。拉线把包括自缠法和另缠法两种缠绕方法，其具体操作如下。

a. 自缠法。缠绕时先将拉线折弯嵌进三角圈（心形环），折转部分和本线合并，临时用钢绳卡头夹牢，折转一股，其余各股散开紧贴在本线上，然后将折转的一股，用钳子在合并部分紧紧缠绕 10 圈，余留 20mm 长并在线束内，多余部分剪掉。第一股缠完后接着再缠第二股，用同样方法缠绕 10 圈，依此类推。由第 3 股起每次缠绕圈数依次递减一圈，直至缠绕 6 次为止。每次缠绕也可按下法进行：即每次取一股，换另一股将它压在下面，然后折面留出 10mm，将余线剪掉。9 股及以上拉线，每次可用两根一起缠绕。每次的余线至少要留出 30mm 压在下面，余留部分剪齐折回 180°紧压在缠绕层外。若股数较少，缠绕不到 6 次即可终止。

b. 另缠法。先将拉线折弯处嵌入心形环，折回的拉线部分和本线合并，颈部用钢丝绳卡头临时夹紧，然后用一根 $\phi 3.2$ 镀锌铁线作为绑线，一端和拉线束并在一起作衬线，另一端缠绕至 150mm 处，绑线两端用钳子自相扭绕 3 转成麻花线，剪去多余线段，同时将拉线折回三股留 20mm 长，紧压在绑线层上。第二次用同样方法缠绕，至 150mm 处又折回拉线二股，依此类推，缠绕三次为止。若为 3～5 股拉线，绑线缠绕 400mm 后，即将所有拉线端折回，留 200mm 长紧压在绑线层上，绑线两端自相扭绞成麻花线。

c. 拉线的安装需要注意以下几个方面的问题。

ⅰ. 拉线与电杆之间的夹角不宜小于 45°；当受地形限制时，可适当小些，但是不应小于 30°。

ⅱ. 终端杆的拉线以及耐张杆承力拉线应与线路方向对正，分角拉线应与线路分角线方向对正，防风拉线应与线路方向垂直。

ⅲ. 采用绑扎固定的拉线安装时，拉线两端应设置心形环。

ⅳ. 当一根电杆上装设多股拉线时，拉线不应有过松、过紧、受力不均匀等现象。

ⅴ. 埋设拉线盘的拉线坑应有滑坡（马道），回填土应有防沉土台，拉线棒与拉线盘的连接应使用双螺母。

ⅵ. 居民区、厂矿内，混凝土电杆的拉线从导线之间穿过时，应装设拉线绝缘子。在断线情况下，拉线绝缘子距地面不应小于 2.5m。

ⅶ. 合股组成的镀锌铁线用作拉线时，股数不应少于三股，其单股直径不应小于 4.0mm，绞合均匀，受力相等，不应出现抽筋现象。合股组成的镀锌铁线拉线采用自身缠绕固定时，宜采用直径不小于 3.2mm 镀锌铁线绑扎固定。绑扎应整齐紧密，其缠绕长度为：三股线不应小于 80mm，五股线不应小于 150mm，花缠不应小于 250mm，上端不应小于 100mm。

ⅷ. 钢绞线拉线可采用直径不小于 3.2mm 的镀锌铁线绑扎固定。绑扎应整齐、紧密，缠绕长度不能小于表 11-1 所列数值。

表 11-1　最小缠绕长度

钢绞线截面 /mm²	最小缠绕长度/mm					
	上段	中段有绝缘子 的两端	与拉棒连接处			
			下端	花缠	上端	
25	200	200	150	250	80	
35	250	250	200	250	80	
50	300	300	250	250	80	

ⅸ. 拉线在地面上下各 300mm 部分，为了防止腐蚀，应涂刷防腐油，然后用浸过防腐油的麻布条缠卷，并且用铁线绑牢。

② 拉线坑的开挖。拉线坑应开挖在标定拉线桩位处，其中心线和深度应符合设计要求。在拉线引入一侧应开挖斜槽，以免拉线不能伸直，影响拉力。其截面和形式可根据具体情况确定。

拉线坑深度应根据拉线盘埋设深度确定，应有斜坡，回填土时，应将土块打碎后夯实。拉线坑宜设防沉层。

③ 拉线盘（图 11-11）的埋设。在埋设拉线盘前，首先应将下把拉线棒组装好，然后再进行整体埋设。拉线盘埋设深度应符合工程设计规定，最低不应低于 1.3m。

拉线棒应与拉线盘垂直，其外露地面部分长度应为 500～700mm。目前，普遍采用的下把拉线棒为圆钢拉线棒，它的下端套有丝口，上端有拉环，安装时拉线棒穿

图 11-11　拉线盘示意

过水泥拉线盘孔，放好垫圈，拧上双螺母即可。在下把拉线棒装好之后，将拉线盘放正，使底把拉环露出地面 500～700mm，即可分层填土夯实。

拉线棒地面上下 200～300mm 处，都要涂以沥青，泥土中含有盐碱成分较多的地方，还要从拉线棒出土 150mm 处起，缠卷 80mm 宽的麻带，缠到地面以下 350mm 处，并且浸透沥青，以防腐蚀。涂油和缠麻带都应在填土前做好。

④ 拉线上把安装。拉线上把装在混凝土电杆上，须用拉线抱箍以及螺栓固定。其方法是用一只螺栓将拉线抱箍抱在电杆上，然后把预制好的上把拉线环放在两片抱箍的螺孔间，穿入螺栓拧上螺母固定。上把拉线环的内径以能穿入 16mm 螺栓为宜，但是不能大于 25mm。

在来往行人较多的地方，拉线上应装设拉线绝缘子。其安装位置，应使拉线断线而沿电杆下垂时，绝缘子距地面的高度在 2.5m 以上，不致触及行人。同时，使绝缘子距电杆最近距离也应保持 2.5m，使人不致在杆上操作时触及接地部分。

4. 施工总结

采用 UT 型线夹以及楔形线夹固定的拉线安装时应注意如下事项。

① 安装前螺纹上应涂润滑剂。

② 线夹舌板与拉线接触应紧密，受力后无滑动现象，线夹的凸度应在尾线侧，安装时不得损伤导线。

③ 拉线弯曲部分不应有明显松股，拉线断头处与拉线主线应可靠固定。线夹处露出的尾线长度不宜超过 400mm。

④ 同一组拉线使用双线夹时，其尾线端的方向应有统一规定。

⑤ UT 型线夹或花篮螺栓的螺杆应露扣，并且应有不小于 1/2 螺杆螺纹长度可供调紧。

调整后，UT 型线夹的双螺母应并紧，花篮螺栓应封固。

三、导线的架设

1. 施工现场图

放线示意与导线安装施工现场见图 11-12 和图 11-13。

2. 注意事项

① 同一档距内，同一根导线上的接头不得超过一个。

② 导线接头位置与导线固定处的距离应大于 0.5m，有防振装置者应在防振装置以外。

③ 线路跨越各种设施时，档距内的导线不应有接头。

④ 不同金属、不同规格、不同绞向的导线严禁在档距内连接。

3. 施工做法详解

工艺流程 ▶▶▶▶ ....

放线与架线→导线的修补→导线的连接→压接→紧线→测量弧垂→导线的固定。

图 11-12　放线示意

图 11-13　导线安装施工现场

（1）放线与架线

① 在导线架设放线前，应勘察沿线情况，清除放线道路上可能损伤导线的障碍物，或采取可靠的防护措施。对于跨越公路、铁路、一般通信线路和不能停电的电力线路，应在放线前搭好牢固地跨越架，跨越架的宽度应稍大于电杆横担的长度，以防止掉线。

② 放线包括拖放法和展放法两种。拖放法是将线盘架设在放线架上拖放导线；展放法是将线盘架设在汽车上，行进中展放导线。放线一般从始端开始，通常以一个耐张段为一单元进行。可以先放线，即把所有导线全部放完，再一根根地将导线架在电杆横担上；也可以边放线边架线。放线时应使导线从线盘上方引出，放线过程中，线盘处要有人看守，保持放线速度均匀，同时检查导线质量，发现问题及时处理。

③ 当导线沿线路展放在电杆旁的地面上以后，可由施工人员登上电杆将导线用绳子提到电杆的横担上。架线时，导线吊上电杆后，应放在事先装好的开口木质滑轮内，防止导线在横担上拖拉磨损。钢导线也可使用钢滑轮。

（2）导线的修补　导线有损伤时一定要及时修补，否则影响电气性能。导线修补包括以下几种情况。

① 导线在某一处损伤，有下列情况之一时，可不做修补：单股损伤深度小于直径的 1/2，但应将损伤处的棱角与毛刺用 0 号砂纸磨光；钢芯铝绞线、钢芯铝合金绞线损伤截面面积小于导电部分截面面积的 5%，并且强度损失小于 4%；单金属绞线损伤截面面积小于导电部分截面面积的 4%。

图解建筑水暖电工程现场细部施工做法（第二版）

② 当导线在某一处损伤时，应进行修补，修补应符合以下规定。

a. 受损导线采用缠绕处理的规定：受损伤处线股应处理平整；选用与导线同种金属的单股线作为缠绕材料，且其直径不应小于2mm；缠绕中心应位于损伤最严重处，缠绕应紧密，受损部分应全部覆盖，其长度不应小于100mm。

b. 预绞丝修补的规定：受损伤处线股应处理平整；修补预绞丝长度不应小于3个节距；修补预绞丝中心应位于损伤最严重处，并且应与导线紧密接触，损伤部分应全部覆盖。

c. 受损导线采用修补管修补的规定：损伤处的铝或铝合金股线应先恢复其原始绞制状态；修补管的中心应位于损伤最严重处，需修补导线的范围距管端部不得小于20mm。

③ 导线在同一处的损伤有下列情况之一时，应将导线损伤部分全部割去，重新用直线接续管连接：强度损伤或损伤截面面积超过修补管修补的规定；连续损伤其强度、截面面积虽未超过可以用修补管修补的规定，但损伤长度已超过修补管能修补的范围；钢芯铝绞线的钢芯断一股；导线出现灯笼的直径超过1.5倍导线直径而且无法修复；金钩破股已形成无法修复的永久变形。

（3）导线的连接

① 由于导线的连接质量直接影响到导线的机械强度和电气性能，所以架设的导线连接应符合如下规定：在任何情况下，每一档距内的每条导线，只能有一个接头；导线接头位置与针式绝缘子固定处的净距离不应小于500mm；与耐张线夹之间的距离不应小于15m。

② 架空线路在跨越公路、河流、电力及通信线路时，导线及避雷线上不能有接头。

③ 不同金属、不同规格、不同绞制方向的导线严禁在档距内连接，只能在电杆上跳线时连接。

④ 导线接头处的力学性能，不应低于原导线强度的90%，电阻不应超过同长度导线电阻的1.2倍。

导线的连接方法常用的有钳压接法、缠绕法和爆炸压接法。如果接头在跳线处，可以使用线夹连接，接头在其他位置，通常采用钳压接法连接。

（4）压接 压接后接续管两端出口处、接缝处以及外露部分应涂刷油漆。

压接铝绞线时，压接顺序从导线断头开始，按交错顺序向另一端进行；铜绞线与铝绞线压接方法相类似；压接钢芯铝绞线时，压接顺序从中间开始，分别向两端进行，压接240mm^2 钢芯铝绞线时，可用两只接续管串联进行，两管间距不应小于15mm。

（5）紧线 在做好耐张杆、转角杆和终端杆拉线后，就可以分段紧线。先将导线的一端在绝缘子上固定好，然后在导线的另一端用紧线器紧线。在杆的受力侧应装设正式和临时拉线，用钢丝绳或具有足够强度的钢线拴在横担的两端，以防横担偏扭。待紧完导线并固定好后，拆除临时拉线。

紧线时在耐张段的操作端，直接或通过滑轮来牵引导线，导线收紧后，再用紧线器夹住导线。紧线的方法有两种：一种是将导线逐根均匀收紧的单线法；另一种是三根或两根同时收紧。前者适用于导线截面面积较小，耐张段距离不大的场合；后者适用于导线型号大、档距大、电杆多的情况。紧线的顺序为：从上层横担开始，依次至下层横担；先紧中间导线，后紧两边导线。

（6）测量弧垂 导线弧垂是指一个档距内导线下垂形成的自然弛度，也称为导线的弛度。弧垂是表示导线所受拉力的量，弧垂越小拉力越大，反之拉力越小。导线紧固后，弛度误差不应超过设计弛度的±5%，同一档距内各条导线的弛度应该一致；水平排列的导线，高低差应不大于50mm。

测量弧垂时，用两个规格相同的弧垂尺（弛度尺），把横尺定位在规定的弧垂数值上，两个操作者都把弧垂尺勾在靠近绝缘子的同一根导线上，导线下垂最低点与对方横尺定位点应处于同一直线上。弧垂测量应从相邻电杆横担上某一侧的一根导线开始，接着测另一侧对应的导线，然后交叉测量第三根和第四根，以保证电杆横担受力均匀，没有因紧线出现扭斜。

（7）导线的固定　导线在绝缘子上通常用绑扎方法来固定，绑扎方法因绝缘子形式和安装地点不同而各异，常用方法如下。

① 顶绑法：顶绑法适用于1～10kV直线杆针式绝缘子的固定绑扎。铝导线绑扎时应在导线绑扎处先绑150mm长的铝包带。所用铝包带宽为10mm，厚为1mm。绑线材料应与导线的材料相同，其直径在2.6～3.0mm范围内。

② 侧绑法：转角杆针式绝缘子上的绑扎，导线应放在绝缘子颈部外侧。若由于绝缘子顶槽太浅，直线杆也可以用这种绑扎方法。在导线绑扎处同样要绑以铝带。

③ 耐张线夹固定导线法：耐张线夹固定导线法是用紧线钳先将导线收紧，使弧垂比所要求的数值稍小些。然后在导线需要安装线夹的部分，用同规格的线股缠绕，缠绕时，应从一端开始绕向另一端，其方向须与导线外股缠绕方向一致。缠绕长度须露出线夹两端各10mm。卸下线夹的全部U形螺栓，使耐张线夹的线槽紧贴导线缠绕部分，装上全部U形螺栓及压板，并稍拧紧。最后按顺序进行拧紧。在拧紧过程中，要使受力均衡，不要使线夹的压板偏斜和卡碰。

4. 施工总结
导线采用钳压接续管进行连接时，应符合下列规定。

① 接续管型号与导线规格应配套。
② 压接前导线的端头要用绑线绑牢，压接后不应拆除。
③ 钳压后，导线端头露出长度不应小于20mm。
④ 压接后的接续管弯曲度不应大于管长的2%。
⑤ 压接后或矫直后的接续管不应有裂纹。
⑥ 压接后的接续管两端附近的导线不应有灯笼、抽筋等现象。

四、杆上电气设备安装

1. 示意图和施工现场图
瓷套示意和实例分别见图11-14和图11-15。

图11-14　瓷套示意

2. 注意事项

① 低压熔断器和开关安装各部位接触应紧密，以便于操作。

② 低压熔丝（片）安装，应符合下列规定。

a. 无弯折、压偏、伤痕等现象。

b. 严禁用线材代替熔丝（片）。

3. 施工做法详解

(1) 电杆上电气设备的安装要求

① 安装应牢固可靠，固定电气设备的支架、紧固件为热浸锌制品，紧固件及防松零件齐全。

图 11-15　瓷套实例

② 电气连接应接触紧密，不同金属连接，应有过渡措施。

③ 瓷件表面光洁，无裂纹、破损等现象。

(2) 杆上变压器及变压器台的安装要求

① 水平倾斜度不大于台架根开（固定间距）的 1/100。

② 一、二次引线排列整齐，绑扎牢固。

③ 油枕、油位正常，无渗油现象，外壳涂层应完整、干净。

④ 接地可靠，接地电阻值符合规定。

⑤ 套管压线螺栓等部件齐全。

⑥ 呼吸孔道畅通。

(3) 跌落式熔断器的安装要求

① 各部分零件完整。

② 转轴光滑灵活，铸件不应有裂纹、砂眼、锈蚀。

③ 瓷件良好，熔丝管不应有吸潮膨胀或弯曲现象。

④ 熔断器安装牢固、排列整齐，熔管轴线与地面的垂线夹角为 15°～30°，熔断器水平相间距离不小于 500mm，熔管操作能自然打开旋下。

⑤ 操作时灵活可靠、接触紧密。熔丝管合闸时上触头应有一定的压缩行程。

⑥ 上、下引线压紧，与线路导线的连接紧密可靠。

(4) 杆上断路器和负荷开关的安装要求

① 水平倾斜度不大于托架长度的 1/100。

② 引线连接紧密，当采用绑扎连接时，长度不小于 150mm。

③ 外壳干净，不应有漏油现象，气压不小于规定值。

④ 操作灵活，分、合位置指示正确可靠。

⑤ 外壳接地可靠，接地电阻值符合规定。

(5) 杆上隔离开关安装要求

① 瓷件良好。

② 操作机构动作灵活。

③ 隔离刀刃，分闸后应有不小于 200mm 的空气间隙。

④ 与引线的连接紧密可靠。

⑤ 水平安装的隔离刀刃，分闸时宜使静触头带电；地面操作杆的接地（PE）可靠，且有标识。

⑥ 三相连动隔离开关的三相隔离刀刃应分、合同期。

4. 施工总结

杆上防雷器的安装，应符合下列规定。

① 瓷套与固定抱箍之间加垫层。

② 排列整齐、高低一致，相间距离：1～10kV 时，不小于 350mm；1kV 以下时，不小于 150mm。

③ 引线短而直、连接紧密，采用绝缘线时，电源侧引线截面铜线不小于 $16mm^2$，铝线不小于 $25mm^2$；接地侧引线截面铜线不小于 $25mm^2$，铝线不小于 $35mm^2$。

④ 与电气部分连接，不应使防雷器产生外加应力。

⑤ 引下线接地可靠，接地电阻值符合规定。

五、架空进户线安装

1. 施工现场图

进户线安装施工现场见图 11-16。

图 11-16　进户线安装施工现场

2. 注意事项

① 登杆前，杆根应夯实牢固。旧木杆杆根单侧腐朽深度超过杆根直径 1/8 时，应加固后，方能登杆。

② 登杆操作脚扣应与杆径相适应。使用脚踏板，钩子应向上。安全带应拴于安全可靠处，以扣环扣牢，不准拴于瓷瓶或横担上。工具、材料应用绳索传递，禁止上下抛扔。杆下作业人员要戴好安全帽，并且不准无关人员在杆下逗留和通过。

③ 架线时在线路的每 2～3km 处，应重复接地一次，送电前必须拆除。如遇雷电停止作业。

④ 低压架空接户线必须采用绝缘导线，当计算电流不超过 30A 并且无三相用电设备时，宜采用单相接户线；超过 30A 并且有三相用电设备时，宜采用三相接户线。低压接户杆档距不应大于 25m，超过 25m 时应设接户杆。低压接户杆的档距不应超过 40m，沿墙铺设的接户杆档距不应大于 6m。

3. 施工做法详解

工艺流程　▶▶▶▶ ⋯⋯⋯⋯⋯⋯⋯⋯⋯⋯⋯⋯⋯⋯⋯⋯⋯⋯⋯⋯⋯⋯

进户管和进户横担安装→接户线架设→接户线与进户线导线的连接。

(1) 进户管和进户横担安装　进户管宜使用镀锌钢管，如使用硬质塑料管时，在伸出建筑物外的一段应套钢管保护，并且在钢管管口处可见到硬塑料管管口。进户管应在接户线支持横担的正下方，垂直距离为 250mm。进户管伸出建筑物外墙不应小于 150mm，并且应加装防水弯头。进户管的周围应堵塞严密，以防雨水进入。

横担示意见图 11-17。进户横担分为螺栓固定式、一端固定式和两端固定式等安装方式。

进户横担以及预埋螺栓的埋深长度不应小于 200mm，预埋螺栓的端部应煨成直角弯或做成燕尾形，也可将两螺栓间距测量好后，用圆钢或扁钢进行横向焊接连接，可防止位置偏

图 11-17　横担示意

移。预埋螺栓的外露长度，应能保证安装横担拧上螺母后，外露螺纹长度不少于 2～4 个螺距。进户横担安装应端正牢固、横担两端水平高度差不应大于 5mm。

（2）**接户线架设**　低压架空接户线在电杆上和第一支持物上，均应牢固地绑扎在绝缘子上，绝缘子安装在支架或横担上，支架或横担应安装牢固并能承受接户线的全部拉力。导线截面面积在 16mm^2 以上时，应采用蝶式绝缘子，线间距离不应小于 150mm。

架设接户线时，应先将蝶式绝缘子及铁拉板用 M16 螺栓组装好并且安装在横担上，放开导线进行架设、绑扎。应先绑扎电杆上一端，后绑扎进户端。

两个不同电源引入的接户线不宜同杆架设。接户线与同一电杆上的另一接户线交叉接近时，最小净空距离不应小于 100mm，否则应套上绝缘管保护。低压接户线的中性线与相线交叉时，应保持一定距离或采取绝缘措施。

（3）**接户线与进户线导线的连接**　接户线与进户线的连接，根据导线材质及截面面积的不同，可以采用单卷法和缠卷法进行连接；也可以采用压接管法压接以及使用端子或并沟线夹进行连接。若遇到铜铝连接，应设有过渡措施。

4．**施工总结**

① 电力接户线的安装，应符合下列规定。

a．档距内不应有接头。

b．两端应设绝缘子固定，绝缘子安装应防止瓷裙积水。

c．采用绝缘线时，外露部位应进行绝缘处理；两端遇有铜铝连接时，应设有过渡措施。

d．进户端支持物应牢固。

e．在最大摆动时，不应有接触树木和其他建筑物的现象。

f．1kV 及以下的接户线不应从高压引线间穿过，不应跨越铁路。

② 由两个不同电源引入的接户线不宜同杆架设。

第十二章

变压器、箱式变电所安装

第一节 ▶ 变压器安装

一、变压器二次搬运

1. 示意图和施工现场图

变压器工作原理和实例分别见图 12-1 和图 12-2。

图 12-1　变压器工作原理

图 12-2　变压器实例

2. 注意事项

① 变压器的规格型号及容量应符合施工图纸设计要求，并有合格证、出厂试验记录及技术数据文件。

② 外观检查：变压器应装有铭牌。铭牌上应注明制造厂名，型号，额定容量，一、二次额定电压，电流，阻抗电压及接线组别，重量，制造年月等技术数据。附件、备件齐全，无锈蚀及机械损伤，密封应良好。绝缘件无缺损、裂纹和瓷件瓷釉损坏等缺陷，外表清洁，测温仪表指示正确。油箱箱盖或钟罩法兰及封板的连接螺栓应齐全，紧固良好，无渗漏。浸入油中运输的附件，其油箱应无渗漏。充油套管的油位应正常，无渗油，瓷体无损伤。

3. 施工做法详解

① 变压器在运输过程中，当改变运输方式时，应及时检查设备受冲击等情况，并做好

记录。变压器二次搬运应由起重工作业，电工配合。最好采用汽车吊吊装，也可采用吊链吊装，距离较长最好用汽车运输，运输时必须用钢丝绳固定牢固，并应行车平稳，尽量减少振动；距离较短且道路良好时，可用卷扬机、滚杠运输。

② 变压器吊装时，必须使用合格的索具，钢丝绳必须挂在专用的吊钩上；油浸式变压器（图12-3）上盘的吊环仅作吊芯用，不得用此吊环吊装整台变压器。

③ 变压器搬运时，应注意保护瓷瓶，最好用木箱或纸箱将高低压瓷瓶罩住，使其不受损伤。

图 12-3　油浸式变压器

④ 变压器搬运过程中，不应有冲击或严重振动情况，利用机械牵引时，牵引的着力点应在变压器重心以下，以防倾斜，运输倾斜角不得超过15°，防止内部结构变形。

⑤ 用千斤顶顶升大型变压器时，按产品说明将千斤顶放置在器身专门部位进行顶升。

⑥ 变压器在搬运或装卸前，核对高低压侧方向，以免安装时需调换方向而发生困难。

4. 施工总结

① 变压器外观检查无机械损伤及变形，油漆完好、无锈蚀。

② 油箱密封应良好，带油运输的变压器，油枕油位应正常，油液应无渗漏。

③ 绝缘瓷件及环氧树脂铸件无损伤、缺陷及裂纹。

④ 在设备运输前，必须对现场情况及运输路线进行检查，确保运输路线畅通。在必要的部位需搭设运输平台和吊装平台。

二、变压器稳装

1. 示意图和施工现场图

变压器安装方式示意和施工现场分别见图12-4和图12-5。

图 12-4　变压器安装方式示意

图 12-5　变压器安装施工现场

2. 注意事项

① 根据现场条件，变压器就位可用汽车吊直接甩进变压器室内，或用道木搭设临时轨道，用三步搭、吊链吊至临时轨道上，然后用吊链拉入室内合适位置。

② 油浸变压器的安装，应考虑能在带电的情况下，便于检查油枕和套管中的油位、上层油温、瓦斯继电器等。

③ 装有滚轮的变压器，滚轮应能转动灵活，在变压器就位后，应将滚轮用能拆卸的制动装置加以固定。

3. 施工做法详解

工艺流程 ▶▶▶ ······

变压器轨道安装→变压器就位→变压器固定安装。

变压器的安装位置很重要，位置正确是指中心线和标高符合设计要求，特别是采用定尺寸的封闭母线做引入、引出线时，则更应控制好变压器的安装定位位置。

电力变压器均放置在金属轨道上，在轨道基础施工前，应确定好变压器的安装位置，并先确定好变压器进入室内的推进位置。宽面推进的变压器低压侧宜向外；窄面推进的变压器油枕朝向宜向外。

（1）**变压器轨道安装**　变压器安装前，应按照变压器的滚轮或轨道的实际尺寸画好中心线，安装好轨道。变压器基础的轨道应与变压器的轮距或轨距相吻合，装有气体继电器的油浸变压器的轨道，应沿变压器油枕的方向有 $1\%\sim1.5\%$ 的水平升高坡度（制造厂规定不需安装坡度者除外）。

（2）**变压器就位**　变压器的基础施工完成后，经复查确认各施工与设计相符后，即可进行变压器的就位了。变压器的就位方法有很多种，可以使用汽车式起重机吊装，也以使用三脚架和吊链起吊变压器，对中小变压器用叉车就位的方法最简便。

① 在叉车的两个叉子上先各垫一块木板，然后伸到变压器的底座下，同时在变压器与车身之间上木方，以防叉子提升时损伤变压器。

② 缓慢地提升将变压器移至变压器的基础轨道处，将变压器的滚轮对正轨道，如无滚轮时可将变压器的底座槽钢与基础轨道对正，然后放下叉子，把变压器放在轨道上，再退车叉。

③ 可用叉车的叉子前端顶在变压器的底座上。将其推动到预定的位置。

④ 当变压器还需进行少许调整时，用撬棍轻轻地撬动，将变压器按纵横中心线调整到规定位置上。

（3）**变压器固定安装**

① 变压器在轨道上就位后，要再进一步固定安装。装有滚轮的变压器，可将其滚轮拆除；也可将滚轮用能拆卸的制动装置进行固定，而不拆除滚轮，便于变压器日后退出吊芯和维修。

② 干式变压器允许直接摆放在设有金属轨道的室内混凝土地面上；变压器的安装应采取抗振措施，一般采用稳装的固定方法。

③ 气体继电器是油浸变压器保护继电器之一，装在变压器箱体与油枕的连通管水平段中间。对装有气体继电器的变压器，在安装固定时应找好箱盖的升高坡度，可放置水平尺测量，应沿继电器的气流方向有 $1\%\sim1.5\%$ 的升高坡度（制造厂规定不需安装坡度者除外）。如变压器的基础水平度不好，可用钢板垫板调整使变压器处于所要求的水平位置上。

4. 施工总结

① 变压器就位时，应注意其方位和距墙尺寸应与图纸相符，允许误差为±25mm，图纸无标注时，纵向按轨道定位，横向距离不得小于800mm，距门不得小于1000mm，并且适当照顾屋内吊环的垂线位于变压器中心，以便于吊芯，干式变压器安装图纸无注明时，安

装、维修最小环境距离应符合产品要求。

② 变压器基础的轨道应水平，轨距与轮距应配合，装有气体继电器的变压器，应使其顶盖沿气体继电器气流方向有1%～1.5%的升高坡度（制造厂规定不需安装坡度者除外）。

③ 变压器宽面推进时，低压侧应向外；窄面推进时，油枕侧应向外。在装有开关的情况下，操作方向应留有1200mm以上的宽度。

三、附件安装

1. 注意事项

① 在变压器上方进行作业，不得蹬踩变压器，并不得携带工具袋，以防工具、材料下落损伤变压器。

② 变压器室房门应加锁，未经许可，外人不得随意入内。

③ 在进行变压器干燥或变压器油过滤时，应慎重作业并备好消防器材。

2. 施工做法详解

(1) 气体继电器安装 气体继电器示意和实例见图12-6和图12-7。

图 12-6 气体继电器示意图

R—展开半径

图 12-7 气体继电器照片

① 气体继电器安装前应经检验鉴定。

② 气体继电器应水平安装，观察窗应装在便于检查的一侧，箭头方向应指向油枕，与连通管的连接应密封良好。截油阀应位于油枕和气体继电器之间。

③ 打开放气嘴，放出空气，直到有油溢出时将放气嘴关上，以免有空气使继电保护器误动作。

④ 当操作电源为直流时，必须将电源正极接到水银侧的接点上，以免接点断开时产生飞弧。

⑤ 事故喷油管的安装方位，应注意到事故排油时不致危及其他电气设备；喷油管口应换为划有"＋"字线的玻璃，以便发生故障时气流能顺利冲破玻璃。

(2) 防潮呼吸器安装

① 防潮呼吸器安装前，应检查硅胶是否失效，如已失效，应在115～120℃温度烘烤8h，使其复原或更新。浅蓝色硅胶变为浅红色，即已失效；白色硅胶，可不加鉴定一律烘烤。

② 防潮呼吸器安装时，必须将呼吸器盖子上的橡皮垫去掉，使其通畅，并在下方隔离器具中装适量变压器油，起滤尘作用。

（3）温度计安装

① 套管温度计应直接安装在变压器上盖的预留孔内，并且在孔内适当加变压器油。刻度方向应便于检查。

图 12-8　电阻温度计结构示意

铜电阻元件

温度指示调节仪

温度计座

箱盖开孔φ38

φ20

130

② 电接点温度计安装前应进行校验，油浸变压器一次元件应安装在变压器顶盖上的温度计套筒内，并加适量变压器油；二次仪表挂在变压器一侧的预留板上。干式变压器一次元件应按照厂家说明书位置安装，二次仪表安装在便于观测的变压器扩网栏上。软管不得有压扁或死弯，弯曲半径不得小于 50mm，多余部分应盘圈并固定在温度计附近。

③ 干式变压器的电阻温度计（图 12-8），一次元件应预埋在变压器内，二次仪表应安装在值班室或操作台上，导线应符合仪表要求，并加以适当的附加电阻，校验调试后方可使用。

（4）电压切换装置安装

① 变压器电压切换装置各分接点与线圈的连线应紧固正确，而且接触紧密良好。转动点应正确停留在各个位置上，并与指示位置一致。

② 电压切换装置的拉杆、分接头的凸轮、小轴销子等应完整无损，转动盘应动作灵活，密封良好。

③ 电压切换装置的传动机构（包括有载调压装置）的固定应牢靠，传动机构的摩擦部分应有足够的润滑油。

④ 有载调压切换装置的调换开关的触头以及铜辫子软线应完整无损，触头间应有足够的压力（一般为 8~10kgf）。

⑤ 有载调压切换装置转动到极限位置时，应装有机械连锁与带有限位开关的电气连锁。

⑥ 有载调压切换装置的控制箱一般应安装在值班室或操作台上，连线应正确无误并应调整好，手动、自动工作正常，档位指示正确。

⑦ 电压切换装置吊出检查调整时，暴露在空气中的时间应符合表 12-1 规定。

表 12-1　调压切换装置露空时间

环境温度/℃	空气相对湿度/%	持续时间/h
>0	65 以下	≤24
>0	65~75	≤16
>0	75~85	≤10
<0	不控制	≤8

（5）变压器连线

① 变压器的一、二次连线，地线，控制管线均应符合相应的规定。

② 变压器一、二次引线的施工，不应使变压器的套管直接承受应力。

③ 变压器的低压侧中性点与接地装置引出的接地干线直接连接；变压器中性点的接地

回路中，靠近变压器处，宜做 1 个可拆卸的连接点。

④ 变压器工作零线与中性点接地线，应分别敷设。工作零线宜用绝缘导线。

⑤ 油浸变压器附件的控制导线，应采用具有耐油性能的绝缘导线。靠近箱壁的导线，应用金属软管保护，并且排列整齐，接线盒应密封良好。

3. 施工总结

① 对就位后的变压器高、低压套管和无防护外壳的干式变压器，应有防碰撞的措施。

② 干式变压器就位后，要采取保护措施，防止铁件掉入线圈内。

③ 在变压器上方进行电焊时，应对变压器进行全方位保护，防止焊渣损伤设备。

④ 变压器进行吊装作业前，钢丝绳、索具应先仔细检查，不合格者不应勉强使用。

第二节 ▶ 箱式变电所安装

一、箱式变电所就位与安装

1. 示意图和施工现场图

箱式变电所基础立面示意和实例分别见图 12-9 和图 12-10。

图 12-9　箱式变电所基础立面示意

图 12-10　箱式变电所实例

2. 注意事项

① 箱体应有防雨、防晒、防锈、防尘、防潮、防凝露的技术措施。

② 箱式变电所安装高压或低压电度表时，必须接线相位准确，应安装在便于查看的位置。

3. 施工做法详解

工艺流程 ▷▷▷▷ ....

准备→就位→连接→接地→找正→检查。

（1）**准备**　要确保作业场地清洁、通道畅通，将箱式变电所运至安装的位置，吊装时应严格吊点，应充分利用吊环将吊索穿入吊环内，然后做试吊检查受力吊索力的分布应均匀一致，确保箱体平稳、安全、准确地就位。

（2）**就位**　按设计布局的顺序组合排列箱体。找正两端的箱体，然后挂通线，找准调整，使其箱体正面平顺。

（3）**连接**　组合的箱体找正、找平后，应将箱与箱用镀锌螺栓连接牢固。

（4）**接地**　箱式变电所接地应以每箱独立与基础型钢连接，严禁进行串联。接地干线与箱式变电所的 N 母线及 PE 母线直接连接，变电箱体、支架或外壳的接地应用带有防松装置的螺栓连接。连接均应紧固可靠，紧固件齐全。

（5）**检查**　箱式变电所的基础应高于室外地坪，周围排水通畅。箱式变电所所用地脚螺栓应螺帽齐全，拧紧牢固，自由安放的应垫平放正。箱壳内的高、低压室均应装设照明灯具。

4. 施工总结

① 箱式变电所的安装地点和周围环境及使用条件，均应满足规范和产品的规定要求。

② 箱式变电所在起吊就位前，应严格检查吊钩、吊索和起吊工具是否牢固可靠，并应有专人指挥。

③ 在箱式变电所通电试运行时，无关人员应严禁靠近；在无人工作时各门均应锁好，防止他人进入。

二、接线

1. 示意图和施工现场图

接线示意和接线施工现场分别见图 12-11 和图 12-12。

图 12-11　接线示意

图 12-12　接线施工现场

2. 注意事项

① 检查变压器芯部时，施工人员应站在架子上工作，架子要绑扎牢固，外侧有防护措施，并且不准超载上人，以防发生架子倾倒、断裂和失足坠落事故。

② 变压器芯部绝缘物、绝缘油和滤油纸均系可燃或易燃物。进行干燥作业和过滤绝缘油时，如使用各种加热装置，要备好消防器材，慎重作业，避免失火。

3. 施工做法详解

工艺流程 ▶▶▶▶▶

　　选择系统形式→接线→自检

（1）**选择系统形式**　高压接线应尽量简单，但要求既有终端变电站接线，也有适应环网供电的接线。

成套变电所各部分一般在现场进行组装和接线，通常采用下列形式的一种。

① 放射式。一回一次馈电线接一台降压变压器，其二次侧接一回或多回放射式馈电线。

② 一次选择系统和一次环形系统。每台降压变压器通过开关设备接到两个独立的一次电源上，以得到正常和备用电源。在正常电源有故障时，则将变压器换接到另一电源上。

③ 二次选择系统。两台降压变压器各接一独立一次电源。每台变压器的二次侧通过合适的开关和保护装置连接各自的母线。两段母线间设联络开关与保护装置，联络开头正常是

断开的，每段母线可供接一回或多回二次放射式馈电线。

④ 二次点状网络。两台降压变压器各接一独立一次电源。每台变压器二次侧通过特殊型的断路器都接到公共母线上，该断路器叫作网络保护器。网络保护器装有继电器，当逆功率流过变压器时，断路器即被断开，并在变压器二次侧电压、相角和相序恢复正常时再行重合。母线可供接一回或多回二次放射式馈电线。

⑤ 配电网络。单台降压变压器二次侧通过做网络保护器接到母线上。网络保护器装有继电器，当变压器二次侧电压、相角、相序恢复时，断路器断开。母线可供一回或多回二次放射式馈电线和接一回或多回联络线，与类似的成套变电站相连。

⑥ 双回路（一个半断路器方案）系统。两台降压变压器各接一独立一次电源。每台变压器二次侧接一回放射式馈电线。这些馈电线电力断路器的馈电侧用正常断开的断路器连接在一起。

（2）**接线**　接线的接触面应连接紧密，连接螺栓或压线螺钉紧固必须牢固，与母线连接时紧固螺栓采用力矩扳手紧固。

相序排列准确、整齐、平整、美观。涂色正确。

设备接线端，母线搭接或卡子、夹板处，明设地线的接线螺栓处等两侧 10～15mm 处均不得涂刷涂料。

4. 施工总结

① 箱式变电所接地应以每箱独立与基础型钢连接，严禁进行串联。接地干线与箱式变电所的 N 母线及 PE 母线直接连接，变电箱体、支架或外壳的接地应用带有防松装置的螺栓连接。连接均应紧固可靠，紧固件齐全。

② 管线排列不整齐不美观的防治措施为：增强质量意识，管线按规范要求进行卡设，做到横平竖直。

第十三章

配电柜和低压电器设备安装

第一节 ▶ 盘柜安装

一、基础型钢的制作与安装

1. 示意图和施工现场图

配电柜基础型钢示意和施工现场分别见图 13-1 和图 13-2。

图 13-1　配电柜基础型钢示意

图 13-2　配电柜基础型钢施工现场

2. 注意事项

① 盘柜在室内的位置必须按施工图规定，作业人员不得任意更改。

② 应与土建部门密切配合，核对各种预留孔、预留沟及预埋件的位置、数量、尺寸等，以免出现差错。

3. 施工做法详解

配电柜通常都安装在槽钢或角钢制成的基础型钢底座上。型钢可根据配电柜的安装尺寸以及钢材规格大小而定，一般型钢可选用 5～10 号槽钢或 50mm×5mm 的角钢制作。在土建施工时，槽钢或角钢应按图样要求埋设在混凝土中。在埋设前，应将其调直除锈，按图样要求下料钻孔，再按规定的标高固定，并且进行水平校正，水平误差要求每米不超过1mm，累积误差不超过5mm。

基础型钢制好以后，应按图样所标定的位置或有关规定配合土建进行预埋，埋设方法包括以下两种。

① 随土建施工时在混凝土基础上根据型钢固定尺寸，先预埋好地脚螺栓，待基础混凝土强度符合要求后再安放型钢。也可以在混凝土基础施工时预先留置方洞，待混凝土强度符合要求后，将基础型钢与地脚螺栓同时配合土建施工进行安装，再在方洞中浇注混凝土。

② 在土建施工时预先埋设固定基础型钢的底板，待安装基础型钢时，将型钢底部与底板焊接。

安装基础型钢时，应用水平尺找正、找平。基础型钢顶部宜高出室内抹平地面10mm，手车式成套柜基础型钢的高度应符合制造厂的产品技术要求。

基础型钢埋设后应有可靠的接地，可用40mm×4mm的镀锌扁钢作为接地连接线，在基础型钢的两端分别与接地网用电焊焊接，焊接面为扁钢宽度的两倍，并且最少应在三个棱边焊接。接地线焊接好后，外露部分应刷樟丹漆，并刷两遍油漆防腐。

4. 施工总结

① 按施工图选用型钢，如无规定可选用8～10号槽钢，槽钢可平放及竖放，型钢应先调直和除锈，按施工图下料。

② 基础型钢的安装允许偏差：水平和垂直方向每米均不得超过1mm，全长不得超过5mm。

③ 基础型钢安装后，其顶部应高出抹平地面10mm；手车式配电柜基础应与最后地面齐平；基础型钢应有明显的可靠接地，接地点不得少于两点。

二、配电柜安装

1. 示意图和施工现场图

配电柜示意和安装施工现场分别见图13-3和图13-4。

图13-3 配电柜示意

图13-4 配电柜安装施工现场

2. 注意事项

① 立柜前，先按图样规定的顺序将配电柜做标记，然后用人力将其搬放在安装位置。

② 立柜时，可先把每个柜调整到大致的水平位置，然后精确地调整第一个柜，再以第一个柜为标准逐次调整其他柜，调整顺序可以从左到右或从右到左，也可先调中间一柜，然后分开调整。

③ 安装好的配电装置，要求盘面油漆完好，回路名称及部件标号齐全，柜内外清洁。

④ 配电柜接地良好。

⑤ 配电柜安装牢固，连接紧密，无明显缝隙。配电柜应与地面垂直，其误差不得大于柜高的 0.15%，盘面不应参差不齐。

⑥ 装在振动场所的配电柜必须有防振措施。

3. 施工做法详解

工艺流程　▶▶▶▶

设备开箱检查→设备搬运→柜（盘）稳装。

(1) 设备开箱检查

① 柜、屏、箱、盘进场检查工作如下。

a. 检验合格证和随带技术文件，并按设计图纸、设备清单核对设备本体、备件的规格、型号。实行生产许可证和强制性认证制度的产品，有许可证编号和强制性认证标志（CCC）。生产厂家应提供与进场产品相适应的在有效期内的中国国家强制性产品认证证书和质量体系认证证书。

b. 外观检查：设备有铭牌，柜（盘）内元器件应符合有关的国家标准且无损坏丢失，接线无脱落。金属配电箱体、配电柜钢板的厚度不应小于 1.5mm，钢板箱门、钢板盘面厚度不应小于 2.0mm，当箱门宽度≥500mm 时，应采用双开门或加肋筋。钢制配电箱外壳与墙体接触部分应刷樟丹油或其他防腐漆。箱门、箱内壁、盘面可采用刷漆、烤漆或喷塑处理。处于公共场所的配电箱内须有保护板（二层板、覆板）。

② 内部接线检查内容如下。

a. 柜、屏、台、箱、盘间配线：电流回路应采用额定电压不低于 750V、芯线截面积不小于 2.5mm² 的铜芯绝缘电线或电缆；除电子元件或类似回路外，其他回路的电线应采用电压不低于 750V，芯线截面积不小于 1.5mm² 的铜芯绝缘电线或电缆。

b. 二次回路连线应成束绑扎，不同电压等级、交流、直流线路及计算机控制线路应分别绑扎，且有标识；固定后不应妨碍手车开关或抽出式部件的拉出或推入。

c. 采用 TN-S 系统供电时，在配电箱、配电柜内应设置 N、PE 母线或端子板，PE、N线经端子板配出，端子板上应预留与设备使用功能相适应的连接外部导体用的接线端子。采用 TN-C-S 系统，N、PE 重复连接后的配电箱要求同 TN-S 系统。

(2) 设备搬运

① 设备运输：由起重工作业，电工配合。根据设备重量、距离短可采用汽车、汽车吊配合运输、人力推车运输或卷扬机滚杠运输。

② 设备运输、吊装时注意事项如下。

a. 道路要事先清理，保证平整畅通。

b. 设备吊点：柜（盘）顶部有吊环者，吊索应穿在吊环内；无吊环者吊索应挂在四角主要承力结构处。

c. 吊索的绳长应一致，以防柜体变形损坏部件。

d. 汽车运输时，必须用麻绳将设备与车身固定牢固。

（3）柜（盘）稳装

① 应按照施工图纸（或变更洽商）的布置，按顺序将配电柜放在基础型钢上。

② 单独柜（盘）只找柜面和侧面的垂直度。成列柜（盘）各台就位后，先找正两端的柜，在从柜下至上 2/3 高的位置绷上小线，逐台找正，柜不标准以柜面为准。找正时采用 0.5mm 铁片进行调整，每处垫片最多不超过 3 片。

③ 按配电柜上预留固定螺栓尺寸，在基础型钢上用铅笔画好十字线，用手枪钻钻长孔（不准用电、气焊割孔）。一般无要求时，低压柜钻 ϕ12.2mm 孔，高压柜钻 ϕ16.2mm 孔，分别用 M12、M16 镀锌螺栓固定。

④ 柜、屏、台、箱、盘安装垂直度允许偏差为 1.5‰，相互间接缝不应大于 2mm，成排盘面偏差不应大于 5mm。

⑤ 柜（盘）就位，找正、找平后，柜体与基础型钢固定（螺栓选择见上条③，平光垫片、弹簧垫片齐全）；柜体与柜体、柜体与侧挡板均用镀锌螺栓连接（选择 M8 或 M10 的螺栓，每个柜体连接面至少固定两处）。

⑥ 柜（盘）接地：每台柜（盘）的框架应单独与柜内 PE 母线连接，装有电器的可开启门，门和框架的接地端子间应用裸编织铜线连接，且有标识。

⑦ 配电室内除本室需用的管道外，不应有其他的管道通过。室内的管道上不应有阀门，管道与散热器的连接应采用焊接。

⑧ 成排布置的配柜的长度超过 6m 时，柜后的通道应有两个通向本室或其他房间的出口，并应布置在通道的两端，当两出口之间的距离超过 15m 时，其间还应增加出口。

4. 施工总结

① 配电柜的水平调整可用水平尺测量，垂直情况的调整，可在柜顶放一木棒，沿柜面悬挂一线锤，测量柜面上下端与吊线之间距离。距离相等表明柜已垂直；距离不等可用薄铁片加垫，使其达到要求。调整好的配电柜，应盘面一致，排列整齐；柜与柜之间应用螺栓拧紧，应无明显缝隙。配电柜的水平误差不应大于 1/1000，垂直误差不应大于柜高的 1.5/1000。

② 调整完毕后再全部检查一遍，看是否全部合乎要求，然后用电焊或螺栓连接将配电柜底座固定在基础型钢上。紧固件应为镀锌制品，并且应采用标准件。

③ 若用电焊，每个柜焊缝不应少于 4 处，每处焊缝长约 100mm。为了美观，焊缝应在柜体内侧。焊接时，应把垫在柜体下的垫片也一并焊到基础型钢上。

④ 配电装置安装地点应具备的条件为：屋顶密封不漏水，屋内土建粉刷工作已结束，基础型钢已安装好，并且型钢的水平误差不得大于 5mm，屋内的地坪和电缆沟均已完工。

⑤ 配电柜两侧及顶部的隔板齐全，无损坏，并且安装牢固；柜门的门锁齐全并开闭灵活。

第二节 ▶ 配电箱（盘）安装

一、配电箱（盘）的制作与安装

1. 示意图和施工现场图

配电箱示意和安装施工现场分别见图 13-5 和图 13-6。

图 13-5　配电箱示意

回填水泥砂浆　电线管　地线夹　挡地线　配电箱　钢板网　接地端子　预留洞

图 13-6　配电箱安装施工现场

2. 注意事项

① 盘、柜等在搬运和安装时应采取防振、防潮、防止框架变形和漆面受损等安全措施，必要时可将装置性设备和易损元件拆下单独包装运输。当产品有特殊要求时，尚应符合产品技术文件的规定。

② 盘、柜应存放在室内或能避雨、雪、风、沙的干燥场所。对有特殊保管要求的装置性设备和电气元件，应按规定保管。

③ 要把安装过程和土建工程作为一个整体来对待，在安装过程中，要注意保护建筑物的墙面、地面、顶板、门窗及油漆、装饰等防止碰坏，剔槽、打眼尽量缩小破损面。

3. 施工做法详解

工艺流程 >>>>>

配电箱箱体预埋→配管与箱体连接→明装配电箱的安装。

配电箱通常由盘面和箱体两部分组成。盘面的制作要以整齐、美观、安全和便于检修为原则。制作非标准配电柜时，应先确定盘面尺寸，再根据盘面尺寸决定箱体尺寸。

盘面尺寸确定应根据所装元器件的型号、规格、数量按电气要求，合理布置在盘面上，并保证电器元件之间的安全距离。

木制配电箱外壁与墙壁有接触的部位要涂沥青。箱内壁及盘面应涂两遍浅色油漆；铁制配电箱应先除锈，再涂红丹防锈漆一遍，油漆两遍。

（1）**配电箱箱体预埋**（图 13-7）　预埋配电箱箱体前应先做好准备工作。配电箱运到现场后应进

图 13-7　配电箱箱体预埋

行外观检查并检查产品有无合格证。由于箱体预埋和进行盘面安装接线的时间间隔较长，当有贴脸和箱门能与箱体解休时，应预先解体，并且做好标记，以防盘内元器件及箱门损坏或油漆脱落。将解体的箱门按安装位置和先后顺序存放好，待安装时对号入座。

预埋配电箱箱体时，应按需要打掉箱体敲落孔的压片。在砌体墙砌筑过程中，到达配电箱安装高度（通常为箱底距地面 1.5m），就可以设置箱体了。箱体的宽度与墙体厚度的比例关系应正确，箱体应横平竖直，放置好后应用靠尺板找好箱体的垂直度使之符合规定。箱体的垂直度允许偏差如下：

① 当箱体高度为 500mm 以下时，不应大于 1.5mm；

② 当箱体高度为 500mm 及以上时，不应大于 3mm。

当箱体宽度超过 300mm 时，箱顶部应设置过梁，使箱体不致受压。箱体宽度超过 500mm 时，箱顶部要安装钢筋混凝土过梁，箱体宽度在 500mm 以下时，在顶部可设置不少于 3 根 φ6 钢筋的钢筋砖过梁，钢筋两端伸出箱体两端不应小于 250mm，钢筋两端应弯成弯钩。

在 240mm 墙上安装配电箱时，要箱背凹进墙内不小于 20mm，在主体工程完成后室内抹灰前，配电箱箱体后壁要用 10mm 厚的石棉板，或钢丝直径为 2mm、孔洞为 10mm×10mm 的钢丝网钉牢，再用 1：2 水泥砂浆抹好，以防墙面开裂。

（2）配管与箱体连接 配电箱箱体埋设后，将进行配管与配电箱体的连接。连接各种电源，负载管应从左到右按顺序排列整齐。配电箱箱体内引上管敷设应与土建施工配合预埋，配管应与箱体先连接好，在墙体内砌筑固定牢固。

配管与箱体的连接可以采用以下方法施工。

① 螺纹连接：镀锌钢管与配电箱进行螺纹连接时，应先将管口端部套螺纹，拧入锁紧螺母，然后插入箱体内，再拧上锁紧螺母，露出 2～3 扣的螺纹长度，拧上护圈帽。钢管与配电箱体螺纹连接完成后，应采用相应直径的圆钢作接地跨接线，把钢管与箱体的棱边焊接起来。

② 焊接连接：暗敷钢管与铁制配电箱箱体采用焊接连接时，不宜把管与箱体直接焊接，可在入箱管端部适当位置上用两根圆钢在钢管管端两侧横向焊接。配管插入箱体敲落孔后，管口露出箱体长度应为 3～5mm，把圆钢焊接在箱体棱边上，可以作为接地跨接线。

③ 塑料管与箱体连接：塑料管与配电箱的连接，可以使用配套供应的管接头。先把连接管端部结合面涂上专用胶黏剂，插入导管接头中，用管接头同箱体的敲落孔进行连接。

配管与配电箱箱体的连接无论采用哪种方式，均应做到一管一孔顺直入箱，露出长度小于 5mm 和入箱管管口平齐，管孔吻合，不用敲落孔的不应敲落；箱体与配管连接处不应开长孔和用电、气焊开孔。自配电箱箱体向上配管，当建筑物有吊顶时，为与吊顶内配管连接，引上管的上端应弯成 90°，沿墙体垂直进入吊顶顶棚内。

（3）明装配电箱的安装 明装配电箱应在室内装饰工程结束后安装，可用预埋在墙体中的燕尾螺栓固定箱体，也可采用金属膨胀螺栓固定箱体。

4. 施工总结

① 盘、柜及盘、柜内设备与各构件间连接应牢固。主控制盘、继电保护盘和自动装置盘等不宜与基础型钢焊死。

② 盘、柜的漆层应完整，无损伤，固定电器的支架应刷漆，安装于同一室内且经常监视的盘、柜，其盘面颜色宜和谐一致。

③ 盘柜在室内的位置必须按施工图规定，作业人员不得任意更改。

二、盘面电气元件的安装与盘内配线

1. 示意图和施工现场图

明装配电箱示意和电磁系仪表实例分别见图 13-8 和图 13-9。

图 13-8　明装配电箱示意

图 13-9　电磁系仪表实例

2. 注意事项

① 安装过程中，要注意对已完工项目及设备配件的成品保护，防止磕碰摔砸，未经批准不得随意拆卸，不应拆卸的设备零件及仪表等防止损坏，不得利用开关柜支撑脚手架。

② 要把安装过程和土建工程作为一个整体来对待，在安装过程中，要注意保护建筑物的墙面、地面、顶板、门窗及油漆、装饰等防止碰坏，剔槽、打眼尽量缩小破损面。

③ 仪表及继电器，均应经过校验后方能安装，测量仪表应将额定值标明在刻度盘上。

3. 施工做法详解

① 仪表之间水平及垂直间距不应小于 20mm，固定仪表时，受力应均匀，以免影响仪表精度。较重的仪表安装，应在盘后另设支架支托。

② 控制开关安装时，应先检查各不同位置时触点闭合情况与展开图相符，各触点应接触良好，安装应横平竖直，固定牢靠。

③ 电阻器应安装在盘柜上部，应使冷却空气能在其周围流动并应在其接线端子 30mm 以内的一段芯线上套上小瓷管。

④ 信号灯、光字牌等信号元件安装前应进行外观检查及试亮，并检查灯罩颜色及附加电阻应与设计相符，单独提供的附加电阻应用小支架固定，不得悬吊在灯头接线螺钉上。

⑤ 光字牌里层的光玻璃上应用黑漆按设计图正楷书写相应标题，不应用写好字的纸条镶入两层玻璃中，以免烧焦。

⑥ 电器的安装尚应符合下列要求。

a. 发热元件宜安装在散热良好的地方；两个发热元件之间的连线应采用耐热导线或裸铜线套瓷管。

b. 熔断器的熔体规格、自动开关的整定值应符合设计要求。

c. 切换压板应接触良好，相邻压板间应有足够的安全距离，切换时不应碰及相邻的压板；对于一端带电的切换压板，应使在压板断开情况下，活动端不带电。

d. 信号回路的信号灯、光字牌、电铃、电笛、事故电钟等应显示准确，工作可靠。

e. 盘上装有装置性设备或其他有接地要求的电器，其外壳应可靠接地。

f. 带有照明的封闭式盘、柜应保证照明完好。

⑦ 端子排的安装应符合下列要求。

a. 端子排应无损坏，固定牢固，绝缘良好。

b. 端子排应有序号，垂直布置的端子排最底下一个端子，及水平布置的最下一排端子离地宜大于 350mm，端子排并列时彼此间隔不应小于 150mm。

c. 回路电压超过 400V，端子板应有足够的绝缘并涂以红色标志。

d. 强、弱电端子宜分开布置；当有困难时，应有明显标志并设空端子隔开或设加强绝缘的隔板。

e. 正、负电源之间以及经常带电的正电源与合闸或跳闸回路之间，宜以一个空端子隔开。

f. 电流回路应经过试验端子，其他需断开的回路宜经特殊端子或试验端子，试验端子应接触良好。

g. 潮湿环境宜采用防潮端子。

h. 接线端子应与导线截面匹配，不应使用小端子配大截面导线。

⑧ 二次回路的连接件应采用铜质制品，绝缘件应采用自熄性阻燃材料。

⑨ 盘柜的正面及背面各电器、端子牌等应标明编号、名称、用途及操作位置，其标明的字迹应清晰、工整，且不宜有脱色现象。

⑩ 盘、柜上的小母线应采用直径不小于 6mm 的铜棒或铜管，小母线两侧应有标明其代号或名称的绝缘标志牌，字迹应清晰、工整，且不宜有脱色现象。

⑪ 二次回路结线。盘内配线应按施工图规定，接线正确、整齐美观，绝缘良好，连接牢固；且不得有中间接头；若无明确规定，可选用铜芯电线或电缆，导线回路截面应符合如下要求。

a. 电流回路导线截面不小于 $2.5mm^2$。

b. 电压、控制、保护、信号等回路不小于 $1.5mm^2$。

c. 对电子元件回路、弱电回路采用锡焊连接时，在满足载流量和电压降及有足够的机械强度的情况下，可采用不小于 $0.5mm^2$ 截面的绝缘导线。

d. 多油设备的二次接线不得采用橡皮线，应采用塑料绝缘线。

e. 接到活动门、板上的二次配线必须采用 $2.5mm^2$ 以上的绝缘软线，并在转动轴线附近两端留出余量后卡固，结束应有外套塑料管等加强绝缘层。与电器连接时，端部应绞紧，并应加终端附件或搪锡，不得松散、断股。

f. 在剥掉绝缘层的导线端部套上标志管，导线顺时针方向弯成内径比端子接线螺钉外径大 $0.5 \sim 1mm$ 的圆圈；多股导线应先拧紧、挂锡、煨圈，并卡入梅花垫，或采用压接线鼻子，禁止直接插入。

⑫ 引入盘柜内的电缆及芯线应符合下列要求。

a. 引入盘柜内的电缆应排列整齐，编号清晰，避免交叉，并应固定牢固，不得使所接端子排受到机械应力。

b. 铠装电缆在进入盘、柜后，应将钢带切断，切断处的端部应扎紧，并应将钢带接地。

c. 使用静态保护、控制等逻辑回路的控制电缆，应采用屏蔽电缆，其屏蔽层应按设计要求的接地方式予以接地。

d. 橡胶绝缘的芯线应用外套绝缘管保护。

e. 盘柜内的电缆芯线，应按垂直或水平有规律地配置，不得任意歪斜交叉连接，备用芯线长度应留有适当余量。

f. 强、弱电回路不应使用同一根电缆，并应分别成束分开排列。

⑬ 直流回路中具有水银接点的电器，电源正极应接到水银侧接点的一端。

⑭ 在油污环境，应采用耐油的绝缘导线。在日光直射环境，橡胶或塑料绝缘导线应采取防护措施。

4. 施工总结

① 盘柜就位后，应按设计图进一步检查盘上元件的型号、规格及各种元件的端子编号及标志。

② 仪表、继电器等元件的密封垫、铅封、漆封和附件应完整。

③ 元件的固定应稳固端正，安装在盘上的各元件应能自由拆装，而不影响其他相邻元件和线束。

④ 盘、柜上的仪表等元件应用螺栓固定，不得将它们直接焊在盘、柜壁上。

第三节 ▶ 低压设备的安装

一、低压断路器的安装

1. 示意图和施工现场图

塑料外壳低压断路器示意和低压断路器实例分别见图 13-10 和图 13-11。

图 13-10　塑料外壳低压断路器示意

图 13-11　低压断路器实例

2. 注意事项

① 低压断路器的型号、规格应符合设计要求。

② 低压断路器安装应符合产品技术文件以及施工验收规范的规定。低压断路器宜垂直安装，且其倾斜角度不应大于5°。

③ 低压断路器与熔断器配合使用时，熔断器应安装在电源一侧。

3. 施工做法详解

① 低压断路器又称自动空气开关，是一种完善的低压控制开关。能在正常工作时带负荷通断电路，也能在电路

发生短路、严重过载以及电源电压太低或失压时自动切断电源，分为框架式和塑料外壳式两种。

② 断路器开关合闸只能手动，分闸既可手动也可自动。当电路发生短路故障时，其过电流脱扣器动作使开关自动跳闸，切断电路。电路发生严重过负荷，并且过负荷达到一定时间时，过负荷脱扣器动作，使开关自动跳闸切断电源。在按下脱扣按钮时，也可使开关的失压脱扣器失压或者使分励脱扣器通电，实施开关远程控制跳闸。

③ 断路器操动机构安装还应符合以下规定。

a. 操作手柄或传动杠杆的开、合位置应正确，操作力不应大于技术文件给定值。

b. 电动操动机构接线应正确。在合闸过程中开关不应跳跃。开关合闸后，限制电动机或电磁铁通电时间的连锁机构应及时动作，电动机或电磁铁通电时间不应超过产品规定值。

c. 开关辅助接点动作应正确、可靠，接触良好。

d. 抽屉式断路器的工作、试验、隔离三个位置的定位应明显，并应符合产品技术文件的规定。当空载时，抽拉数次应无卡阻现象，机械连锁应可靠。

④ 低压断路器接线时，裸露在箱体外部易于触及的导线端子必须加以绝缘保护。有半导体脱扣装置的低压断路器的接线，应符合相关要求。脱扣装置的动作应灵活、可靠。

⑤ 直流快速断路器的安装调试应注意下列事项。

a. 直流快速断路器的型号、规格应符合设计要求。

b. 安装时应防止倾斜，其倾斜度不应大于 5°，应严格控制底座的平整度。

c. 安装时应防止断路器倾倒、碰撞和激烈振动。基础槽钢与底座间应按设计要求采取防振措施。

d. 断路器极间的中心距离以及与相邻设备和建筑物之间的距离应符合表 13-1 规定。

表 13-1　断路器安装与相邻设备距离要求

断路器与相邻设备	安装距离/mm
断路器极间中心距离及与相邻设备或建筑物之间距离	≥500(当不能满足要求时,应加装高度不小于单极开关总高度的隔弧板)
灭弧室上方应留空间	≥1000,当不能满足要求时: 1. 在开关电流为 3000A 以下的断路器灭弧室上方 200mm 处,应加装隔弧板; 2. 在开关电流为 3000A 及以上的断路器灭弧室上方 500mm 处,应加装隔弧板

⑥ 灭弧时绝缘性能要求室内的绝缘衬件必须完好，电弧通道应畅通。

⑦ 触头的压力、开距、分段时间以及主触头调整后灭弧室支持螺杆与触头之间的绝缘电阻，应符合技术标准要求。

⑧ 直流快速断路器的接线还应符合下列要求。

a. 与母线连接时出线端子不应承受附加应力，母线支点与断路器之间距离不应小于 1000mm。

b. 当触头及线圈标有正、负极性时，其极性应与主回路极性一致。

c. 配线时应使其控制线与主回路分开。

⑨ 直流快速断路器调整、试验应符合下列要求。

a. 轴承转动应灵活，润滑剂涂抹均匀。

b. 衔铁的吸、合动作均匀。

c. 灭弧触头与主触头的动作顺序正确。

d. 安装完毕，应按产品技术文件进行交流工频耐压试验，不得有击穿、闪络现象。

e. 脱扣装置应按设计要求整定值校验，在短路或模拟情况下合闸时，脱扣装置应能立即脱扣。

4. 施工总结

低压断路器的安装调试应注意下列问题。

① 安装在受振动处的断路器，应有减振措施，以防开关内部零件松动。

② 正常安装应保持垂直，灭弧室应位于上部。

③ 操动机构的操作手柄或传动杠杆的开合位置应正确，并且操作灵活、动作准确，操作力不应大于允许工作力值。触头在闭合、断开过程中，可动部分与灭弧室零件不应有卡阻现象。触头接触紧密，接触电阻小。

④ 运行前和运行中应确保断路器洁净，防止开关触头点发热，以防酿成不能灭弧而引起的相间短路。

二、低压电动机安装

1. 示意图和施工现场图

低压电动机示意和实例分别见图 13-12 和图 13-13。

图 13-12　低压电动机示意　　　　　　　图 13-13　低压电动机实例

2. 注意事项

① 电机接线应牢固可靠，接线方式应与供电电压相符。

② 电动机安装后，应用手盘动数圈进行转动试验。

③ 电动机外壳保护接地（或接零）必须良好。

④ 电动机本体、控制和启动设备外观检查应无损伤及变形，油漆应完好；电动机及其附属设备均应符合设计要求。

3. 施工做法详解

工艺流程 ≫≫≫≫≫ ··········

基础准备→电动机安装→传动装置的安装和校正→电动机的配线→电动机的接线→交接验收。

（1）**基础准备**　基础应能够承受相关的静、动荷载，应不产生有害的下沉、变形或振动，基础内和地沟中不应有渗积水。基础应高出地面 $100 \sim 150$ mm；预埋地脚螺栓的位置应与电动机地基座预留孔相符，且必须将地脚螺栓埋入地下的一端做成人字形开口，确保预埋强度。第一次灌浆后的基础表面高度应较最终竣工面低 25～40mm，留出安置底板和调整垫板的位置，在基础上安放电动机底板时，一般需经过预置和最后调整两个阶段，经检查合格后，再二次灌浆。当混凝土强度达到设计强度的 40％～50％后方可进行机组安装。

（2）**电动机安装**　安装前，应先对基础进行检查、验收，内容有：基础的位置、标高、表面水平度以及地脚螺栓孔布置是否符合设计和实际要求；基础内外混凝土及伸缩缝应无裂纹和空洞。

质量在 100kg 以下的小型电动机，可用人力安装，比较重的电动机，应用起重机或滑轮安装。四个地脚螺栓上均要套上弹簧垫圈，拧螺母时要对角交替拧紧。

穿导线的钢管应在浇筑混凝土前埋好，连接电动机的一端钢管管口离地不得低于 100mm，并且应使其尽量接近电动机接线盒。在未穿线前，务必用木块堵住管口，以防有异物落入，造成穿线困难。

（3）**传动装置的安装和校正**　传动装置安装不好，会增加电动机的负载，严重时会烧坏电动机的绕组和损坏电动机的轴承。

① 带传动装置的安装：两个带轮要装在一个直线上，两轴要装平行。平带的接头必须正确，带扣的正反面不能搞错。电动机带轮的轴和被传动机器带轮的轴保持平行，同时还要使两带轮宽度的中心线在同一直线上。

② 联轴器传动装置的安装：常用的弹性联轴器安装时，应先把两半片联轴器分别装在电动机和机械的轴上，当两轴相对处于一条直线上时，先初步拧紧电动机的机座地脚螺栓，但不要拧得太紧。保持两半联轴器高低一致后，可将联轴器和电动机分别固定，再将地脚螺栓拧紧。

③ 齿轮传动装置的安装：安装的齿轮与电动机要配套，转轴的纵横尺寸要配合安装齿轮的尺寸。齿轮传动时，电动机的轴与被传动的轴应保持平行，两齿轮咬合应合适，可用塞尺测量两齿轮间的间距，如果间距均匀，说明两轴已平行，否则，还需要再调整。

（4）**电动机的配线**　电动机选定后，要合理地选择配电设备，在电气内线安装工程中，对电力设备进行配线，要根据设计所确定的配电系统、配线方式和电力平面图上的设计进行安装施工。

电动机的配线施工是电力配线的一部分，它是指由电力配电柜或配电箱（盘）至电动机这部分的配线，采用暗配管及管内穿线的配线方法较多，由于为电动机等电力设备供电，相应配备的有关电气设备也是电动机施工的安装内容。

（5）**电动机的接线**　电动机的接线是电动机安装工程中一项非常重要的工作。接线前应查对电动机铭牌的说明或电动机接线板上接线端子的数量和符号，然后根据接线图接线。若电动机没有铭牌或端子标号不清楚，则需要用万用表或交流指示灯法检查接线，然后再确定接线方法。

（6）**交接验收**　电动机在验收时，应提交下列资料和文件。

① 变更设计部分的实际施工图。

② 设计变更单。

③ 厂方提供的产品说明书、检查及试验记录、合格证及安装使用图纸等技术文件。

④ 安装验收记录、签证和电动机抽转子检查及干燥记录等。

⑤ 调整试验记录及报告。

4. 施工总结

① 电机的引出线接线端子焊接或压接良好，且编号齐全，裸露带电部分的电气间隙应符合产品标准的规定。

② 绕线式电机应检查电刷的提升装置，提升装置应有"起动""运行"的标志，动作顺序应是先短路集电环，后提起电刷。

③ 采用皮带传动的电动机轴及传动装置轴的中心线应平行，电动机及传动装置的皮带轮，自身全高垂直度不超过 0.5mm，两轮的相应槽应在同一直线上。

④ 采用齿轮传动时，圆齿轮中心线应平行，接触部分不应小于齿宽的 2/3，伞形齿轮中心线应按规定角度交叉，咬合程度应一致。

⑤ 采用联轴器传动时，轴向与径向允许误差，弹性连接的不应小于 0.05mm，刚性连接的不大于 0.02mm。互相连接的联轴器螺栓孔应一致，螺帽应有防松装置。

三、电动机干燥

1. 施工示意图

铁心感应干燥法和外壳铁损干燥法的接线图分别见图 13-14 和图 13-15 所示。

图 13-14　铁心感应干燥法接线图　　　图 13-15　外壳铁损干燥法接线图

2. 注意事项

电动机干燥时，周围环境应清洁，机内的灰尘、脏物可用干燥的压缩空气吹净（气压不大于 200kPa）。电动机外壳应接地。为避免干燥时的热损失，可采取保温措施，但应有必要的通风口，便于排除电动机绝缘中的潮气。

3. 施工做法详解

① 电动机经过运输和保管容易受潮，安装前必须检查绝缘情况。根据规范要求，对于新安装的额定电压为 1000V 以下的电动机，其线圈绝缘电阻在常温下应低于 0.5MΩ。额定电压为 1000V 及以上的电动机，在接近运行温度时定子线圈绝缘电阻不应低于每千伏 1MΩ，并且其吸收比一般不应低于 1.2；转子绕组的绝缘电阻不应低于每千伏 0.5MΩ。绝缘电阻温度换算可参照发电机定子线圈绝缘电阻温度换算系数。

② 当电动机的绝缘电阻低于上述数值时，一般应进行干燥。但是经耐压试验合格的额定电压 1000V 以上的电动机，当绝缘电阻值在常温下不低于每千伏 1MΩ 时可以不经干燥便投入运行。

③ 用兆欧表测量绝缘电阻时，在 60s 时所测得的电阻值 R_{60} 和在 15s 时所测得的电阻值 R_{15} 之比 R_{60}/R_{15} 称为吸收比。摇测绝缘电阻时，对 1000V 以下的电动机应使用 500V

兆欧表，1000V 及以上的电动机应使用 1000V 兆欧表测量。

④ 在干燥过程中，应定期测量绝缘电阻值，做好记录，所使用的兆欧表不应更换，一般干燥开始时，每隔 0.5h 测量一次绝缘电阻值，温升稳定后，每隔 1h 测量一次。当吸收比及绝缘电阻达到规定要求并在同一温度下经过 5h 稳定不变时，干燥便可结束。

电动机干燥的方法较多，常用方法如下。

（1）**外部加热法** 该方法是利用外部热源，例如红外线灯、大功率白炽灯等，对受潮的小型电动机进行烘烤。干燥时应将电动机前后端盖拆开。对大型电动机可使用加热器、通风机将热风吹入电动机内进行干燥。条件具备时也可将电动机放入烘干室内进行干燥。

外部加热法对受潮不严重的电动机效果较明显，对受潮严重的电动机干燥时间就较长，但是可配合其他方法一起进行。外部加热法使用简便，条件要求不高，比较可靠，所以应用较多。在进行外部加热法时要注意不应使电动机绕组过于靠近加热器，避免产生局部过热现象。

（2）**铜损干燥法** 该方法是对电动机定子绕组通入低压单相交流电，利用绕组本身电阻发热进行干燥的方法。一般通入电流的大小为电动机额定电流的 50%～70%。通电时先将电动机的三相定子绕组串联起来，然后接电源。若电动机定子绕组出线头为三个，电源可接到两相端头上，经过一定时间加热干燥后，再将电源换接到另两个端头再进行干燥，这样轮流进行使定子各相绕组能均匀干燥。

也可以使用直流电对电动机进行干燥，干燥时将电动机的三相绕组串联后接到直流电源。但此法对于严重受潮的电动机不宜采用，因为直流电对严重受潮的绕组绝缘有电解作用。

（3）**铁损干燥法** 可分为铁心感应干燥法和外壳铁损干燥法。

① 铁心感应干燥法。该方法是在电动机的定子上缠绕线圈，并通以单相交流电，使电动机的定子铁心内产生交变磁通，而使铁心发热，干燥电动机。

电机干燥前应将干燥现场打扫干净。材料、工具准备齐全，然后在电动机定子上绕线圈。绕线时要注意，不得把电动机的线圈压坏，绕线方向应一致。所用导线最好用橡皮绝缘线。绕线圈数和导线截面可参考有关资料进行计算。

② 外壳铁损干燥法。该方法是在电动机机壳上缠绕励磁线圈，通以单相交流电，使机壳内产生铁损以达到加热的目的。此方法适用于容量较小、尺寸不大、并已安装好的电动机。

干燥时，最好采用电焊变压器作为电源，由于其电压较低，还可以调节电流的大小。励磁线圈可以水平绕，也可以垂直绕，但绕线方向应一致。水平绕时，线圈的大部分应绕在机壳的下半部，使加热均匀。外壳最高温度不能高于 100℃，内部温度应在 60～80℃。温度要缓慢均匀升高到所需温度。

4．施工总结

① 电动机干燥时，其铁心或绕组的温度应缓慢上升，测量温度可用酒精温度计、电阻温度计或热电偶，不准使用水银温度计测量电动机温度，防止温度计破碎水银流入电动机绕组，破坏绝缘。

② 在电动机干燥过程中，应特别注意安全。值班人员不允许离开工作岗位，必须严密监视温度以及绝缘情况的变化，防止损坏电动机绕组和发生火灾。干燥现场应有防火措施及灭火器具（如 1301 灭火器等）。在干燥现场不得进行电焊和气焊，一定要确保安全。

第十四章

电缆敷设

第一节 ▶ 电缆沟、电缆竖井内电缆敷设

一、电缆支架安装

1. 施工现场图

电缆沟示意和电缆支架施工现场分别见图 14-1 和图 14-2。

(a) 室外电缆沟无覆盖层

(b) 室外电缆沟有覆盖层

图 14-1 电缆沟敷设

1—接地线；2—支架；3—电缆

图 14-2 电缆支架施工现场

2. 注意事项

① 电缆在电缆沟内以及竖井敷设前，土建专业应根据设计要求完成电缆沟以及电缆支架的施工，以便电缆敷设在沟内壁的角钢支架上。

② 支架与预埋件焊接固定时，焊缝应饱满；用膨胀螺栓固定时，选用螺栓应适配，连接紧固，防松零件齐全。

③ 沟内钢支架必须经过防腐处理。

3. 施工做法详解

工艺流程 ≫≫≫

电气竖井支架安装→电缆支架接地。

电缆在沟内敷设时，需用支架支持或固定，所以支架的安装非常重要，其相互间距是否恰当，将会影响通电后电缆的散热状况、对电缆的日常巡视、维护和检修等。电缆支架的安装要求如下。

① 若设计无要求，电缆支架最上层至沟顶的距离不应小于150mm；电缆支架间平行距离不小于100mm，垂直距离为150～200mm；电缆支架最下层距沟底的距离不应小于50mm。

② 室内电缆沟盖应与地面相平，对地面容易积水的地方，可用水泥砂浆将盖间的缝隙填实。室外电缆沟无覆盖时，盖板高出地面不小于100mm；有覆盖层时，盖板在地面下300mm，盖板搭接应有防水措施。

(1) 电气竖井支架安装 电缆在竖井内沿支架垂直敷设时，可采用扁钢支架。支架的长度可根据电缆的直径和根数确定。

扁钢支架与建筑物应采用M10×80mm的膨胀螺栓紧固。支架每隔1.5m设置1个，竖井内支架最上层距竖井顶部或楼板的距离不小于150mm，底部与楼（地）面的距离不宜小于300mm。

(2) 电缆支架接地 为保护人身安全和供电安全，金属电缆支架、电缆导管必须与PE线或PEN线连接可靠。若整个建筑物要求等电位联结，则更应如此。此外，接地线宜使用直径不小于φ12的镀锌圆钢，并且应在电缆敷设前与全长支架逐一焊接。

4. 施工总结

① 在有坡度的电缆沟内，其电缆支架也要保持同一坡度（也适用于有坡度的建筑物上的电缆支架）。

② 电缆支架自行加工时，钢材应平直，无显著扭曲。下料后长短偏差应在5mm范围内，切口无卷边和毛刺。钢支架采用焊接时，不要有显著的变形。

③ 支架安装应牢固、横平竖直。同一层的横撑应在同一水平面上，其高低偏差不应大于5mm；支架上各横撑的垂直距离，其偏差不应大于2mm。

二、电缆沟内电缆敷设

1. 施工现场图

电缆沟内电缆敷设实例见图14-3。

2. 注意事项

① 电力电缆和控制电缆应分开排列。

② 当电力电缆与控制电缆敷设在同一侧支架上时，应将控制电缆放在电力电缆下面，1kV及以下电力电缆应放在1kV以上电缆的下面（充油电缆应例外）。

③ 电缆与支架之间应用衬垫橡胶垫隔开，以保护电缆。

④ 电缆在沟内需要穿越墙壁或楼板时，应穿钢管保护。

图 14-3 电缆敷设实例

3. 施工做法详解

>>>> ....

电缆沟和竖井开挖→支架安装→电缆敷设。

(1) 电缆沟和竖井开挖

① 电缆在电缆沟内敷设，首先挖好一条电缆沟，电缆沟壁要用防水水泥砂浆抹面，然后把电缆敷设在沟壁的角钢支架上，最后盖上水泥板。电缆沟的尺寸根据电缆多少（通常不宜超过12根）而定。电缆沟敷设方法较直埋式投资高，但是检修方便，能容纳较多的电缆，在厂区的变、配电所中应用很广。在容易积水的地方，应考虑开挖排水沟。

② 电缆敷设前，应先检验电缆沟和电缆竖井，电缆沟的尺寸以及电缆支架间距应满足设计要求。

③ 电缆沟应平整，并且有0.1%的坡度。沟内要保持干燥，能防止地下水浸入。沟内应设置适当数量的积水坑，及时将沟内积水排出，通常每隔50m设一个，积水坑的尺寸以400mm×400mm×400mm为宜。

(2) 支架安装 电缆支架横撑间的垂直净距，若无设计规定，一般对电力电缆不小于150mm；对控制电缆不小于100mm。

(3) 电缆敷设

① 敷设在支架上的电缆，按电压等级排列，高压在上面，低压在下面，控制与通信电缆在最下面。若两侧装设电缆支架，则电力电缆与控制电缆、低压电缆应分别安装在沟的两边。

② 在电缆沟内敷设电缆时，其水平间距不得小于下列数值。

a. 电缆敷设在沟底时，电力电缆间为35mm，但是不小于电缆外径尺寸；不同级电力电缆与控制电缆间为100mm；控制电缆间距不做规定。

b. 电缆支架间的距离应按设计规定施工，若设计无规定，则不应大于表14-1的规定值。

表 14-1　电缆支架之间的距离　　　　　　　　　　　　　　单位：m

电缆种类	支架敷设方式	
	水平	垂直
电力电缆(橡胶及其他油浸纸绝缘电缆)	1.0	2.0
控制电缆	0.8	1.0

注：水平与垂直敷设包括沿墙壁、构架、楼板等处所非支架固定。

③ 电缆在支架上敷设时，拐弯处的最小弯曲半径应符合电缆最小允许弯曲半径。

④ 电缆表面距地面的距离不应小于0.7m，穿越农田时不应小于1m；66kV及以上电缆不应小于1m。只有在引入建筑物、与地下建筑物交叉及绕过地下建筑物处，可埋设浅些，但是应采取保护措施。

⑤ 电缆应埋设于冻土层以下；当无法深埋时，应采取保护措施，以防止电缆受到损坏。

⑥ 垂直敷设的电缆或大于45°倾斜敷设的电缆在每个支架上均应固定。

⑦ 交流单芯电缆或分相后的每相电缆固定用的夹具和支架，不应形成闭合铁磁回路。

4. 施工总结

① 排水方式为分段（每段为50m）设置集水井，集水井盖板结构应符合设计要求。井底铺设的卵石或碎石层与砂层的厚度应依据地点的情况适当增减。地下水位高的情况下，集水井应设置排水泵排水，保持沟底无积水。

② 电缆沟支架应平直，安装应牢固，保持横平。支架必须做防腐处理。支架或支持点的间距，应符合设计要求。

③ 电缆支架层间的最小垂直净距：10kV 及以下电力电缆为 150mm，控制电缆为 100mm。

④ 电缆敷设完后，用电缆沟盖板将电缆沟盖好，必要时，应将盖板缝隙密封，以免水、汽、油等侵入。

三、电缆竖井内电缆敷设

1. 示意图和施工现场图

电缆竖井内电缆固定方法示意和电缆敷设施工现场分别见图 14-4 和图 14-5。

(a) 双边管卡　　(b) 单边管卡

图 14-4　电缆竖井内电缆固定方法示意　　　　图 14-5　电缆竖井内电缆敷设施工现场

1—电缆；2—双边管卡；3—单边管卡；4—塑料胀管

2. 注意事项

① 电缆穿越楼板时，应装套管，并应将套管用防火材料封堵严密。

② 垂直敷设的电缆在每支架上或桥架上每隔 1.5m 处应加固定。

③ 电缆排列应顺直，不应溢出线架（线槽），电缆应固定整齐，保持垂直。

④ 支架、桥架必须按设计要求，做好全程接地处理。

3. 施工做法详解

电缆竖井内电缆敷设的施工顺序为：首先清理竖井内杂物，然后敷设电缆，最后在施工完成后自检。

电缆竖井内常用的布线方式为金属管、金属线槽、电缆或电缆桥架以及封闭母线等。在电缆竖井内除可敷设干线回路外，还可以设置各层的电力、照明分线箱以及弱电线路的端子箱等电气设备。

① 竖井内高压、低压和应急电源的电气线路，相互间应保持 0.3m 及以上距离或采取隔离措施，并且高压线路应设有明显标志。

② 强电和弱电若受条件限制必须设在同一竖井内，应分别布置在竖井两侧或采取隔离措施，以防止强电对弱电的干扰。

③ 电缆竖井内应敷设有接地干线和接地端子。

④ 在建筑物较高的电缆竖井内垂直布线时，需考虑下列因素。

a. 顶部最大变位和层间变位对干线的影响。为保证线路的运行安全，在线路的固定、连接及分支上应采取相应的防变位措施。高层建筑物垂直线路的顶部最大变位和层间变位是建筑物由于地震或风压等外部力量的作用而产生的。建筑物的变位必然影响到布线系统，这个影响对封闭式母线、金属线槽的影响最大，金属管布线次之，电缆布线最小。

b. 要综合考虑以下方面的问题：电线、电缆及金属保护管、罩等自重带来的荷重影响；导体通电以后，由于热应力、周围的环境温度经常变化而产生的反复荷载（材料的潜伸）；线路由于短路时的电磁力而产生的荷载。要充分研究支持方式以及导体覆盖材料的选择。

c. 垂直干线与分支干线的连接方法直接影响供电的可靠性和工程造价，必须进行充分研究。尤其应注意铝芯导线的连接和铜-铝接头的处理问题。

⑤ 敷设在竖井内的电缆，电缆的绝缘或护套应具有非延燃性。通常采用聚氯乙烯护套细钢丝铠装电力电缆，因为此类电缆能承受的拉力较大。

⑥ 在多、高层建筑中，一般低压电缆由低压配电室引出后，沿电缆隧道、电缆沟或电缆桥架进入电缆竖井，然后沿支架或桥架垂直上升。

⑦ 电缆在竖井内沿支架垂直布线。所用的扁钢支架与建筑物之间的固定应采用 M10×80mm 的膨胀螺栓紧固。支架设置距离为 1.5m，底部支架距楼（地）面的距离不应小于 300mm。扁钢支架上，电缆宜采用管卡子固定，各电缆之间的间距不应小于 50mm。

⑧ 小截面电缆在电气竖井内布线，也可沿墙敷设，此时，可使用双边管卡或单边管卡用 φ6×30mm 塑料胀管固定。

⑨ 电缆在穿过楼板或墙壁时，应设置保护管，并且用防火隔板和防火堵料等做好密封隔离，保护管两端管口空隙应做密封隔离。

⑩ 电缆敷设过程中，固定单芯电缆应使用单边管卡子，以减少单芯电缆在支架上的感应涡流。

4．施工总结

① 竖井有砌筑式竖井和组装结构竖井（钢筋混凝土预制结构或钢结构）。其垂直偏差不应大于其长度的 2/1000；支架横撑的水平误差不应大于其宽度的 2/1000；竖井对角线角的偏差不应大于其对角线长度的 5/1000。

② 电缆支架应安装牢固，横平竖直。其支架的结构形式、固定方式应符合设计要求。支架必须进行防腐处理。支架（桥架）与地面保持垂直，垂直度偏差不应超过 3mm。

③ 垂直敷设，有条件时最好自上而下敷设。可利用土建施工吊具，将电缆吊至楼层顶部。敷设时，同截面电缆应先敷设低层，后敷设高层，敷设时应有可靠的安全措施，特别是做好电缆轴和楼板的防滑措施。

④ 自下而上敷设时，小截面电缆可用滑轮和尼龙绳以人力牵引敷设。大截面电缆位于高层时，应利用机械牵引敷设。

⑤ 竖井支架距离应不大于 1500mm，沿桥架或托盘敷设时，每层最少架装两道卡固支架。敷设时，应放一根立即卡固一根。

第二节 ▶ 电缆桥架安装和桥架内电缆敷设

一、电缆桥架安装

1．示意图和施工现场图

电缆桥架示意和桥架安装施工现场分别见图 14-6 和图 14-7。

图 14-6　桥架示意

图 14-7　桥架安装施工现场

2. 注意事项

① 电缆桥架在竖井中穿越楼板处，在孔洞周边抹 5cm 高的水泥防水台，待桥架布线安装完后，洞口用难燃物件封堵死。电缆桥架穿墙或楼板孔洞时，不应将孔洞抹死，桥架进出口孔洞收口平整，并且留有桥架活动的余量。若孔洞需封堵时，可采用难燃的材料封堵好墙面抹平。电缆桥架在穿过防火隔墙及防火楼板时，应采取隔离措施。

② 电缆梯架、托盘水平敷设时距地面高度不宜低于 2.5m，垂直敷设时不低于 1.8m，低于上述高度时应加装金属盖板保护，但是敷设在电气专用房间（例如配电室、电气竖井、电缆隧道、设备层）内除外。

③ 强腐蚀或特别潮湿等环境中的梯架以及托盘布线，应采取可靠而有效的防护措施。同时，敷设在腐蚀气体管道和压力管道的上方以及腐蚀性液体管道的下方的电缆桥架应采用防腐隔离措施。

3. 施工做法详解

吊（支）架的安装→电缆桥架敷设安装→电缆桥架保护接地→桥架表面处理。

（1）吊（支）架的安装　吊（支）架通常采用标准的托臂和立柱进行安装，也有采用自制加工吊架或支架进行安装的。通常，为了保证电缆桥架的工程质量，应优先采用标准附件。

扫码观看视频

电线套管吊（支）架安装

① 标准托臂与立柱的安装：当采用标准的托臂和立柱进行安装时，其要求如下。

a. 成品托臂的安装。成品托臂的安装方式包括沿顶板安装、沿墙安装和沿竖井安装等。成品托臂的固定方式多采用 M10 以上的膨胀螺栓进行固定。

b. 立柱的安装。成品立柱由底座和立柱组成，其中立柱采用工字钢、角钢、槽钢、异型钢、双异型钢构成，立柱和底座的连接可采用螺栓固定和焊接，其中螺栓多采用 M10 以上的膨胀螺栓。

c. 方形吊架安装。成品方形吊架由吊杆、方形框组成，其固定方式可采用焊接预埋铁固定或直接固定吊杆，然后组装框架。

② 自制支（吊）架的安装：自制吊架和支架进行安装时，应根据电缆桥架及其组装图进行定位画线，并且在固定点进行打孔和固定。固定间距和螺栓规格由工程设计确定。若设计无规定，可根据桥架重量与承载情况选用。

自行制作吊架或支架时，应按以下规定进行。

a. 根据施工现场建筑物结构类型和电缆桥架造型尺寸与重量，决定选用工字钢、槽钢、角钢、圆钢或扁钢制作吊架或支架。

b. 吊架或支架制作尺寸和数量，根据电缆桥架布置图确定。

c. 确定选用钢材后，按尺寸进行断料制作，断料严禁气焊切割，加工尺寸允许最大误差为+5mm。

d. 型钢架的撖弯宜使用台钳用手锤打制，也可使用油压撖弯器用模具顶制。

e. 支架、吊架需钻孔处，孔径不得大于固定螺栓+2mm，严禁采用电焊或气焊割孔，以免产生应力集中。

(2) 电缆桥架敷设安装

① 根据电缆桥架布置安装图，对预埋件或固定点进行定位，沿建筑物敷设吊架或支架。

② 直线段电缆桥架安装，在直线端的桥架相互接槎处，可用专用的连接板进行连接，接槎处要求缝隙平密平齐，在电缆桥架两边外侧面用螺母固定。

③ 电缆桥架在十字交叉和丁字交叉处施工时，可采用定型产品水平四通、水平三通、垂直四通、垂直三通等进行连接，应以接槎边为中心向两端各大于300mm处，增加吊架或支架进行加固处理。

④ 电缆桥架在上、下、左、右转弯处，应使用定型的水平弯通、转动弯通、垂直凹（凸）弯通。上、下弯通进行连接时，其接槎边为中心两边各大于300mm处，连接时须增加吊架或支架进行加固。

⑤ 对于表面有坡度的建筑物，桥架敷设应随其坡度变化。可采用倾斜底座，或调角片进行倾斜调节。

⑥ 电缆桥架与盒、箱、柜、设备接口，应采用定型产品的引下装置进行连接，要求接口处平齐，缝隙均匀严密。

⑦ 电缆桥架的始端与终端应封堵牢固。

⑧ 电缆桥架安装时必须待整体电缆桥架调整符合设计图和规范规定后，再进行固定。

⑨电缆桥架整体与吊（支）架的垂直度与横档的水平度，应符合规范要求；待垂直度与水平度合格，电缆桥架上、下各层都对齐后，最后将吊（支）架固定牢固。

⑩ 电缆桥架敷设安装完毕后，经检查确认合格，将电缆桥架内外清扫后，进行电缆线路敷设。

(3) 电缆桥架保护接地 在建筑电气工程中，电缆桥架多数为钢制产品，较少采用在工业工程中为减少腐蚀而使用的非金属桥架和铝合金桥架。为了保证供电干线电路的使用安全，电缆桥架的接地或接零必须可靠。

① 电缆桥架应装置可靠的电气接地保护系统。外露导电系统必须与保护线连接。在接地孔处，应将任何不导电涂层和类似的表层清理干净。

② 为保证钢制电缆桥架系统有良好的接地性能，托盘、梯架之间接头处的连接电阻值不应大于0.00033Ω。

③ 金属电缆桥架及其支架和引入或引出的金属导管必须与 PE 或 PEN 线连接可靠，并且必须符合下列规定。

a. 金属电缆桥架及其支架与（PE）或（PEN）连接处应不少于2处。

b. 非镀锌电缆桥架连接板的两端跨接铜芯接地线，接地线的最小允许截面积应不小于 4mm^2。

c. 镀锌电缆桥架间连接板的两端不跨接接地线，但连接板两端不少于 2 个有防松螺帽或防松螺圈的连接固定螺栓。

④ 当利用电缆桥架作接地干线时，为保证桥架的电气通路，在电缆桥架的伸缩缝或软连接处需采用编织铜线连接。

⑤ 对于多层电缆桥架，当利用桥架的接地保护干线时，应将各层桥架的端部用 16mm^2 的软铜线并联连接起来，再与总接地干线相通。长距离电缆桥架每隔 30～50m 距离接地一次。

⑥ 在具有爆炸危险场所安装的电缆桥架，若无法与已有的接地干线连接时，必须单独敷设接地干线进行接地。

⑦ 沿桥架全长敷设接地保护干线时，每段（包括非直线段）托盘、梯架应至少有一点与接地保护干线可靠连接。

⑧ 在有振动的场所，接地部位的连接处应装置弹簧垫圈，防止因振动引起连接螺栓松动，中断接地通路。

（4）桥架表面处理　钢制桥架的表面处理方式，应按工程环境条件、重要性、耐火性和技术经济性等因素进行选择。当采用"T"类防腐方式为镀锌镍合金、高纯化等其他防腐处理的桥架，应按规定试验验证，并且应具有明确的技术质量指标以及检测方法。

4. 施工总结

① 电缆桥架水平敷设时，跨距通常为 1.5～3.0m；垂直敷设时其固定点间距不宜大于 2.0m。当支撑跨距不大于 6m 时，需要选用大跨距电缆桥架；当跨距大于 6m 时，必须进行特殊加工订货。

② 电缆梯架、托盘多层敷设时其层间距离通常为控制电缆间不小于 0.20m，电力电缆间应不小于 0.30m，弱电电缆与电力电缆间应不小于 0.5m，若有屏蔽盖板（防护罩）可减少到 0.3m，桥架上部距顶棚或其他障碍物应不小于 0.3m。

③ 电缆梯架、托盘上的电缆可无间距敷设。电缆在梯架、托盘内横断面的填充率，电力电缆应不大于 40%，控制电缆不应大于 50%。电缆桥架经过伸缩沉降缝时应断开，断开距离以 100mm 左右为宜。其桥架两端用活动插铁板连接，不宜固定。电缆桥架内的电缆应在首端、尾端、转弯以及每隔 50m 处设有注明电缆编号、型号、规格以及起止点等标记牌。

④ 下列不同电压，不同用途的电缆如：1kV 以上和 1kV 以下电缆；向一级负荷供电的双路电源电缆；应急照明和其他照明的电缆；强电和弱电电缆等不宜敷设在同一层桥架上，若受条件限制，必须安装在同一层桥架上时，应用隔板隔开。

二、桥架内电缆敷设

1. 示意图和施工现场图
桥架接线示意和桥架内电缆敷设施工现场分别见图 14-8 和图 14-9。

2. 注意事项
① 室内沿桥架敷设电缆时，宜在管道及空调工程基本施工完毕后进行，防止其他专业施工时损伤污染。

② 电缆两端头处的门窗应装好，并加锁，防止电缆丢失或损毁。

③ 桥架盖板应齐全，不得遗漏，并防止损坏和污染线槽。

④ 使用高凳时，注意不要碰坏建筑物的墙面及门窗等。

图 14-8　桥架接线示意

图 14-9　桥架内电缆敷设施工现场

3. 施工做法详解

（1）电缆敷设

① 电缆沿桥架敷设前，应防止电缆排列不整齐，出现严重交叉现象，必须事先就将电缆敷设位置排列好，规划出排列图表，按照图表进行施工。

② 施放电缆时，对于单端固定的托臂可以在地面上设置滑轮施放，放好后拿到托盘或梯架内；双吊杆固定的托盘或梯架内敷设电缆，应将电缆直接在托盘或梯架内安放滑轮施放，电缆不得直接在托盘或梯架内拖拉。

③ 电缆沿桥架敷设时，应单层敷设，电缆与电缆之间可以无间距敷设，电缆在桥架内应排列整齐，不应交叉，并且敷设一根，整理一根，卡固一根。

④ 垂直敷设的电缆每隔 1.5～2m 处应加以固定；水平敷设的电缆，在电缆的首尾两端、转弯及每隔 5～10m 处进行固定。电缆在不同标高的端部也应进行固定。大于 45°倾斜敷设的电缆，每隔 2m 设一固定点。

⑤ 电缆可以用尼龙卡带、绑线或电缆卡子进行固定。为了运行中巡视、维护和检修的方便，在桥架内电缆的首端、末端和分支处应设置标志牌。

⑥ 电缆出入电缆沟、竖井、建筑物、柜（盘）、台处以及导管管口处等应做密封处理。出入口、导管管口的封堵目的是防火、防小动物入侵、防异物跌入，均是为安全供电而设置的技术防范措施。

⑦ 在桥架内敷设电缆，每层电缆敷设完成后应进行检查；全部敷设完成后，经检验合格，才能盖上桥架的盖板。

（2）敷设质量要求

① 在桥架内电力电缆的总截面（包括外护层）不应大于桥架有效横断面的 40%，控制电缆不应大于 50%。

② 电缆桥架内敷设的电缆，在拐弯处电缆的弯曲半径应以最大截面电缆允许弯曲半径为准。

③ 室内电缆桥架布线时，为了防止发生火灾时火焰蔓延，电缆不应用黄麻或其他易燃材料做外护层。

④ 电缆桥架内敷设的电缆，应在电缆的首端、尾端、转弯及每隔 50m 处，设有编号、型号以及起止点等标记，标记应清晰齐全，挂装整齐无遗漏。

⑤ 桥架内电缆敷设完毕后，应及时清理杂物，有盖的可盖好盖板，并且进行最后调整。

4. 施工总结

① 短距离搬运，常规采用滚轮电缆轴的方法。运行应按电缆轴上箭头指示方向运作。

以防作业错误造成电缆松弛。

② 电缆支架的架设地点应选择土质密实的原土层的地坪上和便于施工的位置，一般应在电缆起止点附近为宜。架设后，应检查电缆轴的转动方向，电缆引出端应位于电缆轴的上方。

③ 不同等级电压的电缆应分层敷设，高压电缆应敷设在上层。

④ 沿桥架敷设电缆在其两端、拐弯处、交叉处应挂标志牌，直线段应适当增设标志牌。

第三节 ▶ 电缆保护管及排管敷设

一、电缆保护管敷设

1. 示意图和施工现场图

套管连接示意和保护管敷设施工现场分别见图 14-10 和图 14-11。

图 14-10　套管连接示意

图 14-11　保护管敷设施工现场

2. 注意事项

① 敷设管路时，保持墙面、顶棚、地面的清洁完整。修补铁件油漆时，不得污染建筑物。

② 施工用高凳时，不得碰撞墙、角、门、窗，更不得靠墙面立高凳。高凳脚应有包扎物，既防划伤地板，并防止滑倒。

③ 管路敷设完毕后注意成品保护，特别是在现浇混凝土结构施工中，应派专业人员看护，以防管路移位或受机械损伤。在合模和拆模时，应注意保护管路不要移位、被砸扁或被踩坏。

3. 施工做法详解

（1）高强度保护管的敷设地点　在下列地点，需敷设具有一定机械强度的保护管保护电缆。

① 电缆进入建筑物以及墙壁处：保护管伸入建筑物散水坡的长度不应小于 250mm，保护罩根部不应高出地面。

② 从电缆沟引至电杆或设备，距地面高度 2m 及以下的一段，应设钢保护管保护，保护管埋入非混凝土地面的深度不应小于 100mm。

③ 电缆与地下管道接近和有交叉的地方。

④ 电缆与道路、铁路有交叉的地方。

⑤ 其他可能受到机械损伤的地方。

(2) 明敷电缆保护管

① 明敷的电缆保护管与土建结构平行时，通常采用支架固定在建筑结构上，保护管装设在支架上。支架应均匀布置，支架间距不宜大于表 14-2 中的数值，以免保护管出现垂度。

表 14-2   电缆管支持点间最大允许距离

断路器与相邻设备	安装距离/mm
断路器极间中心距离及与相邻设备或建筑物之间距离	≥500（当不能满足要求时，应加装高度不小于单极开关总高度的隔弧板）
灭弧室上方应留空间	≥1000，当不能满足要求时： 1. 在开关电流为 3000A 以下的断路器灭弧室上方 200mm 处，应加装隔弧板； 2. 在开关电流为 3000A 及以上的断路器灭弧室上方 500mm 处，应加装隔弧板

② 若明敷的保护管为塑料管，其直线长度超过 30m 时，宜每隔 30m 加装一个伸缩节，以消除由于温度变化引起管子伸缩带来的应力影响。

③ 保护管与墙之间的净空距离不得小于 10mm；与热表面距离不得小于 200mm；交叉保护管净空距离不宜小于 10mm；平行保护管间净空距离不宜小于 20mm。

④ 明敷金属保护管的固定不得采用焊接方法。

扫码观看视频

混凝土内保护管敷设

(3) 混凝土内保护管敷设　对于埋设在混凝土内的保护管，在浇筑混凝土前应按实际安装位置量好尺寸，下料加工。管子敷设后应加以支撑和固定，以防止在浇筑混凝土时受振而移位。保护管敷设或弯制前应进行疏通和清扫，通常采用钢丝绑上棉纱或破布穿入管内清除脏污，检查通畅情况，在保证管内光滑畅通后，将管子两端暂时封堵。

(4) 电缆保护钢管顶过路敷设　当电缆直埋敷设线路时，其通过的地段有时会与铁路或交通频繁的道路交叉，由于不可能较长时间地断绝交通，所以常采用不开挖路面的顶管方法。

不开挖路面的顶管方法，即在铁路或道路的两侧各挖掘一个作业坑，一般可用顶管机或油压千斤顶将钢管从道路的一侧顶到另一侧。顶管时，应将千斤顶、垫块以及钢管放在轨道上用水准仪和水平仪将钢管找平调正，并且应对道路的断面有充分的了解，以免将管顶坏或顶坏其他管线。被顶钢管不宜作成尖头，以平头为好，尖头容易在碰到硬物时产生偏移。

在顶管时，为防止钢管头部变形并且阻止泥土进入钢管和提高顶管速度，也可在钢管头部装上圆锥体钻头，在钢管尾部装上钻尾，钻头和钻尾的规格均应与钢管直径相配套。也可以用电动机为动力，带动机械系统撞打钢管的一端，使钢管平行向前移动。

(5) 电缆保护钢管接地

① 用钢管作电缆保护管时，若利用电缆的保护钢管作接地线时，要先焊好接地跨接线，再敷设电缆。应避免在电缆敷设后再焊接地线时烧坏电缆。

② 钢管有螺纹的管接头处，在接头两侧应用跨接线焊接。用圆钢做跨接线时，其直径不宜小于 12mm；用扁钢做跨接线时，扁钢厚度不应小于 4mm，截面积不应小于 100mm^2。

③ 当电缆保护钢管，节间采用套管焊接时，不需再焊接地跨接线。

4. 施工总结

① 直埋电缆敷设时，应按要求事先埋设好电缆保护管，待电缆敷设时穿在管内，以保

护电缆避免损伤及方便更换和便于检查。

② 电缆保护钢、塑管的埋设深度不应小于 0.7m，直埋电缆当埋设深度超过 1.1m 时，可以不再考虑上部压力的机械损伤，即不需要再埋设电缆保护管。

③ 电缆与铁路、公路、城市街道、厂区道路下交叉时应敷设于坚固的保护管内，通常多使用钢保护管，埋设深度不应小于 1m，管的长度除应满足路面的宽度外，保护管的两端还应两边各伸出道路路基 2m；伸出排水沟 0.5m；在城市街道应伸出车道路面。

④ 直埋电缆与热力管道、管沟平行或交叉敷设时，电缆应穿石棉水泥管保护，并且应采取隔热措施。电缆与热力管道交叉时，敷设的保护管两端各伸出长度不应小于 2m。

⑤ 电缆保护管与其他管道（例如水、石油、煤气管）以及直埋电缆交叉时，两端各伸出长度不应小于 1m。

二、电缆排管敷设

1. 示意图和施工现场图

电缆排管示意和敷设施工现场分别见图 14-12 和图 14-13。

图 14-12　电缆排管示意

图 14-13　电缆排管敷设施工现场

2. 注意事项

① 电缆排管埋设时，排管沟底部地基应坚实、平整，不应有沉陷。若不符合要求，应对地基进行处理，并且夯实，以免地基下沉损坏电缆。

② 电缆排管沟底部应垫平夯实，并且铺以厚度不小于 80mm 厚的混凝土垫层。

③ 电缆排管敷设连接时，管孔应对准，以免影响管路的有效管径，保证敷设电缆时穿设顺利。电缆排管接缝处应严密，不得有地下水和泥浆渗入。

④ 电缆排管为便于检查和敷设电缆，在电缆线路转弯、分支、终端处应设人孔井。在直线段上，每隔 30m 以及在转弯和分支的地方也须设置电缆人孔井。

⑤ 排管在安装前应先疏通管孔，清除管孔内积灰杂物，并且应打磨管孔边缘的毛刺，防止穿电缆时划伤电缆。

3. 施工做法详解

（1）石棉水泥管混凝土包封敷设　石棉水泥管排管在穿过铁路、公路以及有重型车辆通过的场所时，应选用混凝土包封的敷设方式。

① 在电缆管沟沟底铲平夯实后，先用混凝土打好 100mm 厚底板，在底板上再浇注适当厚度的混凝土后，再放置定向垫块，并且在垫块上敷设石棉水泥管。

② 定向垫块应在管接头处两端300mm处设置。

③ 石棉水泥管排放时，应注意使水泥管的套管以及定向垫块相互错开。

④ 石棉水泥管混凝土包装敷设时，要预留足够的管孔，管与管之间的相互间距不应小于80mm。若采用分层敷设时，应分层浇注混凝土并捣实。

（2）石棉水泥管钢筋混凝土包封敷设

① 对于直埋石棉水泥管排管，若敷设在可能发生位移的土壤中（例如流沙层、8度及以上地震基本烈度区、回填土地段等），应选用钢筋混凝土包封敷设方式。

② 钢筋混凝土的包封敷设，在排管的上、下侧使用$\phi16$圆钢，在侧面当排管截面高度大于800mm时，每400mm需设$\phi12$钢筋一根，排管的箍筋使用$\phi8$圆钢，间距150mm。当石棉水泥管管顶距地面不足500mm时，应根据工程实际另行计算确定配筋数量。

③ 石棉水泥管钢筋混凝土包封敷设，在排管方向和敷设标高不变时，每隔50m须设置变形缝。石棉水泥管在变形缝处应用橡胶套管连接，并且在管端部缝隙处用沥青木丝板填充。在管接头处每隔250mm处另设置$\phi20$长度为900mm的接头连接钢筋；在接头包封处设$\phi25$长500mm的套管，在套管内注满防水油膏，在管接头包封处，另设$\phi6$间距250mm长的弯曲钢管。

（3）混凝土管块包封敷设 当混凝土管块穿过铁路、公路及有重型车辆通过的场所时，混凝土管块应采用混凝土包封的敷设方式。

混凝土管块的长度一般为400mm，其管孔的数量有2孔、4孔、6孔不等。现场较常采用的是4孔、6孔管块。根据工程情况，混凝土管块也可在现场组合排列成一定形式进行敷设。

① 混凝土管块混凝土包封敷设时，应先浇注底板，然后再放置混凝土管块。

② 在混凝土管块接缝处，应缠上宽80mm、长度为管块周长加上100mm的接缝砂布、纸条或塑料胶粘布，以防止砂浆进入。

③ 缠包严密后，先用$1:2.5$水泥砂浆抹缝封实，使管块接缝处严密，然后在混凝土管块周围灌注强度不小于C10的混凝土进行包封。

④ 混凝土管块敷设组合安装时，管块之间上下左右的接缝处，应保留15mm的间隙，用$1:25$水泥砂浆填充。

⑤ 混凝土管块包封敷设，按照规定设置工作井，混凝土管块与工作井连接时，管块距工作井内地面不应小于400mm。管块在接近工作井处，其基础应改为钢筋混凝土基础。

4. 施工总结

① 排管安装时，应有不小于0.5%的排水坡度，并且在人孔井内设集水坑，集中排水。

② 电缆排管敷设应一次留足备用管孔数，当无法预计时，除考虑散热孔外，可留10%的备用孔，但是不应少于1~2孔。

③ 电缆排管管孔的内径不应小于电缆外径的1.5倍，但是电力电缆的管孔内径不应小于90mm，控制电缆的管孔内径不应小于75mm。

④ 排管顶部距地面不应小于0.7m，在人行道下面敷设时，承受压力小，受外力作用的可能性也较小；若地下管线较多，埋设深度可浅些，但是不应小于0.5m。在厂房内不宜小于0.2m。

⑤ 当地面上均匀荷载超过100kN/m²或排管通过铁路以及遇有类似情况时，必须采取加固措施，防止排管受到机械损伤。

第十五章
室内配线工程

第一节 ▶ 明敷、暗敷线路施工

一、槽板配线

1. 示意图和施工现场图

槽板对接示意和槽板安装施工现场分别见图 15-1 和图 15-2。

图 15-1　槽板对接示意

图 15-2　槽板安装施工现场

2. 注意事项

① 在槽板配线时，应注意保持建筑物表面清洁。

② 槽板配线完成后，不应再进行室内建筑物表面的装修工作，以防止破坏或污染槽板和电气器具。

③ 施工中用的梯子应牢固，下端应有防滑措施，单面梯子与地面夹角以 60°～70°为宜；人字梯要在距梯脚 40～60mm 处设拉绳，不准站在梯子最上一层工作。

④ 站在高处安装时，工具及材料应拿稳，防止掉落伤人。

3. 施工做法详解

工艺流程 ▷▷▷▷

画线定位→安装槽板→导线敷设→固定盖板。

槽板配线是把绝缘导线敷设在槽板底板的线槽中，上部再用盖板把导线盖上的一种配线方式。槽板配线只适用于干燥环境下室内明敷设配线。槽板分为塑料槽板和木槽板两种，其安装要求基本相同，只是塑料槽板要求环境温度不得低于−15℃。槽板配线不能设在顶棚和

图 15-3　画线定位

墙壁内，也不能穿越顶棚和墙壁。

槽板施工是在土建抹灰层干燥后，按以下步骤进行。

（1）**画线定位**（图 15-3）　与夹板配线相同，应尽量沿房屋的线脚、横梁、墙角等隐蔽的地方敷设，并且与建筑物的线条平行或垂直。

（2）**安装槽板**　首先应正确拼接槽板，对接时应注意将底板与盖板的接口错开。槽板固定在砖和混凝土上时，固定点间距离不应大于 500mm；固定点与槽板起点、终点之间距离为 30mm。

（3）**导线敷设**　在槽内敷设导线时应注意以下几点。

① 同一条槽板内应敷设同一回路的导线，一槽只许敷设一条导线。

② 槽内导线不应受到挤压，不得有接头；若必须有接头时，可另装接线盒扣在槽板上。

③ 导线在灯具、开关、插座处一般要留 10cm 左右预留线以便连接；在配电箱、开关板处一般预留配电箱半个周长的导线余量或按实际需要留出足够长度。

（4）**固定盖板**　敷设导线同时就可把盖板固定在底板上。固定盖板时用钉子直接钉在底板中线上，槽板的终端需要做封端处理，即将盖板按底板槽的斜度折覆固定。

4. 施工总结

槽板布线施工中常见的问题与预防措施如下。

① 槽板扭曲变形。在选料时要认真，把平直的槽板用于长段线路和明显的场所，略次的设法用于其他较隐蔽场所。

② 盖板接口不严密。加工下料槽板时，在槽板锯断前应先制作好小模具，然后再根据盖板和底板每段所需要的长度和形状在模具内锯割加工。

③ 器具的绝缘台与槽板对接处有缝隙。器具绝缘台或底座应压住槽板端部。

二、钢索配线

1. 示意图和施工现场图

钢索安装做法示意和钢索配线施工现场分别见图 15-4 和图 15-5。

图 15-4　钢索安装做法示意

2. 注意事项

① 在钢索配线施工的过程中，应注意不要碰坏其他设备及建筑物的门窗、墙面、地面等。

② 钢索配线完成后，应防止把已敷设好的钢索碰动松弛，同时防止器具松动变位。

③ 钢索配线完成后，土建其他专业不应进行喷浆、刷油等工作，以免污染线路和电气

器具。

④ 高空作业时，要注意操作者及现场人员安全，不要上下抛扔物品以免伤人。

⑤ 钢索吊装钢导管配线，锯管套螺纹时管子压钳案子要放平稳，用力要均衡，防止锯条折断或套丝扳手崩滑伤人。

3. 施工做法详解

工艺流程 >>>>>

钢索的选用→钢索的安装→钢索配线。

在大型厂房内，当屋架较高、跨度较大，又要求灯具安装较低时，照明线路时常采用钢索配线，即利用固定在墙或梁、

图 15-5　钢索布线施工现场

柱、屋架等上的钢索吊载灯具和配线。这样既可降低灯具安装高度，又提高了被照面的照度，灯位布置也较为方便。导线可穿管敷设，吊在钢索上；也可以用扁钢吊架将绝缘子和灯具吊装在钢索上；还可选用塑料护套线直接敷设在钢索上。

（1）**钢索的选用**　配线用的钢索应符合下列要求。

① 应用镀锌钢索，不得使用含油芯的钢索。在潮湿或有腐蚀性的场所要用塑料护套钢索。

② 钢索的单根钢丝直径应小于 0.5mm，并且不得有扭曲和断股。

③ 选用圆钢作钢索时，安装前要调直预伸，并且刷防锈漆。

（2）**钢索的安装**

① 要求钢索的终端拉环固定牢固，能够承受钢索在全部负荷下的拉力。当钢索的长度为 50m 及以下时，要在两端装花篮螺栓。每增加 50m 时，应在中间加装一个花篮螺栓。每个终端的固定处至少要用两个钢索卡子。钢索的终端头要用金属绑线绑紧。

② 钢索长度超过 12m 时，中间可加吊钩辅助固定，吊钩采用直径不小于 8mm 的圆钢制作，一般中间吊钩间距不应大于 12m。

③ 钢索安装前，可先安装好两端的固定点和中间吊钩，再将钢索的一端穿入鸡心环的三角圈内，并用两只钢索卡子一正一反地夹紧夹牢，就完成了一端的安装。另一端的安装可先用紧线钳把钢索拉紧，端部穿过花篮螺栓处的鸡心环，用和上述同样方法折回钢索固定。最后用中间的吊钩固定钢索，钢索安装即完成。

④ 花篮螺栓的螺母都应套好，以便过后调整钢索的弛度。钢索配线的弛度不应大于 100mm，若用花篮螺栓调节无法满足，可在中间合适位置增加吊钩。

（3）**钢索配线**　钢索配线可以分为钢索吊钢管（或塑料管）配线、钢索吊瓷瓶配线和钢索吊塑料护套线配线。

① 钢索吊钢管配线的方法如下。

在钢索上每隔 1.5m 装设一个扁钢吊卡，再把钢管固定在管卡上。在灯位处的钢索上，要安装吊盒钢板，以安装灯头盒。灯头盒两端的钢管应做可靠的接地跨接线，钢管也应可靠接地。

若钢索上吊的是塑料管，管卡、灯头盒等用具改用塑料制品，做法与钢管相同。

② 钢索吊瓷瓶配线的方法如下。

钢索吊瓷瓶配线是指在钢索上安装扁钢吊卡，吊卡上安装瓷瓶，在瓷瓶上架设导线。按照配线根数的多少，可分为6线、4线、2线等方式。安装方式与吊钢管配线类似，吊卡间距一般也是1.5m。

③ 塑料护套线配线要求如下。

a. 塑料护套线不得直接埋入抹灰层内暗配敷设，也不得在室外露天场所直接明配敷设。

b. 塑料护套线明配敷设时，导线应平直，紧贴墙面（紧贴在建筑物的敷设面上），不应有松弛、扭绞和曲折现象；弯曲时不应损伤护套和芯线的绝缘层，弯曲半径不应小于导线护套宽度的3倍。

c. 固定塑料护套线的线卡之间的距离一般为150～200mm，线卡距接线盒、灯具、开关、插座等50～100mm处应增加一个固定点。在导线转弯处也应在转弯点两侧50～100mm处增加固定点，将导线固定牢靠。

4. 施工总结

① 安装后的钢索弛度过大。钢索在吊装前没有进行预拉伸，增加了安装后的伸长率。应调整钢索花篮螺栓，使钢索的弛度不大于100mm。

② 钢索配线无接地保护线或保护线截面不符合要求。应按规定补做明显可靠的保护线，其保护线的截面应考虑好与相线截面的关系。

③ 钢索配线各支持件的距离不一致，差别过大。应按允许偏差的规定值重新进行调整。

三、塑料管配线

1. 示意图和施工现场图

切管示意和塑料管配线施工现场分别见图15-6和图15-7。

图15-6　切管示意

图15-7　塑料管配线施工现场

2. 注意事项

① 安装塑料线管及管内配线时，应注意保持建筑物清洁。

② 线管安装后，不应再进行建筑装饰工程施工，以防线管受到污染。

③ 使用梯子施工时，应注意不要碰坏建筑物的门窗及墙面等。

3. 施工做法详解

【工艺流程】▶▶▶▶▶ ⋯⋯⋯⋯⋯⋯⋯⋯⋯⋯⋯⋯⋯⋯⋯⋯⋯⋯⋯⋯⋯⋯⋯⋯⋯⋯⋯⋯⋯

选管→加工→连接→塑料管敷设→穿线。

（1）选管　施工时管子的类型和规格一般按图样选择即可。通常硬塑料管适用于室内或有酸、碱等腐蚀性介质的场所，但不得用于高温或易受机械损伤的场所。半硬塑料管和波纹管适用于一般民用建筑照明工程的暗敷设，但是不得敷设于高温场所。

所选定的塑料管不应有裂缝和扁折、堵塞等情况，表观质量应符合要求。

（2）**加工**　切断硬质塑料管时，多用钢锯条。硬质 PVC 塑料管还可以使用厂家配套供应的专用截管器截剪管子。使用时，应边转动管子边进行裁剪，使刀口易于切入管壁。刀口切入管壁后，应停止转动 PVC 管（以保证切口平整），继续裁剪，直至管子切断为止。

硬质塑料管的弯曲分为冷煨和热煨两种。冷煨法只适用于硬质 PVC 塑料管。弯管时，将相应的弯管弹簧插入管内需要弯曲处，两手握住管弯处弹簧的部位，用手逐渐弯出所需要的弯曲半径来。采用热煨时，可将塑料管按量好的尺寸放在电烘箱和电炉上加热，待要软时取出，放在事先做好的胎具内弯曲成形。但是应注意不能使管烤伤、变色。

（3）**连接**

① 硬塑料管的连接包括螺纹连接和黏结连接两种方法。

a. 螺纹连接。用螺纹连接时，要在管口处套螺纹，可采用圆丝板，与钢管套螺纹方法类似。套完丝后，要清洁管口，将管口端面和内壁的毛刺清理干净，使管口光滑以免伤线。软塑料管和波纹管没有套螺纹的加工工艺。

b. 黏结连接。硬塑料管的黏结连接通常采用以下两种方法：插入法和套接法。

ⅰ. 插入法连接（图 15-8）。插入法又分为一步插入法和二步插入法，一步插入法适用于直径 50mm 及以下的硬质塑料管，二步插入法适用于直径 65mm 及以上的硬塑料管。

硬质塑料管之间以及与盒（箱）等器件的连接应采用插入法连接；连接处结合面应涂专用胶合剂，接口应牢固密封，并应符合下列要求：

第一，管与管之间采用套管连接时，套管长度宜为管外径的 1.5～3 倍；管与管的对口处应位于套管的中心；

图 15-8　塑料管插入连接

第二，管与器件连接时，插入深度宜为管外径的 1.1～1.8 倍。

硬质塑料管的连接，目前多使用成品管接头，连接管两端涂以专用胶黏剂，直接插入管接头。

硬质塑料管与盒（箱）的连接，可以采用成品管盒连接件，连接时，管端涂以专用胶黏剂插入连接即可。

ⅱ. 套接法。套接法是将相同直径的硬塑料管加热扩大成套管，再把需要连接的两管端部倒角，并用汽油清洁插接段，待汽油挥发后，在插接段均匀涂上胶合剂，迅速插入热套管中，并用湿布冷却即可。目前这种硬塑料管快接接头工艺应用很多。

② 半硬质塑料管和波纹管的连接方法如下。半硬质塑料管应采用套管粘接法连接，套管长度一般取连接管外径的 2～3 倍，接口处应用黏合剂粘接牢固。

塑料波纹管通常不用连接，必须连接时，可采用管接头连接。当波纹管进入配电箱接线时，必须采用管接头连接。

（4）**塑料管敷设**　塑料管直埋于现浇混凝土内，在浇捣混凝土时，应采取防止塑料管发生机械损伤的措施。在露出地面易受机械损伤的一段，也应采取保护措施。

图 15-9 塑料管穿线

（5）**穿线**（图 15-9）　塑料管穿线的施工规范和施工方法与钢管内穿线完全相同，穿线后即可进行接线和调试。

4. 施工总结

① 施工中使用的梯子应牢固，下端应有防滑措施，单面梯子与地面夹角以 60°～70° 为宜；人字梯要在距梯脚 40～60mm 处设拉绳，不准站在梯子最上一层工作。

② 使用自制登高车施工时，站人部位周围应有护栏。

四、金属线槽的安装

1. 示意图和施工现场图

金属线槽的连接示意和实例分别见图 15-10 和图 15-11。

图 15-10　金属线槽的连接示意

2. 注意事项

① 线槽应安装牢固，无扭曲变形，紧固件的螺母应在线槽外侧。

② 线槽在建筑物变形缝处，应设补偿装置。

③ 安装金属线槽及槽内配线时，应注意保持好建筑物清洁。

④ 吊顶内安装金属线槽及槽内配线时，应注意不能损坏吊顶。

⑤ 金属线槽安装后，不应再进行建筑物喷浆和

图 15-11　金属线槽实例

刷油，以防止金属线槽受到污染。

3. 施工做法详解

工艺流程　➤➤➤➤

　　弹线定位→固定安装。

　　（1）**弹线定位**　金属线槽安装前，要根据设计图确定出电源及盒（箱）等电气设备、器具的安装位置，从始端至终端找好水平或垂直线，用粉线袋沿墙、顶棚或地面等处，弹出线路的中心线，并根据线槽固定点的要求，分匀档距标出线槽支架、吊架的固定位置。

　　金属线槽敷设时，吊点及支持点的距离，应根据工程具体条件确定。通常在直线段固定间距不应大于 3m，在线槽的始端、终端、分支、转角、接头及进出接线盒处应不大于 0.5m。

　　（2）**固定安装**　金属线槽在墙上的固定安装方法如下。

　　① 金属线槽在墙上安装时，可采用 8mm×35mm 半圆头木螺钉配木砖或配塑料胀管的安装方式施工，其中用塑料胀管安装线槽方便施工，可省去配合土建预埋木砖的繁杂工序。

　　② 用塑料胀管在墙上安装金属线槽时，可根据线槽的宽度采用 1 个或 2 个塑料胀管配合木螺栓并列固定。

　　③ 当线槽的宽度 $b \leqslant 100$mm 时，可采用一个胀管固定；当线槽的宽度 $b > 100$mm 时，应采用两个胀管并列固定。金属线槽在墙上固定安装的固定间距为 500mm，每节线槽的固定点不应少于两个，固定线槽的螺钉紧固后端部应与线槽内表面光滑相连。线槽槽底应紧贴墙面固定。线槽的连接应连续无间断，线槽接口应平直、严密，线槽在转角、分支处和端部均应有固定点。

　　④ 金属线槽在墙上水平架空安装可使用托臂支承，托臂的形式由工程设计决定。托臂在墙上的安装方式可采用膨胀螺栓固定。当金属线槽宽度 $b \leqslant 100$mm 时，线槽在托臂上可采用一个螺栓固定。

　　⑤ 线槽在墙上水平架空安装也可使用扁钢或角钢支架支承，在制作支架下料后，长短偏差不应大于 5mm，切口处应无卷边和毛刺。

　　⑥ 支架制作时应焊接牢固，保持横平竖直，在有坡度的建筑物上安装支架应考虑好支架的制作形式。支架焊接后应无明显变形，焊缝均匀平整，焊缝处不得出现裂纹、咬边、气孔、凹陷、漏焊等缺陷。

4. 施工总结

　　① 金属线槽不可作为设备的接地导体，当设计无要求时，金属线槽全长不少于 2 处与接地（PE）或接零（PEN）干线连接。

　　② 非镀锌金属线槽间连接板的两端跨接铜芯接地线，镀锌线槽间连接板的两端不跨接接地线，但连接板两端应有不少于 2 个有防松螺帽或防松垫圈的连接固定螺栓。

　　③ 如发现支架或吊架固定不牢，可能是因为用膨胀螺栓固定支、吊架时，钻孔尺寸偏差大或膨胀螺栓未拧紧，应及时修复。

　　④ 如发现金属线槽在穿过建筑物变形缝处未做处理，应断开底板，重新处理，导线和保护线应留有补偿余量。

　　⑤ 如发现导线连接时线芯受损伤，缠绕圈数或倍数不符规定，挂钩不饱满，绝缘包扎不严密，应按管内穿线和导线连接中的有关内容重新进行连接。

第二节 ▶ 封闭承插式母线的安装

一、支架制作安装

1. 示意图和施工现场图

母线槽悬挂吊装示意和支架安装施工现场分别见图 15-12 和图 15-13。

图 15-12 母线槽悬挂吊装示意

图 15-13 支架安装施工现场

2. 注意事项

① 支架和吊架安装时必须拉线或吊线锤，以保证成排支架或吊架的横平竖直，并按规定间距设置支架和吊架。

② 按图纸尺寸加工各种支架。支架采用L 50×50×5 角钢制作，用 M10 膨胀螺栓固定在墙上。

3. 施工做法详解

支架制作→支架安装。

(1) 支架制作

① 根据施工现场结构类型，支架应采用角钢或槽钢制作。应采用"一"字形、"L"字形、"U"字形、"T"字形四种形式。

② 支架的加工制作按选好的型号、测量好的尺寸断料制作，断料严禁气焊切割，加工尺寸最大误差 5mm。

③ 用台钳撼弯型钢架，并用锤子打制，也可使用油压撼弯器用模具顶制。

④ 支架上钻孔应用台钻或手电钻钻孔，不得用气焊割孔，孔径不得大于螺栓 2mm。

⑤ 螺杆套扣，应用套丝机或套丝扳手加工，不许断丝。

(2) 支架安装

① 安装支架前应根据母线路径的走向测量出较准确的支架位置，在已确定的位置上钻孔，固定好安装支架的膨胀螺栓。

② 埋注支架用水泥砂浆，灰砂比 1∶3，用强度等级为 32.5 及以上的水泥，应注意灰浆饱满、严实、不高出墙面，埋深不少于 80mm。

③ 固定支架的膨胀螺栓不少于两个。一个吊架应用两根吊杆，固定牢固，螺扣外露2～4个螺距，膨胀螺栓应加平垫圈和弹簧垫，吊架应用双螺母夹紧。

④ 支架及支架与埋件焊接处刷防腐油漆应均匀，无漏刷，不污染建筑物。

⑤ 支架安装应位置正确，横平竖直，固定牢固，成排安装，排列整齐，间距均匀。支架刷油漆应均匀，无漏刷，不污染建筑物。

4. 施工总结

① 母线的拐弯处以及与配电箱、柜连接处必须安装支架，直线段支架间距不应大于2m，支架和吊架必须安装牢固。

② 支架安装距离，当裸母线为水平敷设时不超过3m，垂直敷设时不超过2m。支架距离要均匀一致，两支架间距离偏差不得大于50mm。

二、母线安装

1. 示意图和施工现场图

母线安装示意和施工现场分别见图15-14和图15-15。

图 15-14　母线安装示意

图 15-15　母线安装施工现场

2. 注意事项

① 母线涂色所用油漆等材料，应专人管理并进行严格控制，在现场使用时，专人监督负责；若有遗洒，马上进行清理，剩余油漆不得随意丢弃，应派专人进行回收，以免造成土地和水体污染。

② 母线施工时固体废弃物做到工完场清，分类管理，统一回收到规定的地点存放清运。

③ 母线加工时尽量远离办公区和生活区，预制加工场地要根据场地的具体情况，充分利用天然地形、建筑屏障条件，阻断或屏蔽一部分噪声的传播。

④ 当段与段连接时，两相邻段母线及外壳对准，连接后不使母线及外壳受额外应力。

3. 施工做法详解

封闭插接母线安装的一般要求如下。

① 封闭插接母线应按设计和产品技术文件规定进行组装，组装前应对每段母线进行绝缘电阻测定，测量结果符合设计要求，并做好记录。

② 封闭插接母线固定距离不得大于2.5m。水平敷设距地高度不应小于2.2m。母线应

可靠固定在支架上。

③ 母线槽的端头应装封闭罩，各段母线槽的外壳的连接应是可拆的，外壳间有跨接地线，两端应可靠接地。接地线压接处应有明显接地标识。

④ 母线与设备连接采用软连接。母线紧固螺栓应由厂家配套供应，应用力矩扳手紧固。

⑤ 母线段与段连接时，两相邻段母线及外壳应对准，母线接触面保持清洁，并涂电力复合脂，连接后不使母线及外壳受额外应力。

⑥ 母线槽悬挂吊装时，吊杆直径按产品技术文件要求选择，螺栓应能调节。

⑦ 封闭式母线落地安装时，安装高度应按设计要求，设计无要求时应符合规范要求。立柱可采用钢管或型钢制作。

⑧ 封闭式母线垂直安装时，沿墙或柱子处，应做固定支架，过楼板处应加装防振装置，并做防水台。

⑨ 封闭式母线敷设长度超过 40m 时，应设置伸缩节，跨越建筑物的伸缩缝或沉降缝处，宜采取适当的措施，设备订货时应提出此项要求。

⑩ 封闭式母线插接箱安装应可靠固定，垂直安装时，安装高度应符合设计要求，设计无要求时，插接箱底口距地宜为 1.4m。

⑪ 封闭式母线垂直安装距地 1.8m 以下时，应采取保护措施（电气专用竖井、配电室、电机室、技术层等除外）。

⑫ 封闭式母线穿越防火墙、防火楼板时，应采取防火隔离措施。

4. 施工总结

① 封闭插接母线组装和卡固位置应正确，固定牢固，横平竖直，成排安装应排列整齐，间距均匀，便于检修。

② 封闭插接母线外壳应可靠接地，接地牢固，防止松动，并严禁焊接。

③ 应检查成套供应的封闭式母线的各段是否缺少标志，外壳是否变形。应加强开箱清点，工作要仔细，在搬运及保管过程中应避免母线段损伤、碰撞。

第三节 ▶ 智能建筑系统安装

一、有线电视网络工程安装

1. 示意图和施工现场图

有线电视系统示意和光缆安装施工现场分别见图 15-16 和图 15-17。

2. 注意事项

① 进行架空光缆敷设时，架设吊线应使用专用紧线器拉直吊线，禁止使用捯链拉直吊线。

② 有线电视立杆要达到上下垂直不倾斜、电杆牢固不晃动的要求。

③ 接续作业过程中应特别注意防尘、防潮和防振。接续用的工具、材料需保持清洁，操作人员在作业过程中应穿工作服、戴工作帽。

④ 切断光缆必须使用光缆切断器，严禁使用钢锯，切断缆芯时宜用专用工具。

⑤在擦洗光纤松套管、加强芯、纺纶线上的油膏及脏物时，严禁用汽油等易燃溶剂擦洗，以防火灾。

图 15-16　有线电视系统示意

⑥ 用电吹风将松套管因扭绞引起的弯曲展直，切忌过热时松套管软化变形。

⑦ 在距离塑料综合护套切断处 450mm 处，用松套管切割刀在松套管表面横向划痕处轻轻地拆断松套管并抽出，切忌伤及光纤。

3. **施工做法详解**

【施工工艺流程】▷▷▷▷▷ ······

光缆运输→光缆检验→光缆敷设→配线架安装→光缆接续。

图 15-17　光缆安装施工现场

（1）**光缆运输**

① 使用叉车或吊车进行光缆盘的装卸作业，当使用跳板时应小心装卸，严禁将光缆盘从车上直接推落到地。

② 当滚动缆盘时，应顺盘绕（箭头）方向，并只应作 50m 以内短距离滚动。当滚动距离大于 50m 时应使用运输工具，运输时应将缆盘固定牢固，不得歪斜和平放。

（2）**光缆检验**

① 光缆运输到工地后，应由现场施工负责人检查如下内容：对照运输单检查包装的标记、端别、盘号、盘长，包装是否破损，缆身外观有无损坏、压扁等，并做出记录。对包装有严重损坏或外护层有损伤的，应详细记录，在光缆测试时重点检查。

② 在光缆入库前应核对光纤的几何、光学、传输特性以及机械物理性能，检查是否符合光缆设计要求。

③ 分别用 1310nm 和 1550nm 两个波长对光纤衰减进行测试，用 1310nm 波长对光缆长度进行测试。

④ 检查光缆接头盒中的金属构件是否具备对两侧光缆金属护套和金属加强件的紧固条件以及在电气上连通、绝缘、接地、悬浮的联结条件。

（3）光缆敷设

① 架空敷设的要点如下。

a. 架空光缆的吊线应采用规格为 7mm×2.2mm 的镀锌钢绞线，光缆线密度超过1.5kg/m 时，采用 7mm×2.6mm 的镀锌钢绞线。安装吊线前首先要制作接地线，应每隔500m 将钢绞线断开并接地一次，接地电阻一般应≤20Ω。

b. 架挂光缆的挂钩规格应与光缆外径相适应，挂钩在吊线上的搭扣应方向一致、分布均匀，挂钩托板应齐全，电杆拉线应采用镀锌钢绞线。

c. 竖立电杆时应保证：直线杆竖立在线路路由的中心线上，偏差≤5cm；角杆立起后，应向外倾斜一个杆梢左右，待线条收紧后回到转角点；终端杆立起后，杆身向拉线侧倾斜10~20cm。

d. 将竖立好的电杆按照设计要求进行统一编号。

e. 进行光缆架设时，建议以人工牵引为主，布放时一般以 5~15m/s 为宜，速度应均匀，敷设时不允许光缆在地上拖拉。不得出现急弯、扭转、浪涌、打小圈等现象，光缆的弯曲半径不应小于其外径的 20 倍。

② 管道敷设的要点如下。

a. 在进行管道敷设时，应遵循管孔的使用原则：先下后上，先两侧后中间；大芯数放两边、下面，小芯数放中间、上面。全程光缆占用的管孔应一致，不能错孔。

b. 凡是光缆经过的全部人孔处，都应设专人监管，在管道光缆人孔入口、出口、转弯处，管孔有高差等场合敷设光缆时，必须在有关位置安装不同结构的导引器和导引滑轮。

c. 管道光缆敷设时，无接头的光缆在直道上敷设应由人工逐个孔牵引；预先做好接头的光缆，其接头部分不得在管道内穿行。

d. 光缆布放到位后，缆线接头应在井内支架托板上固定，两侧余缆应整理好后固定在井壁上。

e. 敷设完毕后，应逐个在人孔内悬挂光缆标志牌，标志牌应位于人孔内光缆中部。

f. 进入人井应注意先给井内通风，在确认没有有毒气体后再下井作业。进入人井作业时井外应留人疏导交通，并在井口周围放置警示标志墩等。作业完毕后，及时盖好井盖。

③ 墙壁敷设的要点如下。

a. 墙壁光缆敷设的高度一般是外墙上距地面 3.0~3.5m，跨越街坊、院内过道等处，光缆最低点距地面不应小于 4.5m，有机动车穿越的地方不小于 5.5m。

b. 当光缆穿越墙壁时，应埋设穿墙管，穿墙孔应内高外低，穿墙应留回水弯。

c. 墙壁敷设光缆应采用吊线式敷设，不采用卡钩式敷设。

（4）配线架安装

① 安装 ODF（光纤配线架）时，应按图纸指定位置用地脚螺栓固定 ODF。

② 非自定式 ODF 须与邻近的墙壁用横梁固定。

③ ODF 上架前，确保与机房地线系统做好电气联结。

④ 进入机房沿走线架或沿槽道的光缆应有序排列，进入 ODF 入端光缆的加强芯必须和

ODF 固定牢固，中间位置视具体情况予以绑扎固定。

（5）光缆接续

① 光纤接续时应按光纤排列顺序，一一对应接续，开缆长度应足够长，能保证在光纤托盘中的光缆盘缆 2 周以上。

② 进行光缆接续前，应严格按照熔接表，将束管进行有序编码，以防熔接时出错。

③ 光纤接续时应使用光时域反射仪（OTDR）监测接续损耗值。

4. 施工总结

① 施工前应按设计文件对光缆路由进行复测。

② 光缆尾纤的特性和长度应符合设计要求，光纤活动联结器应具有良好的重复性和互换性。

③ 光缆敷设、熔接完成后，要求每根杆上、每个井内都要悬挂统一的光缆标志牌。

④ 光缆敷设时，依据设计文件标准，进行合理预留，一般情况下每 500m 留 20m 的余长，至光节点光缆缆长小于 500m 时留 10m 的余长。光缆余长每处超过 20m 时应用三角支撑架支撑，支撑固定点在盘圈下侧 1/3 处，两处固定点绑扎 3～4 圈。

⑤ 架空光缆在跨距内最低点距地面垂直距离：一般路段高度≥6m，过街及较大路口高度≥7m，过铁路时≥7.5m，居民区光缆沿楼架设缆高≥4.5m。

⑥ 钢绞线距上方电力线距离≥1.2m。

⑦ 架空光缆与树木等晃动物体接触部分应在光缆外部安装光缆护套管。

⑧ 为充分利用管孔资源，穿缆前应预先在管孔内布放 3～4 根塑料子管（内径 28cm 或 34cm）。布入子管时每隔 10～15m 用聚丙烯扎带绑扎，以避免子管扭曲。

⑨ 人工敷设光缆长度不宜过长，牵引几个人孔段后，将光缆引出，以"8"字形盘绕法盘绕，直至光缆布放完毕。

⑩ 光缆在管孔内不得有接头，并不得在人孔中间直接穿过。

⑪ 管道光缆敷设完成后，应检查人孔中的敷设余量和弯曲半径，管孔进出口应封堵严密。

⑫ 进出人井必须用人字梯，不得踩压支架及托板、光（电）缆。

⑬ 进入 ODF 的光缆在 ODF 内应绑扎固定，在距光缆开剥点 9cm 处将光纤松套管断开，并将光纤穿入软管当中引入指定子框内。

⑭ 光缆 ODF 上架后，应在明显位置按设计规定的编号方法将光缆编号。

⑮ 进入机房的余缆按指定的位置盘放整齐并固定，跳线余长分组盘入子框内。

二、办公自动化系统安装

1. 施工现场图

网线插座安装实例如图 15-18 所示。

2. 注意事项

① 保证网络系统实体安全。实体安全主要指环境安全和设备安全。应有专人负责机房管理，防止无关人员进入计算机房对计算机设备进行破坏，或直接窃取机密信息，保证计算机装置

图 15-18　网线插座安装实例

和设备的安全。良好的室内环境可保证机器设备和磁介质不会因温度太高或温湿度巨幅波动及火灾受到致命的伤害。

② 通过访问控制保证计算机网络系统运行安全，系统都按级别与口令来管理用户。特定用户只能根据自己的职责范围，使用与自己业务有关的功能模块，非法用户不允许使用系统的任何资源。以达到系统的安全控制目的，保证网络系统的安全运行。

③ 做好数据库备份工作保证信息安全，只有做好数据库备份，在网络系统或数据库遭到破坏时才能及时恢复。

④ 制订计算机系统安全保护制度，确保网络系统安全运行。

3. 施工做法详解

施工工艺流程 ▶▶▶▶▶

设备检验→服务器设置→服务器网络接口卡的安装和测试→客户端计算机有线网络接口卡的安装→办公自动化软件的选择和安装。

(1) 设备检验

① 网络设备安装前应对其安装环境，包括供电、接地、洁净度、温湿度、消防、安全、综合布线等进行检查和验收。对综合布线的验收应有网络布线结点图和线路电气性能测试报告。

② 网络设备开箱时应对所用设备进行外观检验，检查其品牌、型号、配置、数量，应与设计或采购合同相符。检查其标签、产品合格证、产品技术文件资料及随机附带安装软件和配件是否齐全。

③ 对设备扩充的配置应加电开机予以确认。

(2) 服务器设置

① 用随服务器带的导航光盘引导启动服务器，按照屏幕提示选择安装，直到安装过程正常结束。

② 硬盘冗余。现在有了从 RAIDO～RAID6 共 7 种基本的磁盘阵列（RAID）级别，应根据服务器的配置来选择不同的 RAID 级别。如选择 RAID5，将需要有相应的硬件卡支持。

③ 硬盘分区：应根据服务器的配置对磁盘组进行分区、格式化。

(3) 服务器网络接口卡的安装和测试

① 安装前的准备工作如下。

a. 网络接口卡的带宽等技术指标应符合服务器接入网络的设计要求。

b. 网络接口卡与网络互连的端口相容。

c. 网络接口线缆经测试合格。

d. 网络接口卡驱动程序及有关资料齐全。

② 安装与配置步骤如下。

a. 安装网络接口卡驱动程序。

b. 配置网络接口卡的硬件属性。若 Windows 系统，可设置 Adapter PCI Bus Number 和 Adapter PCI Slot Number 及 Media Type 属性。

c. 配置网络接口卡的通信属性。若 Windows 系统，按网络规划配置 Internet 协议（TCP/IP），包括：IP 地址、子网掩码、默认网关、首选 DNS 服务器和备用 DNS 服务器等。

③ 测试项目如下。

a. 在正常进入操作系统后，键入 Ping 服务器自身 IP 地址的命令，对所配置的网络接口卡进行测试。

b. 在"网络邻居"中应能查看到同一域中的客户端计算机。

（4）**客户端计算机有线网络接口卡的安装**

① 安装前的检查工作如下。

a. 客户端计算机的网卡是主板集成或 PCI 插槽。

b. 网络接口卡驱动程序及有关资料齐全。

c. 计算机与集线器连接线缆经测试合格。

② 安装与配置要点如下。

a. 新的 PCI 网络接口卡安装：应在客户端计算机断电后，打开机箱盖，将网络接口卡插在相应的槽口上，并用螺钉固定。

b. 对无集成网卡的笔记本电脑应将 PCMCIA 总线网卡插入笔记本电脑的 PCMCIA 插槽中。

c. 用网络接口卡驱动程序安装网卡驱动，使其处于正常工作状态。

d. 用网络连接线缆联结客户端计算机网卡和集线器接口。

e. 按网络规划配置客户端计算机 Internet 协议（TCP/IP），包括：IP 地址、子网掩码、默认网关、首选 DNS 服务器和备用 DNS 服务器等。

f. 对有域服务器的网络，以安装 Windows 系统为例，应在"控制面板"选"系统属性"重新命名计算机名或将该计算机加入域。

（5）**办公自动化软件的选择和安装**

① 办公自动化软件选择的原则如下。

a. 选择办公自动化系统主流平台。

b. 充分利用企业在计算机系统中已有投资，降低信息系统的总体成本。

c. 注重办公自动化产品的成熟度，产品的成熟功能是否满足企业的大部分要求。

d. 应充分考虑办公自动化产品与其他业务系统的结合，即产品的可拓展性：是否留有接口便于与其他系统快速整合。

② 办公自动化的实施过程如下。

a. 确定目标：明确办公自动化系统的目的、目标。

b. 明确需求：以主流的企业办公自动化系统软件功能为基础，结合企业自身的实际情况确定需求。

c. 实施规划：对企业办公自动化的目标、进度、资源三要素进行落实。

③ 办公自动化应用软件的安装步骤如下。

a. 按办公自动化应用软件说明书上要求配置软件安装的环境。

b. 按办公自动化应用软件安装手册，启动办公自动化应用软件安装，直到安装过程正常结束。

c. 按办公自动化应用软件使用手册，进行系统初始化。

d. 创建办公自动化应用软件的用户、口令及用户的权限等安全规则，保障系统的正常、可靠运行。

④ 办公自动化应用软件的试运行步骤如下。

a. 启动进入办公自动化应用软件，按其菜单执行，检查功能是否齐全。

b. 检查用户登录过程，包括用户名、口令、用户权限是否符合规划要求。

c. 检查主要功能是否能正常执行。

4. **施工总结**

① 设备兼容性问题主要有两种：一种是两个设备之间的不兼容，另一种是同一个设备的两端相互不兼容。所有网络设备都采用一家公司的产品是避免此类问题产生的好办法，这样可以最大限度地减少高、低端甚至是同等级别不同设备间的不兼容问题。

② 布线时遵循严格的管理制度是必要的，布线后不要遗留任何部件，因为使用者一般对网络不太熟悉，出现问题时很有可能病急乱投医，看到多余设备就会随便使用，使问题更加严重。

③ 磁干扰也是常见的问题，需注意的是防止干扰除了要避开干扰源之外，网线接头的连接方式也是至关重要的，不管是采用 568A 还是 568B 标准来制作网线，一定要保证 1 和 2、3 和 6 是两对芯线，这样才能有较强的抗干扰能力。

④ 设备散热工作是一定要做的，特别是对于核心设备以及服务器来说，需要把它们放置在一个专门的机房中进行管理，并且还需要配备空调等降温设备。

⑤ 按规格连接线缆，虽然目前很多网络设备都支持 DIP 跳线功能，也就是说不管连接的是正线还是反线，它都可以正常使用。但有些时候设备并不具备 DIP 功能，只有在连线时特别注意了接线种类，才能避免不必要的故障。

⑥ 留足网络接入点，理论上要有一倍的余量，这样才能满足日后升级的需求。

图 15-19　温、湿度传感器实例

三、建筑设备监控系统安装

1. 施工现场图

温、湿度传感器实例如图 15-19 所示。

2. 注意事项

① 不同要求的执行器，根据功能、工作原理的不同应安装在相应的设备的不同位置，以保证其正常工作。

② 控制箱不能影响箱门的自由开启。

③ 监控中心应设防静电活动地板，高度不低于 0.2m，各类导线在活动地板下线槽内敷设，电源线与信号线之间采取隔离措施。

3. 施工做法详解

施工工艺流程 ▶▶▶▶▶

主要输入设备安装→主要输出设备安装→DDC 及机房设备安装→系统调试。

(1) 主要输入设备安装

① 温、湿度传感器的安装要求如下。

a. 不安装在阳光直射的位置，远离有较强振动、电磁干扰的区域，其位置不能破坏建筑物外观的美观与完整性，室外温、湿度传感器有防风雨防护罩。

b. 尽可能远离窗、门和出风口的位置，如无法避开则与之距离不小于 2m。

c. 并列安装的传感器，距地高度一致，高度差不大于 1mm，同一区域内高度差不大于 5mm。

d. 温度传感器至 DDC 之间的连接符合设计要求，尽量减少因接线引起的误差，对于镍温度传感器的接线总电阻小于 3Ω，1kΩ 铂温度传感器的接线总电阻小于 1Ω。

e. 传感器应安装在风速平稳、能反映风温的位置。

f. 传感器的安装在风管保温层完成后，安装在风管直管段或避开风管死角的位置和蒸汽放空口的位置。

g. 风管型温、湿度传感器应安装在便于调试、维修的地方。

h. 风管型温、湿度传感器安装应在风管保温层完成之后进行。

i. 水管温度传感器的安装与工艺管道预制与安装同时进行。

j. 水管温度传感器的开孔与焊接工作，必须在工艺管道的防腐、衬里、吹扫和压力试验前进行。

k. 温度传感器的安装位置在水流温度变化灵敏和具有代表性的地方，不宜选择在阀门等阻力件附近、水流死角或振动较大的位置。

l. 风管型温度传感器的感温段大于管道口径的 1/2 时，可安装在管道的顶部，如感温段小于管道口径 1/2 时，安装在管道的侧面或底部。

m. 风管型湿度传感器不宜在焊缝及边缘上开孔和焊接。

② 压力、压差传感器，压差开关及其功能如下。

a. 压力、压差传感器是将空气压力或液体压力信号转换为 4～20mA 或 0～10V 的电气转换装置，压差开关是随着空气或液体的流量、压力或压差引起开关动作的装置。它们主要用于空气压力、流量和液体压力、流量的监测。

b. 电容式压差传感器可以测量 0～5kPa 的空气压力，其精度达 1%，具有良好的稳定性，并且在非常低的压力下仍具有良好的分辨力。空气压差开关是利用两个传感孔之间压差作用于控制器薄膜的两侧，使弹簧承托的薄膜移动并启动的开关。空气压差开关用于监测风机运行状态和过渡器阻力状态，检定暖通或通风管内的空气质量，控制变风量系统最大空气流量等。

c. 液体压差传感器，是通常由霍尔元件作为磁电转换的元件组成的霍尔压力变送器，静态承受压差额定值为 16MPa（160bar），其精度可达 ±1.5%。薄膜型液体压力传感器精度可达 ±0.25%～1%。

③ 流量传感器安装要点如下。

a. 流量传感器安装在便于维修并避免管道振动、避免强磁场及热辐射的场所。

b. 流量传感器安装时要水平，流体的流动方向必须与传感器壳体上所示的流向标志一致。如果没有标志，可按下列所述判断流向：流体的进口端导流器比较尖，中间有圆孔；流体的出口端导流器不尖，中间没有圆孔。

c. 当可能产生逆流时，流量变送器后面装设止逆阀。流量变送器装在测压点上游，距测压点 (3.5～5.5) D 的位置；测温设置在下游侧，距流量传感器 (6～8) D 的位置（D 为管径）。

d. 流量传感器需要装在一定长度的直管上，以确保管道内流速平稳。流量传感器上游应留有 10 倍管径长度的直管，下游有 5 倍管径长度的直管。若传感器前后的管道中安装有阀门和管道缩径、弯管等影响流量平稳的设备，则直管段的长度还需相应增加。

e. 信号的传输线宜采用具有屏蔽和绝缘保护层的电缆，宜在 DDC（直接数字控制器）侧一点接地。

④ 电量变送器安装要点如下。

a. 电量变送器通常安装在监测设备（高低压开关柜）内，或者在供配电设备附近装设一单独的电量变送器柜，将全部的变送器放在该柜内。然后将相监测设备的 CT、PT 输出端通过电缆接入电量变送器柜，并按设计和产品说明书提供的接线图接线，再将其对应的输出端接入 DDC 相的监测端。

b. 变送器接线时，严防其电压输入端短路和电流输入端开路。

c. 必须注意变送器的输入、输出端的范围与设计和 DDC 所要求的信号相符。

(2) **主要输出设备安装**　在楼宇设备自控系统中，其执行机构是调节系统的重要组成部分，按使用的能源分类有气动、电动、液动等，目前在 BAS 中常以电动和液动为多。其控制或调节的对象为装于风管、水管的阀门和装于风管的风门，因此可分为驱动与控制阀门的电磁、电动调节阀，液压调节阀和驱动与控制风管风阀的风阀执行器（或称控制器）。

① 电磁阀安装要点如下。

a. 电磁阀阀体上箭头的指向与水流方向一致。

b. 空调器的电磁阀旁一般装有旁通管路。

c. 电磁阀的口径与管道通径不一致时，采用渐缩管件，同时电磁阀口径一般不低于管道口径两个等级。

d. 电磁阀执行机构固定牢固，操作手轮处于便于操作的位置。

e. 电磁阀执行机构的机械传动灵活，无松动或卡涩现象。

f. 有阀位指示装置的电磁阀，阀位指示装置面向便于观察的位置。

g. 电磁阀安装前按安装使用说明书的规定检查线圈与阀体间的电阻。

h. 如条件许可，电磁阀在安装前宜进行模拟动作和试压试验。

i. 电磁阀一般安装在回水管口。

j. 电磁阀在管道冲洗前，完全打开。

② 电动阀安装要点如下。

a. 电动阀阀体上箭头的指向与水流方向一致。

b. 空调器的电动阀旁一般装有旁通管路。

c. 电动阀的口径与管道通径不一致时，采用渐缩管件；同时电动阀口径一般不低于管道口径两个等级满足设计要求。

d. 电动阀执行机构固定牢固，手动操作机构处于便于操作的位置。

e. 电动阀垂直安装于水平管道上，尤其对大口径电动阀不能有倾斜。

f. 有阀位指示装置的电动阀，阀位指示装置面向便于观察的位置。

g. 安装于室外的电动阀适当加防晒、防雨措施。

h. 电动阀在安装前宜进行模拟动作和试压试验。

i. 电动阀一般安装在回水管上。

j. 电动阀在管道冲洗前，完全打开，清除污物。

k. 检查电动阀门的驱动器，其行程、压力和最大关紧力（关阀的压力）必须满足设计和产品说明书的要求。

l. 检查电动调节阀的型号、材质必须符合设计要求，其阀体强度、阀芯渗漏量经试验必须满足产品说明书有关规定。

m. 电动调节阀安装时，避免给调节阀带来附加压力，当调节阀安装在管道较长的地方时，应安装支架和采取避振措施。

n. 检查电动调节阀的输入电压、输出信号和接线方式，符合产品说明书的要求。

（3）DDC 及机房设备安装

① 设备在安装前作检查，并符合下列条件。

a. 设备外形完整，内外表面漆层完好。

b. 设备外形尺寸、设备内主板及接线端口的型号规格符合设计规定。

c. 有底座设备的底座的尺寸与设备相符，其直线允许偏差每米为 1mm，当底座的总长度超过 5m 时，全长允许偏差为 5mm。

d. 设备安装底座时其表面应保持水平，水平度允许偏差为 1mm，底座总长度超过 5m 时，全长允许偏差为 5mm。

② 中央控制及网络通信设备的安装要符合下列规定。

a. 垂直、平正、牢固。

b. 垂直度允许偏差为 1.5mm。

c. 水平度允许偏差为 1mm。

d. 相邻设备顶部高度允许偏差为 2mm；相邻设备接缝处平面度允许偏差为 1mm；相邻设备接缝的间隙，不大于 2mm；相邻设备连接超过五处时，平面度的最大允许偏差为 5mm。

e. 按系统设计图检查主机、网络控制设备、UPS、打印机等设备之间的连接电缆型号以及连接方式是否正确。尤其要检查其主机与 DDC 之间的通信线，要有备用线。

（4）系统调试

① 数字量输入测试方法如下。

a. 信号电平的检查步骤如下。

ⅰ. 干接点输入：按设备说明书和设计要求确认其逻辑值。

ⅱ. 脉冲或累加信号：按设备说明书和设计要求确认其发生脉冲数与接收脉冲数一致并符合设备说明书规定的最小频率、最小峰值电压、最小脉冲宽度、最大频率、最大峰值电压、最大脉冲宽度。

ⅲ. 电压或电流信号（有源与无源）按设备说明书和设计的要求进行确认。

b. 动作试验：按上述不同信号的要求，用程序方式或手动方式对全部测点进行测试，并将测点值记录下来。

c. 特殊功能检查：按工程规定的功能进行检查，如高保真数字量信号输入以及正常、报警、线路，开路、短路的检测等。

② 数字量输出测试的方法如下。

a. 信号电平的检查。继电器开关量的输出 ON/OFF：按设备说明书和设计要求确认其输出的规定的电压电流范围和允许工作容量。输出电压或电流开关特性检查：其电压或电流输出，必须符合设备使用书和设计要求。

b. 动作试验。用程序方式或手动方式测试全部数字量输出，并记录其测试数值和观察受控设备的电气控制开关工作状态是否正常；如果受控单体受电试运行正常，则可以在受控设备正常受电情况下观察受控设备运行是否正常。

c. 特殊功能检查。按工程规定的功能进行检查，如按设计要求进行三态（快、慢、停）和间歇控制（1s、5s、0s）等的检查。

③ 模拟量输入测试方法如下。

a. 输入信号的检查。按设备说明书和设计要求确认其有源或无源的模拟量输入的类型、量程（容量）、设定值（设计值）是否符合规定，通常的传感器可按如下顺序进行检查和测试。

ⅰ．温、湿度、压力、压差传感器的检查与测试，项目如下。

按产品说明的要求确认设备的电源电压、频率、温度、湿度是否与实际相符。

按产品说明书的要求确认传感器的内外部连接线是否正确。

根据现场实际情况，按产品说明书规定的输入量程范围，接入模拟输入信号后在传感器端或 DDC 侧检查其输出信号，并经计算确认是否与实际值相符。

ⅱ．电量、电压、电流、频率、功率因数传感器的检查与测试内容如下。

按产品说明书的要求确认传感器的内外部连接线是否正确，严防电压型传感器的电压输入端短路和电流型传感器的输入端开路。

根据现场实际情况，按产品说明书规定的输入量程范围分别在传感器的输出端或 DDC 侧检查其输出信号，并经计算确认是否与实际值相符。

ⅲ．电磁流量传感器的检查与测试方法如下。

按产品说明书的要求，确认其内外部连接线正确。

静态调整：将流量传感器安装于现场后（探头部分必须完全浸没于静止的水中），在 DDC 侧测试其输出信号，如果此信号值的零偏差较大，则将其按产品和系统要求进行自动校零。

动态检查：模拟管道中的介质流量，然后在 DDC 侧测试其传感器的输出信号，经计算确认其是否与实际相符。

b．动作试验。用程序方式或手控方式对全部的人工智能测试点（AI 测试点）逐点进行扫描测试并记录各测点的数值，确认其值是否与实际情况一致。

c．模拟量输入精度测试。使用程序和手动方式测试其每一测试点，在其量程范围内读取三个测点（全量程的 10%、50%、90%），其测试精度要达到该设备使用说明书规定的要求。

d．特殊功能检查。按设计要求进行检查。

④ 模拟量输出测试方法如下。按设备使用说明书和设计要求确定其模拟量输出的类型、量程（容量）与设定值（设计值）是否符合，常用的各种风门、电动阀门驱动器可按如下顺序进行检查与测试。

a．按产品说明书的要求确认该设备的电源、电压、频率、温、湿度是否与实际相符。

b．确认各种驱动器的内外部连接线是否正确。

c．手动检查。首先将驱动器切换至手动挡，然后转动手动摇柄，检查驱动器的行程是否在 0~100% 范围内。

d．在确认手动检查正确后，在现场按产品说明书要求，模拟其输入信号或者从 DDC 输出 AO 信号，确认其驱动器动作是否正常。

e．动作试验。用程序或手控方式对全部的 AO 测试点逐点进行扫描测试，记录各测点的数值，并将该值填入附表，同时观察受控设备的工作状态和运行是否正常。

f．模拟量输出精度的测试内容如下。

ⅰ．特殊功能检查：按本工程规定的功能进行检查，如保持输出功能、事故安全功能等。

ⅱ．全部 DO、DI、AO、AI 点根据监控点表或调试方案规定的监控点数量和要求，按本规定的上述要求进行。

⑤ DDC 功能测试。

a. 运行可靠性测试内容如下。

ⅰ. 抽检某一受控设备设定的监控程序，测试其受控设备的运行记录和状态。

ⅱ. 关闭中央监控主机、数据网关（包括主机至 DDC 之间的通信设备），确认系统全部 DDC 及受控设备运行正常后，重新开机后抽检部分 DDC 设备中受控设备的运行记录和状态，同时确认系统框图及其他图形均能自动恢复。

ⅲ. 关闭 DDC 电源后，确认 DDC 及受控设备运行正常，重新受电后确认 DDC 能自动检测受控设备的运行，记录状态并予以恢复。

b. DDC 抗干扰测试内容如下。

ⅰ. 将一台干扰源设备（例如冲击电钻）接于 DDC 同一电源，干扰设备开机后，观察 DDC 设备及其他设备运行参数和状态是否正常。

ⅱ. DDC 软件主要功能及其实时性测试。

ⅲ. 按产品说明书和调试大纲的要求进行测试。

c. DDC 点对点控制测试内容如下。

ⅰ. 在 DDC 侧用笔记本电脑或现场检测器，或者在中央控制机侧手控一台被控设备测定其运行状态信号返回的时间是否满足系统的设计要求。

ⅱ. 在现场模拟一个报警信号，测定在 CRT 图面和触发蜂鸣器发出报警信号的时间是否满足系统设计要求。

ⅲ. 在中央控制机画面开启一台空调机，测定电动阀门的开度从 0 到 50% 的时间。

⑥ 基本用软件设定与确认，内容如下。

a. 确认 BAS 系统图与实际运行设备一致。

b. 按系统设计要求确认 BAS 中主机、DDC、网络控制器、网关等设备运行及故障状态等。

c. 按监控点表的要求确认 BAS 各子系统设备的传感器、阀门、执行器等运行状态、报警、控制方式等。

d. 确认 BAS 受控设备的平面图。

e. 确认 BAS 受控设备的平面位置与实际位置一致。

f. 激活 BAS 受控设备的平面位置后，确认其监控点的状态、功能与监控点表的功能一致。

g. 确认在 CRT 主机侧对现场设备进行手动控制操作正常。

⑦ 系统调试步骤如下。

a. 系统的接线检查：按系统设计图纸要求，检查主机与网络器、网关设备、DDC、系统外部设备（包括电源 UPS、打印设备）、通信接口（包括与其他子系统）之间的联结、传输线型号规格是否正确，通信接口的通信协议，数据传输格式、速率等是否符合设计要求。

b. 系统通信检查：主机及其设备通电后，启动程序检查主机与本系统其他设备通信是否正常，确认系统内设备无故障。

c. 系统监控性能的测试内容如下。

ⅰ. 在主机侧按监控点表和调试大纲的要求，对系统的 DO、DI、AO、AI 进行抽样测试。

ⅱ．如系统有热备份系统，则令其中一机处于人为故障状态下，确认备份系统运行正常并检查运行参数不变，确认现场运行参数不丢失。

ⅲ．按要求在主机侧对单机设备进行抽样测试。

d．系统联动功能的测试：系统与其他子系统采取硬联结方式联动，则按设计要求全部或分类对各监控点进行测试，并确认其功能满足设计要求。系统与其他子系统采取通信方式连接，则按系统集成的要求进行测试。

4．施工总结

① 安装应牢固，如有不合格现象应及时修理好。

② 若导线压接松动、反圈，绝缘电阻值低，则应将压接不牢的导线重新压牢固，反圈的应按顺时针方向调整过来，绝缘电阻值低于标准值的应找出原因，否则不准投入使用。

③ 压接导线时，应认真摇测各回路的绝缘电阻，如造成调试困难时，应拆开压接导线重新进行复合，直到准确无误为止。

④ 若运行中出现误报，则应检查绝缘电阻值是否符合要求、是否有虚接现象，直到调试正常为止。

四、火灾报警及消防联动系统安装

1．示意图和施工现场图

在梁上安装火灾探测器时，梁的最大允许高度和火灾探测器实例分别见图 15-20 和图 15-21。

(a) 感温探测器

(b) 感烟探测器

图 15-20　在梁上安装探测器时，梁的最大允许高度示意

图 15-21　火灾探测器实例

2．注意事项

① 管路敷设在混凝土或墙内时，要及时封堵管口和盒子，以免进入杂物影响下道工序穿线，造成剔凿；土建打混凝土或砌墙时要有专人配合，以免敷设的钢管移位造成返工。

② 自动报警设备安装时，土建工程应做到地面、墙面、门窗喷浆完毕，在有专人看管的条件下进行安装。

③ 消防控制室和装有控制器的房间工作完毕后应及时上锁，关好门窗，设备应罩上防尘防潮罩。

④ 报警探测器应先装上底座，并戴上防尘罩调试时再装探头。

⑤ 易丢失损坏的设备如手动报警按钮、喇叭、电话及电话插孔等应最后安装。

⑥ 自动报警系统设备安装时，应采取保护措施以确保墙面、地面、吊顶不受损坏和污染。

3. 施工做法详解

施工工艺流程 ▶▶▶▶

管路和线槽安装→管路和线槽内配线→报警设备安装。

(1) 管路和线槽安装

① 管路安装（暗敷、明敷）要求如下。

a. 消防控制、通信和警报线路采用暗敷时，应采用金属管保护，并敷设在不燃烧体的结构层内，保护层厚度不应小于30mm；当采用明敷时，应采用金属管或金属线槽保护，并应在金属管或金属线槽上采取防火保护措施。

b. 金属管的规格、型号应符合设计及规范要求，管材壁厚均匀，焊缝均匀，无劈裂、砂眼、棱刺和凹扁现象，镀锌层内外均匀完整无损。

c. 暗敷设在混凝土墙内的硬质塑料管，材质应阻燃、耐冲击，导管及配件不破裂，管材内外应光滑，无凸棱、凹陷、针孔、气泡，内外径符合国家统一标准，管壁厚度均匀一致，所用绝缘导管附件应使用配套的阻燃绝缘制品。

d. 敷设在多尘或潮湿场所管路的管口和管子连接处，均应做密封处理。

e. 管路敷设超过下列长度时，应装设接线盒：无弯曲时45m；1处弯曲时30m；2处弯曲20m；3处弯曲时12m。

f. 管路敷设弯曲处不应有折皱、凹陷及裂缝，管弯不得小于90°，弯扁度不应大于管外径的10%；明配管时弯曲半径不应小于管外径的6倍，暗配管时弯曲半径不应小于管外径的10倍。

g. 管路连接要求如下。

ⅰ. 镀锌钢管采用管箍丝扣连接，套螺纹不得有乱扣，必须使用通丝管箍。上好管箍后，管口应对严，外露丝应不多于2扣，接地采用专用接地卡子连接，两卡间连线为铜芯软线，截面积不小于4mm²。

ⅱ. 紧定式薄壁钢管（JDG）和扣压式薄壁钢管（KBG）连接采用专用接头连接，管接口处应涂电力复合脂，可不做跨接地线。

ⅲ. 阻燃硬质塑料管连接采用相同材质的套箍，用专用胶黏剂连接接口，密封牢固。

h. 管路进入箱、盒，内外均应有根母或用专用接头固定，内侧安装护口，管路进箱盒的长度以带满护口贴进根母为准，接地采用专用接地卡子连接，如图15-22所示。

i. 敷设于地板下或楼板内的管路，不宜穿过设备基础，当必须穿过时应采用保护管保护。

j. 管线穿过建筑物的变形缝（包括伸缩缝、沉降缝、抗震缝等）时，应采取补偿措施，导线跨越变形缝的两侧应固定，并留有适当余量，如图15-23所示。

图15-22 镀锌钢管与接线盒连接示意

图15-23 管线沿墙板过伸缩沉降缝敷设示意

k. 在吊顶内敷设管路，宜采用单独的卡具吊装或支撑物固定，不应利用轻钢龙骨吊点做支点。

l. 水平或垂直敷设的明配管允许偏差值：管路在 2m 以内时，偏差为 3mm，全长偏差不应超过管子内径的 1/2。

m. 明配管应排列整齐，固定点间距应均匀，管卡与终端、转弯中点、设备或接线盒边缘的距离为 150～500mm；中间的管卡最大距离见表 15-1。

表 15-1　钢管中间管卡最大距离 单位：mm

钢管壁厚	钢管直径				
	15～20	25～32	32～40	50～65	65 以上
＞2	1500	2000	2500	2500	3500
≤2	1000	1500	2000	2000	—

n. 暗配管在没有吊顶的情况下，探测器盒的位置就是安装探头的位置，不能调整，所以要求探测器盒的位置应按探测器安装要求定位。

② 线槽安装要求如下。

a. 金属线槽及其附件，应采用经过镀锌处理的定型产品，线槽内外应光滑平整，无棱刺，无扭曲、翘边等变形现象，各种附件齐全。

b. 线槽敷设的直线段应每隔 1.0～1.5m 设置吊点或支点，在线槽接头处、距接线盒 0.2m 处和线槽走向改变或转角处也应设置吊点或支点。

c. 吊装线槽的吊杆直径，不应小于 6mm。

d. 线槽的接口应平整，宜采用外连接，接缝处应紧密平直，连接板两端有不少于 2 个有防松螺帽或防松垫圈的连接固定螺栓，螺母置于线槽外侧。线槽盖装平正，无翘角，出线口的位置准确。

e. 线槽进行交叉、转弯、丁字连接时，应采用单通、二通、三通、四通或平面二通、平面三通等进行变通连接，导线接头处应设置在接线盒内。

f. 线槽与盒、箱、柜等连接时，进线和出线口等处应采用抱脚连接，并用螺丝紧固，末端应加装封堵。

g. 线槽过墙或楼板孔洞时，四周应留 50～100mm 缝隙，通过防火分区时用防火材料封堵。

h. 线槽敷设应平直整齐，水平和垂直允许偏差为其长度的 2‰，且全长允许偏差为 20mm，并列安装时槽盖应便于开启。

i. 金属线槽的连接不应在穿过楼板或墙壁等处进行。

j. 线槽与各种管道平行或交叉，其最小净距应符合表 15-2 的规定。

表 15-2　线槽与各种管道的最小净距

管道类别		平行净距/m	交叉净距/m
一般工艺管道		0.40	0.30
具有腐蚀性液体或气体管道		0.50	0.50
热力管道	有保温层	0.30	0.50
	无保温层	0.50	1.00

(2) 管路和线槽内配线

① 火灾报警及消防联动系统的传输线路应采用电压等级不低于交流 250V 的铜芯绝缘导

线或铜芯电缆。

② 火灾报警及消防联动系统的传输线路的线芯截面应满足机械强度要求，铜芯绝缘导线、铜芯电缆线芯最小截面积应满足：穿管敷设的绝缘导线为 1.00mm^2；线槽内敷设的绝缘导线为 0.75mm^2；多芯电缆为 0.5mm^2。

③ 火灾报警及消防联动系统的传输线路，宜选择不同颜色的绝缘导线，同一工程中相同用途的绝缘导线颜色应一致，接线端子应有标号。

④ 火灾报警及消防联动系统的信号二总线、电源线、通信线等应采用阻燃型电线或电缆，其中消防电话线应采用屏蔽型且应单独布线，远程控制设备的线路（包括消火栓按钮启泵线）应采用耐火型控制电缆。

⑤ 进场的绝缘导线和控制电缆的规格、型号、质量必须应符合设计要求，应有合格证和检测报告。

⑥ 管路或线槽内配线，应在建筑抹灰及地面工程结束后进行。在穿线或电缆前，应将管内或线槽内的积水及杂物清除干净。

⑦ 不同系统、不同电压等级、不同电流类别的线路，不应在同一管内或线槽的同一槽孔内。

⑧ 火灾报警及消防联动系统竖井内总线及室外总线可采用增大导线截面积、合理配置就地电源、减少接点数量等方法避免由于楼层高、建筑物之间距离远、线路长而导致的压降。

⑨ 敷设于钢管或室外管孔内的绝缘导线或电缆的总截面积（包括外护层）不应超过管内截面积的 40%，敷设于封闭式线槽内的绝缘导线或电缆的总截面积（包括保护层）不应超过线槽有效截面积的 50%。

⑩ 钢管在穿线前，应首先检查各个管口的护口是否整齐，如有遗漏或破损，均应补齐和更换。

⑪ 导线连接要求如下。

a. 导线连接的接头不应增加电阻值，受力导线不应降低原机械强度，亦不能降低原绝缘强度，为满足上述要求，导线连接时必须削去绝缘层，除掉氧化膜，再进行连接、施焊、包缠绝缘。

b. 绝缘导线在 4mm^2 以下时一般使用剥线钳剥掉导线绝缘层，使用电工刀时，不允许用刀在导线周围转圈切割绝缘层。如有编织的导线应用电工刀剥去外层编织层，并留有约 12mm 的绝缘层，线芯长度随接线方法和要求的机械强度而定。

c. 单芯线或经涮锡处理的多股软线接头方法为：将导线绝缘层并齐合拢，在距绝缘层约 12～15mm 处用其中一根较细线芯在另一根较粗线芯缠绕 5～7 圈后剪断，把余头并齐折回压在缠绕线上，最后进行涮锡处理。

d. 单芯线可采用安全型压线帽进行连接，分别适用于 1.0mm^2、1.5mm^2、2.5mm^2、4mm^2 的 2～4 根导线的连接。其操作方法是：将导线绝缘层剥去 10～13mm（按帽的型号决定），清除氧化物，按规定选用适当的压线帽，将线芯插入压线帽的压接管内，若填不实，可将线芯折回头（剥长加倍），填满为止。线芯插到底后，导线绝缘层应与压接管的管口平齐，并包在帽壳内，然后用专用压接钳压实即可。

e. 导线与螺丝平压式接线柱连接，压接后外露线芯的长度不宜超过 1～2mm。多股铜芯软线用螺丝压接时，应将软线芯扭紧做成眼圈状，或采用小铜鼻子压接，涮锡涂净后将其压平，再用螺丝加垫片紧固牢固；小于 $2.5\mathrm{mm}^2$ 的单芯导线，盘圈后直接压接，盘圈方向应与压紧螺丝旋入方向一致。

f. 单股铜芯导线与针孔式接线桩连接（压接），要把连接的导线的线芯插入接线桩头针孔内，导线裸露出针孔 $1\sim2\mathrm{mm}$，针孔大于线芯直径 2 倍时，需要折回头插入压接。如果是多股软铜丝，应拧紧涮锡，擦干净再压接。

（3）报警设备安装

① 进场报警设备应根据设计图纸的要求，对型号、数量、规格、品种、外观等进行检查，提供各种设备"中国国家强制性产品认证证书"，提供国家消防电子产品质量检验检测中心有效的检测检验合格报告及合格证书，提供各种设备安装、接线等技术的资料，同时与提供设备的单位办理进场设备检查手续。

② 报警设备安装应在土建屋顶、楼板施工完毕无渗漏，室内抹灰、喷浆及油漆全部完成之后进行，吊顶上设备的安装可与吊顶施工同步进行。

③ 火灾报警控制器、火灾显示盘安装要求如下。

a. 壁挂式火灾报警控制器、火灾显示盘在墙上安装时，其底边距地面高度不应小于 $1.5\mathrm{m}$，可用金属膨胀螺栓或埋注螺栓进行安装，固定要牢固、端正，安装在轻质墙上时应采取加固措施。

b. 立式（琴台式）火灾报警控制器落地安装时，其底宜高出地坪 $0.05\sim0.2\mathrm{m}$，一般设备出厂时均已考虑机柜基础，可根据现场实际情况直接落地安装；如有活动地板，可根据厂家提供的尺寸预制或现场组装基础型钢架。基础型钢架要先调直除锈，并刷防锈漆，安装时用水平尺、小线找好平直度，然后用螺栓固定牢固，控制机柜按设计要求进行排列，根据机柜的固定孔距在基础型钢上钻孔。控制器安装时从一端开始逐台就位，用螺丝固定，用小线找平、找直后再将螺栓紧固。

c. 消防控制室内各种控制设备面盘前操作距离：单列布置时不应小于 $1.5\mathrm{m}$，双列布置时不应小于 $2\mathrm{m}$；在有人值班经常工作的一面，设备面盘至墙的距离不应小于 $3\mathrm{m}$，盘后维修距离不宜小于 $1\mathrm{m}$；设备面盘排列长度大于 $4\mathrm{m}$ 时，其两端应设置宽度不小于 $1\mathrm{m}$ 的通道；墙上安装设备靠近门轴的侧面距离不应小于 $0.5\mathrm{m}$，正面操作距离不应小于 $1.2\mathrm{m}$。

d. 引入控制器的电缆、导线，应符合下列要求。

ⅰ. 配线应整齐，绑扎成束，避免交叉，并应固定牢固。

ⅱ. 电缆芯线和所配导线的端部，均应标明编号，并与图纸一致，字迹清晰不易褪色。

ⅲ. 端子板的每个接线端，接线不应超过两根，盘圈应按顺时针方向，多股线应涮锡，导线应有适当余量。

ⅳ. 导线引入线穿线后，在进线管处应封堵，控制器主电源引入线应直接与消防电源连接，严禁使用电源插头，主电源应有明显标志。

e. 由消防控制室接地板引至各消防设备的专用接地线应采用铜芯绝缘导线，其线芯截面积不应小于 $4\mathrm{mm}^2$。

f. 消防设备凡采用交流供电时，设备金属外壳及金属支架等应作保护接地，接地线应与电气保护接地干线（PE 线）相连接。

④ 端子箱和模块箱安装要求如下。

a. 端子箱和模块箱一般设置在专用的竖井内，应根据设计要求的高度用金属膨胀螺栓固定在墙壁上明装，且安装时应端正牢固，不得倾斜。

b. 端子箱内的端子宜选择压接或带锡焊接点的端子板，其接线端子上应有相应的标号。

c. 用对线器进行对线编号，然后将导线留有一定的余量，把干线和支线分别绑扎成束，分别设在端子板两侧。

d. 压线前应对导线的绝缘进行摇测，合格后再按设计和厂家要求压线。

⑤ 探测器安装要求如下。

a. 点型火灾探测器安装

ⅰ. 感烟、感温火灾探测器的保护面积和保护半径应符合表 15-3 的规定。

表 15-3 感烟、感温火灾探测器的保护面积和保护半径

火灾探测器的种类	地面面积 S/m^2	房间高度 h/m	屋顶坡度 θ					
			$\theta \leqslant 15°$		$15° < \theta \leqslant 30°$		$\theta > 30°$	
			A/m^2	R/m	A/m^2	R/m	A/m^2	R/m
感烟探测器	$S \leqslant 80$	$h \leqslant 12$	80	6.7	80	7.2	80	8.0
	$S > 80$	$h \leqslant 6$	60	5.8	80	7.2	100	9.0
		$6 < h \leqslant 12$	80	6.7	100	8.0	120	9.9
感温探测器	$S \leqslant 30$	$h \leqslant 8$	30	4.4	30	4.9	30	5.5
	$S > 30$		20	3.6	30	4.9	40	6.3

注：表中 A 为一只探测器的保护面积，R 为一只探测器的保护半径。

ⅱ. 在梁凸出顶棚高度小于 200mm 的顶棚上设置感烟、感温探测器时，可不考虑梁对探测器保护面积的影响。当梁凸出顶棚的高度在 200～600mm 时，应按图 15-24 和表 15-4 来确定梁的影响和一只探测器能保护的梁间区域的个数。

图 15-24 不同高度的房间梁对探测器设置的影响

表 15-4 按梁间区域面积确定一只探测器保护的梁间区域的个数

探测器类型	探测器的保护面积 A/m^2	梁间区域面积 Q/m^2	一只探测器保护的梁间区域的个数
感温探测器	20	$Q > 12$	1
		$8 < Q \leqslant 12$	2
		$6 < Q \leqslant 8$	3
		$4 < Q \leqslant 6$	4
		$Q \leqslant 4$	5

探测器类型	探测器的保护面积 A/m^2	梁间区域面积 Q/m^2	一只探测器保护的梁间区域的个数
感温探测器	30	$Q>18$	1
		$12<Q\leqslant18$	2
		$9<Q\leqslant12$	3
		$6<Q\leqslant9$	4
		$Q\leqslant6$	5
感烟探测器	60	$Q>36$	1
		$24<Q\leqslant36$	2
		$18<Q\leqslant24$	3
		$12<Q\leqslant18$	4
		$Q\leqslant12$	5
	80	$Q>48$	1
		$32<Q\leqslant48$	2
		$24<Q\leqslant32$	3
		$16<Q\leqslant24$	4
		$Q\leqslant16$	5

当梁凸出顶棚的高度超过 600mm，被梁隔断的每个梁间区域应至少设置一只探测器。

当被梁隔断区域面积超过一只探测器的保护面积时，应按一个探测区域设置探测器的数量，并且探测器应安装在梁间区域内部，不应安装在梁上。当梁间净距小于 1m 时，可不计梁对探测器保护面积的影响。

当探测器安装在梁上时，感温探测器下端到安装面（顶棚）的垂直距离必须在 0.3m 以内，感烟探测器下端到安装面（顶棚）的垂直距离在 0.6m 以内。

ⅲ. 在探测区域内，每个房间至少应设置一只火灾探测器。当房间被隔断或被书架、设备等分隔，且隔断、书架、设备等顶部到顶棚或下梁的距离小于整个房间高度的 5％时，则每个被隔开的部分至少安装一只探测器。

ⅳ. 探测器安装位置与其相邻墙（间壁）、梁和表面到顶棚的距离超过 150mm 的顶棚下风道等建筑构件边之间的水平距离应不小于 0.5m，且探测器的安装位置正下方和它周围 0.5m 范围内不应有遮挡物，宽度小于 1m 的通道、沟道和类似的建筑结构除外，如图 15-25 所示。

图 15-25　探测器至墙（间壁）、梁、风道等的最小距离示意

ⅴ. 在宽度小于 3m 的走道顶棚上设置探测器时，宜居中布置。感温探测器的安装间距不应超过 10m，感烟探测器安装间距不应超过 15m，探测器至端墙的距离，不应大于探测器安装间距的一半。

ⅵ. 在通风和空调房间内，探测器的安装应尽量避开送风口，距空调送风口边缘的水平

距离应不小于 1.5m，距多孔送风顶棚孔口的水平距离不应小于 0.5m，如图 15-26 所示。探测器靠近回风口边应至少有 0.4m 的水平距离，如建筑物采用上送下回的通风空调方式，不宜将探测器安装在回风口处；如确实使得探测器避不开送风口，应增设其他措施（如挡风板）。

图 15-26 探测器至空调送风口、多孔送风顶棚孔口的水平距离示意

ⅶ. 探测器在顶棚宜水平安装，当必须倾斜安装时，应保证探测器的倾斜角不大于 45°，若倾斜角大于 45°，应加木台或类似方法水平安装，如图 15-27 所示。

(a) 倾斜角 θ≤45°   (b) 倾斜角 θ>45°

图 15-27 探测器在倾斜面上安装示意

ⅷ. 当屋顶有热屏障时，感烟探测器下表面至顶棚或屋顶的距离；锯齿型屋顶和坡度大于 15°的人字形屋顶，应在每个屋脊处设置一排探测器，探测器下表面至屋顶最高处的距离，均应符合表 15-5 的规定。

表 15-5 感烟探测器下表面距顶棚或屋顶的距离   单位：mm

安装高度 h/m	顶棚或屋顶坡度 θ		
	θ≤15°	15°<θ≤30°	θ>30°
h≤6	30～200	200～300	300～450
6<h≤8	70～250	250～400	400～600
8<h≤10	100～300	300～500	500～700
10<h≤12	150～350	350～600	600～800

ⅸ. 探测器在带有网格结构的吊装顶棚场所设置时，如果至少有一半的网格面积是通风的，则只在吊装顶棚内部设置感烟探测器。

如果网格结构的吊装顶棚开孔面积相当小（开孔面积＜50％），则需在顶棚上和下空间分别设置感烟探测器，在顶棚下方宜选择光电感烟探测器，在顶棚上方宜选择离子感烟探测器。

正确位置　　　　　错误位置

图 15-28　探测器在限制烟渗透的顶棚上安装位置示意

b.线型火灾探测器安装要求如下。

ⅰ.红外光束感烟探测器安装。当顶棚高度 $h \leqslant 5m$ 时，光束轴线至顶棚的垂直距离为 0.3m，顶棚高度 $h = 10 \sim 20m$ 时，光束轴线至顶棚的垂直距离为 1m。相邻两组红外光束感烟探测器的水平距离 d 不应大于 14m，探测器至侧墙水平距离不应大于 7m，且不应小于 0.5m，探测器的发射器和接收器之间的距离 L 不宜超过 100m，如图 15-29 所示。

如果在顶棚限制烟渗透的情况下，探测器应低于顶棚表面设置，能够保护顶棚下方较大的空间，如图 15-28 所示。

Ⅹ.在电梯井、升降机井设置探测器时，其位置宜在井道上方的机房顶棚上。

图 15-29　红外光束感烟探测器安装示意

1—发射器；2—墙壁；3—接收器；d—相邻两组红外光束感烟探测器的水平距离；L—探测器的发射器和接收器之间的水平距离

ⅱ.缆式线型定温探测器在电缆桥架或支架上设置时，宜采用接触式布置；在各种皮带输送装置上设置时，宜设置在装置的过热点附近，如图 15-30 所示。

ⅲ.设置在顶棚下方的空气管式线型差温探测器，距顶棚的距离宜为 0.1m。相邻管路之间的水平距离不宜大于 5m；管路至墙壁的距离宜为 1～1.5m，如图 15-31 所示。

图 15-30　缆式线型定温探测器在电缆桥架或支架上布置示意

1—动力电缆；2—探测器热敏电缆；3—电缆桥架；4—固定卡具（宜选用阻燃塑料卡具）

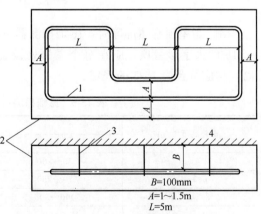

$B=100mm$
$A=1\sim1.5m$
$L=5m$

图 15-31　空气管式线型差温探测器在顶棚下方安装示意

1—空气管；2—墙壁；3—固定点；4—顶棚

图解建筑水暖电工程现场细部施工做法（第二版）

c. 可燃气体探测器安装示意见图 15-32，其要求如下。

图 15-32   可燃气体探测器安装示意

ⅰ. 可燃气体探测器应安装在气体容易泄漏、流经和滞留的场所和部位。

ⅱ. 可燃气体探测器所检测的气体（石油液化气、乙烷等）密度大于空气密度时，探测器安装在距气灶 4m 以内，距地面应为 0.3m，见图 15-32（a）。

ⅲ. 可燃气体探测器所检测的气体（天然气、煤气、氢气等）密度小于空气密度时，探测器安装在距气灶 8m 以内的屋顶上，当屋内有排气口时，探测器可以安装在排气口附近，但位置应距气灶 8m 以上，见图 15-32（b）。

ⅳ. 室内梁高大于 0.6m 时，可燃气体探测器应安装在有气灶的梁的一侧，见图 15-32（c）。

ⅴ. 在室内梁上设置可燃气体探测器时，探测器与顶棚距离应在 0.3m 以内，见图 15-32（d）。

ⅵ. 可燃气体探测器的安装部位应避免有水淋洒，当无法避免时，应在探测器上方装设防水护罩。

d. 探测器的底座安装应牢靠，在吊顶上安装时应先把盒子固定在主龙骨上或顶棚上生根作支架，其连接导线采用金属软管作为套管，其长度不宜大于 2m；连接导线必须可靠压接或焊接，当采用焊接时不得使用带腐蚀性的助焊剂，外接导线应有 0.15m 的余量，入端处应有明显标志，详见图 15-33。

图 15-33   探测器在吊顶上安装示意

e. 探测器或底座的报警确认灯应面向便于人员观察的主要入口方向。

f. 探测器底座的穿线孔宜封堵，安装时应采取保护措施（如装上防护罩）。

g. 探测器的接线应按设计和厂家要求接线，"＋"线和"－"线应采用双色绞线（一般采用红、蓝两色），其他线根据不同用途采用其他颜色区分，但同一工程中相同用途的导线颜色应一致。

⑥ 手动火灾报警按钮和消火栓按钮安装要求如下。

a. 手动火灾报警按钮应安装在墙上距地高度 1.5m 处。

b. 消火栓按钮应安装在消火栓箱内的预留托板上，箱内连接导线穿防水金属软管，金属软管应固定牢靠。

c. 手动火灾报警按钮和消火栓按钮应安装牢固，并不得倾斜。

d. 手动火灾报警按钮和消火栓按钮的外接导线，应留有不小于 10cm 的余量，且在其端部应有明显标志。

e. 在安装过程中不能使按钮上的玻璃损坏。

f. 手动火灾报警按钮的安装位置应醒目并便于操作。

g. 每安装完一只手动报警按钮或消火栓按钮后，应立即在施工平面图上正确登记编码号，并确认与同一回路中的其他探测点不重号。

⑦ 模块安装要求如下。

a. 模块明装在控制设备附近的墙上，安装高度距地面 1.5m。

b. 模块安装在模块箱内，应按厂家和设计要求安装配线，合理布置，并有用途标志和线号。

c. 模块应安装牢固，不能倾斜。

d. 模块的外接导线，应留有不小于 10cm 的余量；模块的安装位置应便于维修。

e. 每安装完一只模块后，应立即在施工平面图上正确登记编码号，并确认与同一回路中的其他模块不重号。

⑧ 电话插孔一般与手动报警按钮合为一体，一同安装；消防专用电话分机安装于便于人员操作的位置，并应安装牢固。

⑨ 警铃、声光报警器安装于墙上距地 2.0～3.0m 处，外接导线，留有不小于 150mm 的余量，入口处设有明显标志。

⑩ 火灾应急广播壁挂式扬声器，安装在距地 2.2～2.5m 的墙上；嵌顶式扬声器安装于吊顶上，将扬声器固定在主龙骨上或顶棚上生根作支架，其连接导线必须可靠压接或焊接，外接导线应有 10cm 的余量，入端处应有明显标志。

⑪ 模块与消防联动设备的连接要求如下。

a. 模块与消防联动设备的连接采用金属软管作为套管，其长度不宜大于 1.2m，且应采用管卡固定，其固定点间距不应大于 0.5m，金属软管与联动设备的接线盒（箱），应采用锁母固定，并根据配管规定接地。

b. 联动设备的接线，必须在确认线路无障碍、设备所提供的信号或联动节点正确的前提下进行。

4. 施工总结

① 煨弯处发现凹扁过大或弯曲半径不够倍数的现象时，解决的办法是使用手扳煨弯器适度调整，用力不要过猛，直到符合要求为止。

② 预埋盒、箱、支架、吊杆等歪斜，应根据实际情况重新调整或重新埋设。

③ 吊顶内配管，固定点不牢固、铁卡子松动、固定点距过大或不均匀，均应采用配套管卡固定牢固，档距应找均匀。

④ 暗配钢管堵塞。配管后应及时加管堵把管口堵严实，并应经常检查，发现有漏堵或掉落应及时补堵，如发现管已经堵塞时应及时处理修复。

⑤ 严禁使用电气焊割断管子、支架和在箱盘上开孔，而应使用锯和开孔器进行施工，断管要求平齐，用锉去掉毛刺再配管。

⑥ 使用金属软管时不宜长于1.2m，其固定间距不应大于0.5m，两端固定应牢固。

⑦ 报警设备安装应牢固，如有不合格现象应及时修理好。

⑧ 设备上压接的导线，要按设计和厂家要求编号，同一端子不能压接两根以上导线，出现压接松动、反圈、绝缘电阻值低，压接不牢固的应重新将导线压牢固，反圈的应按顺时针方向调整过来，绝缘电阻值低于标准值的应找出原因，否则不准投入使用。

⑨ 压接导线时，应认真摇测各回路的绝缘电阻，如造成调试困难时，应拆开压接导线重新进行复核，直到准确无误为止。

五、安全防范系统安装

1. 施工现场图

室外监视器实例如图15-34所示。

2. 注意事项

① 柜（盘）除采用防尘和防潮等措施外，最好及时将房门上锁，以防止设备损坏和丢失。

② 安装面板和固定设备时应注意保持地面、墙面的整洁，不得损伤和破坏墙面和地面。

③ 巡更点应安装于无化学物质腐蚀、灰尘少且雨水直接淋不到的地方。

④ 补浆时，不得将已装设备及器具污染。

图15-34　室外监视器实例

3. 施工做法详解

施工工艺流程 ▶▶▶▶ ··

吊支架安装→设备及元器件安装→管理机柜（箱）安装→系统调试。

（1）吊支架安装

① 机架安装位置应符合设计要求。

② 可采用圆钢、角钢、扁钢做设备的吊支承固定件。

③ 吊支架规格选用与所吊支承设备重量匹配，并做好生根处理。

④ 支吊架宜选用镀锌制品，非镀锌材料必须做好防腐处理。

（2）设备及元器件安装

智能建筑公共安全防范工程按照公共安全防范及使用要求目前由防盗及防入侵报警系统、电视监控系统、出入口控制系统、巡更管理系统、访客与报警系统、车库管理系统、通信系统七个子系统组成。

① 入侵探测器的安装要求如下。

a. 各类入侵探测器的安装，应根据可选用产品的特性及警戒范围要求进行安装。

b. 周界入侵探测器的安装，位置要对准，防区要交叉，避免盲区。

c. 室外入侵探测器的安装应符合产品使用要求和防护范围，并应考虑使用环境的影响。

d. 探测器底座和支架应固定牢固，导线连接方式可靠，外接部分不得外露，并留有适当余量。

② 摄像机的安装要求如下。

a. 满足监视目标视场范围要求，并具有防损伤、防破坏能力。室内安装高度距地面不宜低于 2.5m，室外安装高度距地面不宜低于 3.5m。

b. 电梯厢内摄像机安装在电梯箱门左侧（或右侧）上角，并能有效监视电梯箱内乘员。

c. 各类摄像机安装牢固，绝缘良好，防破坏措施严密。

d. 摄像机安装前应逐个通电检查和粗调，调整后焦面、电源同步等性能，处于正常状态后方可安装。

e. 摄像机经功能检查、监视区域的观察和图像质量达标后方可固定；摄像机信号导线与电源导线应分别引入，并用阻燃软管保护，不影响设备的正常运转。摄像机的配套装置（防护罩、雨刷等），安装时应灵活牢固。

③ 云台、解码器的安装要求如下。

a. 云台在支架上安装牢固且无晃动。

b. 根据产品技术条件和设计要求，检查云台的转动角度范围，定准云台转动起点方向。

c. 解码器（箱）应安装在云台附近或吊顶内（但须有检修孔）。

④ 出入口设备安装要求如下。

a. 各类识读装置的安装高度离地面不宜高于 1.5m。

b. 感应式读卡机安装应注意感应范围，不得靠近高频、强磁场。

c. 可视对讲（门口机）安装可在单元防护门上或墙体主机预埋盒内，可视对讲主机操作面板的安装高度不宜高于 1.5m，操作面板应面向访客，便于操作。

d. 可视对讲主机内置摄像机的安装方位和视角应最佳，对不具备逆光补偿的摄像机，宜做环境亮度处理。

e. 可视对讲（用户机）安装位置应在住户室内的内墙上，安装高度距地面宜为 1.4～1.6m。

f. 联网型（可视）对讲系统的管理机一般安装在监控中心，或出入口的值班室内，安装牢固稳定。

⑤ 巡更设备安装要求如下。

a. 巡更信息开关钮，应按设计要求安装在各出入口或其他需要巡更的站点上，其安装高度离地面宜为 1.3～1.5m。

b. 安装平正牢固，户外应有防水措施，注意防破坏。

⑥ 车库管理设备安装要求如下。

a. 读卡机（IC 卡、磁卡机、出票读卡机、验卡票机）与挡车器安装应平正牢固，不得倾斜；读卡机与挡车器的中心间距应符合设计要求或产品使用要求；宜安装在室内，当安装在室外时，应考虑防水及防撞措施。

b. 感应线圈埋设位置与埋设深度应符合设计要求或产品使用要求；感应线圈至机箱处的线缆应采用金属管保护，埋设深度为距地表面不小于 0.15m。

c. 闸门机应安装在平整、坚固的水泥基墩上，保持水平、不能倾斜；宜安装在室内，安装在室外时，应考虑防水及防撞措施；闸门机与读卡机安装的中心间距应符合产品要求，确保正常使用。

d. 信号指示器安装。车位状况信号指示器应安装在室内车道出入口的明显位置。安装在室外时必须有防水措施。车位引导显示器应安装在车道中央上方，便于识别引导，其离地面高度宜在 2.0～2.4m。

⑦ 控制设备安装要求如下。

a. 监视器安装在固定的机架或机柜上，小屏幕监视器也可安装在控制台操作柜上。当安装在柜内时，应有通风散热措施，并注意电磁屏蔽；监视器的安装位置应使屏幕不受外来光直射，当有不可避免的光照时，应有避光措施；监视器的外部可调部分，应便于操作。

b. 控制柜柜体安装平稳牢固，安装位置符合设计要求，便于操作维护，机柜背面、侧面离墙净距离应不小于 0.8m；柜内缆线敷设合理，导线绑扎成束，插接件与设备连接牢靠，标识清楚牢固。

（3）**管理机柜（箱）安装** 管理机是一台符合探测器运行条件的 PC 机，按照 PC 机放置标准配置中心控制室，按照探测器产品说明安装运行软件以及用总线接各监视设备至矩阵，然后接至管理机。

（4）**系统调试**

① 调试前准备工作如下。

a. 施工质量满足系统调试要求，调试所需图纸和必要的技术文件准备齐全。

b. 设备在通电前要核实供电电压、极性、相位等。

② 调试应分别对入侵探测器、防盗报警控制器、摄像机、解码器、监视器、视频处理器、出入口设备、巡更设备、对讲防客设备、车库管理设备等逐个进行单机通电调试。

a. 报警系统调试内容如下。

ⅰ. 按国家标准对所采用探测器的探测范围、灵敏度、误报警、漏报警及报警状态后的恢复进行功能性测试。

ⅱ. 检查紧急报警时系统的响应时间，如：紧急按钮到控制器的响应时间、紧急按钮到系统微机处理器的响应时间、紧急按钮通过市话网至报警中心的响应时间等。

b. 视频安防监控系统调试内容如下。

ⅰ. 调试摄像机的监控范围、调整聚焦，使控制面、清晰度等达到系统技术指标。调整过程中应注意足够的照度和必要的逆光处理。摄像机云台和镜头的遥控功能应能看到应有的范围，避免遥控延迟和机械冲击等不良现象。

ⅱ. 视频主机切换程序的调整，确保图像切换、字符叠加等功能工作正常。

ⅲ. 系统进行报警联动功能调试时，检查摄像机电源是否自动开启，音视频是否切换到指定的监视器，自动实时录像功能是否工作，各功能图标显示应稳定。

c. 入口控制系统调试内容如下。

ⅰ. 对各种读卡器使用不同类型的卡，分别能对开门、关门、提示、记忆、统计、打印等功能准确识别读取并自动处理。

ⅱ. 采用生物识别技术的装置，对指纹、掌纹、声控等复合功能，按设计文件和产品说明书调试。

d. 访客对讲系统调试：调试门口机、用户机、管理机等设备；调试系统的选呼、通话、电控开锁；调试可视对讲的图像质量；对具有报警功能的访客（可视）对讲系统，应对其布防、撤防、报警和紧急求助功能进行调测，确保信息传输不堵塞。

e. 访客与报警系统调试内容如下。

ⅰ. 访客与报警系统调试，应确保门口机、管理机、用户单元功能正常。其画面图像清晰，声音清楚，不能有明显噪声。

ⅱ. 附有报警和紧急按钮的系统，需调试报警与紧急按钮的响应速度。

f. 巡更系统的调试内容如下。

ⅰ. 读卡式巡更系统应保证巡更用的读卡机在读巡更卡时正确无误，检查实时巡更是否与计划巡更相一致，不一致时能发出报警。

ⅱ. 检查在线式信息采集点读值的可靠性、实时巡查与预置巡查的一致性，并检查记录、存储信息以及在发生不到位时的即时报警功能。

ⅲ. 采用巡更信息钮的信息应正确无误，数据能及时收集、统计、打印。

g. 车库管理系统的调试：检查感应线圈的位置和响应速度；检查并调整读卡机刷卡的有效性及响应速度；检查和调试车库管理系统的车辆进入、分类收费、收费指示牌正确，导向指示正确，闸门机工作正常，进出口车牌号复核或车型复核等功能正常；检查闸门的开放和关闭的动作时间。

h. 采用子系统集成方式的公共安全防范系统的调试：调试硬件与软件至正常状态；各子系统的输入能在集成控制系统中实现输入；各子系统的输出能在集成控制系统中实现输出，其显示和记录能反映各子系统的相关关系。

4. 施工总结

① 随结构预留盒深或预留位置不正确，应及时纠正。

② 管路敷设不规范、半明半暗的管路要及时纠正。

③ 设备安装与灯位、通风管道相碰等互相干扰，应及时纠正。

④ 控制柜（箱）安装不规范，导线颜色选用及导线敷设乱，应及时纠正。

⑤ 系统布线要远离交流电的干扰；系统电源的分布及配置应严格要求，避免负荷超标导致系统工作失常。

第十六章

防雷及接地装置

第一节 ▶ 防雷线路敷设及等电位联结

一、防雷引下线敷设

1. 示意图和施工现场图

接地干线与接地体焊接示意和主筋做防雷引下线施工现场分别见图 16-1 和图 16-2。

图 16-1　接地干线与接地体焊接示意

图 16-2　主筋做防雷引下线施工现场

2. 注意事项

① 明敷引下线时，应注意保护好建筑物墙面。

② 明敷引下线完成后，应注意线路不要被其他工程碰撞弯曲变形。

③ 引下线敷设前，要检查架子、跳板及防护设施，如有损坏和变形要及时修理加固，不得迁就使用。

④ 随身携带和使用的作业工具，应搁置在顺手稳妥的地方，防止坠落伤人。

⑤ 引下线焊接时，焊条应妥善装好，焊条头要妥善处理，不要随意投扔，以防伤人。

3. 施工做法详解

（1）**防雷引下线暗敷设**

① 首先将所用扁钢（或圆钢）用手锤等进行调直。

② 将调直的引下线运到安装地点，按设计要求随建筑物引上、挂好。

③ 及时将引下线的下端与接地体焊接好，或与接地卡子连接好。随着建筑物的逐步增高，将引下线埋设于建筑物内至屋顶为止。如需接头则需进行焊接，焊接后应敲掉药皮并刷防锈漆（现浇混凝土除外），并请有关人员进行隐蔽验收，做好记录。

④ 利用主筋（直径不小于 16mm）做引下线时，应按设计要求找出全部主筋位置，用油漆做好标记，设计无要求时应于距室外地面 0.5m 处焊好测试点，随钢筋逐层焊接串联至顶层，搭接长度不小于 6d（d 为搭接钢筋直径），引下线的连接可采用绑扎、螺纹连接或焊接。做完后请有关人员进行隐检，做好隐检记录。

（2）防雷引下线明敷设

① 引下线如为扁钢，可放在平板上用手锤调直；如为圆钢最好选用直条，如为盘条则需将圆钢放开，用捯链等进行冷拉直。

② 将调直的引下线搬运到安装地点。

③ 以建筑物上方向下逐点固定，直至安装断接卡子处，如需接头或安装断接卡子，则应进行焊接，焊好后清除药皮，局部调直并刷防锈漆及银粉。

④ 将引下线地面上 1.7m 长的一段用刚性硬塑料管保护起来，壁厚不小于 3mm，并应在距地面 1.8m 处做断接卡子。保护管应卡固且刷红白油漆。

⑤用镀锌螺栓将断接卡子与接地体连接牢固。

4. 施工总结

① 明装引下线弯曲。引下线敷设前应进行冷拉检查。

② 明装引下线不垂直。确定引下线支持卡子位置，应用线锤吊直安放。

③ 明装引下线与墙距离不一致。引下线支持卡子出墙长度应处理一致。

④ 暗敷引下线断接卡子箱与门、窗框距离小。多数系由于门、窗之间墙垛小，造成无合适位置，此时可将箱体高度降低，设在窗下。

⑤ 利用混凝土柱内钢筋作引下线，而所利用的主筋却数量不足。应事先计算确定主筋数量是否满足引下线数量要求，柱内被利用的钢筋之间应用圆钢弯成 U 形进行焊接连接。

二、变配电室接地干线敷设

1. 示意图和施工现场图

接地引线与接地干线焊接示意和配电室节点干线施工现场分别见图 16-3 和图 16-4。

图 16-3　接地引线与接地干线焊接示意

图 16-4　配电室节点干线施工现场

2. 注意事项

① 室内接地干线安装时，应注意不要砸碰及污染墙面。

② 接地干线在焊接及涂色时，应有保护墙面不被污染的措施。

③ 在调直接地干线镀锌扁钢时，要戴好手套，以防伤手。

④ 接地干线焊接施工时，应采取防护措施，避免受到弧光伤害。

⑤ 在涂色时，应注意室内通风换气，防止有害气体的吸入。

3. 施工做法详解

工艺流程

定位→敷设→刷漆。

（1）**定位**　如果为砖墙（或加气混凝土、空心砖墙），则应根据设计要求，确定坐标轴线位置，然后随砌墙将事先预制好的 50mm×50mm 方木样板放入墙内，待墙砌好后将方木样板剔出，将支持件放入孔中，同时洒水淋湿孔洞，再用水泥砂浆将支持件埋牢，待凝固后使用。如果在现浇混凝土上固定支架，先根据图纸要求弹线定位、钻孔，支架做燕尾埋入孔中，找平找正，用水泥砂浆进行固定。

（2）**敷设**　支持件埋设完毕，水泥砂浆凝固后，可敷设接地干线。将接地干线沿墙吊起，在支持件一端用卡子将扁钢固定，经过隔墙时穿跨预留孔，接地干线连接处应焊接牢固。末端预留或连接应符合设计要求。

（3）**刷漆**　在接地干线外表面刷黄绿相间油漆标识。

4. 施工总结

施工中常遇到的问题及注意事项如下。

① 接地装置引入室内干线数量不足。对变压器室及高低压开关室内的接地干线，施工质量验收规范规定，应有不少于 2 处与接地装置的干线连接。

② 接地线与钢套管之间无保护措施。接地线在穿越墙壁、楼板等处，应加套坚固的保护套管，加套钢管时，钢套管应与接地线做电气连通。

三、建筑物等电位联结

1. 示意图和施工现场图

等电位安装示意和等电位箱安装施工现场图分别见图 16-5 和图 16-6。

2. 注意事项

① 无论是等电位联结还是局部等电位联结，每一电气装置可只连接一次，并且未规定必须做多次连接。

② 出水表外管道的接头不必做跨接线，因连接处即使缠有麻丝或聚乙烯薄膜，其接头也是导通的。但是施工完毕后必须进行检测，若导电不良，则需做跨接处理。

③ 穿越各防雷区交界处的金属物和系统以及防雷区内部的金属物和系统都应在防雷区交界处做等电位联结。

④ 等电位网宜采用 M 型网络，各设备的直流接地极以最短距离与等电位网联结。

⑤ 离地面 2.5m 的金属部件，因位于伸臂范围以外不需要做连接。

⑥ 浴室是电击危险大的场所，因此，在浴室范围内还需要用铜线和铜板做一次局部等电位联结。

图 16-5　等电位安装示意

3. 施工做法详解

（1）连接线敷设与连接

① 连接线敷设与连接要点如下。

a. 若设计无要求，采用 40mm×4mm 镀锌扁钢或 φ12 镀锌圆钢作为等电位联结总干线，依设计图纸要求从总等电位箱敷设至接地体（极）。连接不少于 2 处。

图 16-6　等电位箱安装施工现场

b. 当电话、电视、电脑等机房设置在不同楼层时，其等电位线应与该电气竖井垂直引上的接地干线相连接。

c. 抱箍法：工程中镀锌管宜采用该方法。选择与镀锌管径相匹配的金属抱箍，用 M10×30mm 螺栓将抱箍与金属管卡紧，然后，与作为等电位联结线的镀锌扁铁平面焊接。抱箍与管道接触处的接触面需刮拭干净，安装完毕后刷防锈漆，抱箍内径等于管道外径。给水系统的水表应加装跨接线，以保证水管的等电位联结和接地的有效。

d. 焊接法：多用于非镀锌金属管道。将镀锌扁铁折成 90°直角，角铁一端弯成一个管径相适合的弧形并与管焊接，另一端钻 φ10.5 的孔，用 M10×30mm 螺栓与作为等电位联结线的镀锌扁铁相连接固定。

② 局部等电位联结应包括卫生间内的金属排水管、金属采暖管、金属浴盆以及建筑物结构钢筋网等。

③ 关于浴室的局部等电位：如果浴室内原无 PE 线，浴室内的局部等电位联结不得与浴室外的 PE 线相连。如果浴室内有 PE 线，浴室内的局部等电位联结必须与该 PE 线相连。支线间不应串联连接。

④ 由局部等电位派出的支线一般采用绝缘导管内穿多股铜线做法。结构施工期间敷设管路预埋箱盒，等电位端子板的设置位置应方便检测。装修期间将多股铜线穿入管中预置于接线盒内，出线面板采用标准86盒，由盒子引出的导线明敷设。待金属器具安装完毕将支线与专用等电位接点压接好。

（2）**等电位箱安装**（图16-7）

① 依据图纸位置，弹线定位安装总等电位箱（MEB），箱体标高一般为0.5m。箱体均应有敲落孔或活动板。

② 箱内铜排与作为等电位联结线的接地扁钢采用ϕ10螺母固定连接，孔径匹配，孔距一致并与引入（引出）的扁钢相对应，铜排需涮锡。

③ MEB端子排宜设置在电源进线或配电箱（柜）进线处，并应加防护或装在端子箱内，防止无关人员触动。并在箱体面板表面注明"等电位联结端子箱不可触动"等标识。

图16-7　等电位箱安装

④ 等电位端子箱可采用明装，亦可采用暗装。

⑤ 箱体安装位置、标高准确，安装牢固。箱体开孔与等电位联结线（扁铁、导管、圆钢）相适应，暗装配电箱箱盖应紧贴墙面。

⑥ 箱内等电位铜排孔径与螺栓相匹配，铜排需涮锡，铜排与连接线压接牢固，平光垫片、弹簧垫片齐全。

（3）**几种特殊部位的等电位联结**

① 金属门窗等电位联结：采用ϕ10圆钢或25mm×4mm镀锌扁铁与圈梁结构主筋焊接后引至金属门窗结构预留洞处，待门窗安装时与固定金属门窗的搭接板（铁板）相连接固定形成电位一致。要求ϕ10圆钢与结构主筋焊接长度不小于60mm（联络线材料由设计定）。

② 信息技术互联网设备的等电位联结要点如下。

a. 采用60mm×80mm×0.6mm紫铜箔作母带，在互联网设备间明敷设成尺寸600mm×600mm的网格，铜母带网格的十字交叉处（气焊连接）与地面架空地板金属支架应相重叠。

b. 由互联网设备间配电箱PE端子排、信息设备以及设备间结构钢筋网分别引出联络线至铜母带母排并与其焊接。

③ 游泳池局部的等电位联结要点如下。

a. 在游泳池边地面下无钢筋时，应敷设电位均衡导线，间距应为0.6m，最少在两处做横向连接，且与等电位联结端子板连接，如在地面下敷设采暖管线，电位均衡导线应位于采暖管线上方。

b. 电位均衡导线也可敷设150mm×150mm的ϕ3钢丝网，相邻钢丝网之间相互焊接。

c. 水下照明灯具的电源，爬梯，扶手，金属给、排水口及变压器外壳，水池构筑物的所有金属部件（水池外框、石砌挡墙和跳水台中的钢筋），与池水循环系统有关的所有电气设备的金属配件（包括水泵、电动机），除应采取总等电位联结外，还应进行局部等电位联结。

4. **施工总结**

① 所有进出建筑物的金属装置、外来导电物、电力线路、通信线路及其他电缆均应与总汇流排做好等电位联结。计算机机房应敷设等电位均压网，并且应与大楼的接地系统相连接。

② 有条件的计算机房六面应敷设金属屏蔽网，屏蔽网应与机房内环形接地母线均匀多点相连，机房内的电力电缆（线）应尽可能采用屏蔽电缆。

③ 架空电力线由终端杆引下后应更换为屏蔽电缆，进入大楼前应水平直埋 50m 以上，埋地深度应大于 0.6m，屏蔽层两端接地；非屏蔽电缆应穿镀锌铁管并且水平直埋 50m 以上，铁管两端接地。

④ 等电位联结只限于大型金属部件，孤立的、接触面积小的部件不必连接，因其不足以引起电击事故。但是以手握持的金属部件，因电击危险大，必须纳入等电位联结。

⑤ 门框、窗框若不靠近电气设备或电源插座则不一定连接，反之应作连接。离地面 20m 以上的高层建筑的窗框，若有防雷需要也应连接。

第二节 ▶ 接地装置安装

一、建筑物基础接地装置的安装

1. 示意图和施工现场图

基础接地装置安装示意和施工现场分别见图 16-8 和图 16-9。

图 16-8　基础接地装置安装示意

1—柱主筋；2—连接柱筋与引下线的预埋铁件；
3—φ12 圆钢引下线；4—垫层钢筋；5—油毡防水层

图 16-9　基础接地装置安装施工现场

2. 注意事项

当利用钢筋混凝土构件内的钢筋网作为防雷装置时，连续电气通路应满足以下条件。

① 构件内柱钢筋在长度方向上的连接采用焊接或用钢丝绑扎法搭接。

② 在水平构件与垂直构件的交叉处，有一根主钢筋彼此焊接或用跨接线焊接，或有不少于两根主筋彼此用钢丝绑扎法连接。

③ 构架内的钢筋网用钢丝绑扎或焊接。

④ 构件钢筋网与其他例如防雷装置、电气装置等的连接都应先从主筋焊接出预埋板或预留圆钢（扁钢）再做连接。

3. 施工做法详解

（1）条形基础内接地体安装　条形基础内接地体若采用圆钢，其直径不应小于 12mm，若用扁钢，应采用不小于 40mm×4mm 的镀锌扁钢。在通过建筑物的变形缝处，应在室外或室内装设弓形跨接板，弓形跨接板的弯曲半径为 100mm。跨接板以及焊接件外露部分应刷樟丹漆一道，面漆两道。当采用扁钢接地体时，可直接将扁钢接地体弯曲。

（2）**钢筋混凝土桩基础接地体安装** 在作为防雷引下线的柱子位置处，将基础的预留钢筋与承台梁主筋焊接，并且与上面作为引下线的柱（或剪力墙）中的钢筋焊接。每组桩基多于 4 根时，只需连接其四角桩基的钢筋作为接地体。

（3）**独立柱基础、箱形基础接地体安装** 钢筋混凝土独立基础以及钢筋混凝土箱形基础作为接地体（见图 16-10）时，应将用作防雷引下线的现浇钢筋混凝土柱内的符合要求的主筋与基础底层钢筋网做焊接连接。钢筋混凝土独立基础若有防水油毡和沥青包裹时，应通过预埋件和引下线，跨越防水油毡及沥青层，将柱内的引下线钢筋、垫层内的钢筋与接地柱相焊接，利用垫层钢筋和接地桩柱作接地装置。

（4）**钢柱钢筋混凝土基础接地体安装** 仅有水平钢筋网的钢柱钢筋混凝土基础接地体的安装，每个钢筋基础中应有一个地脚螺栓通过连接导体（$\geqslant \phi 12$ 钢筋或圆钢）与水平钢筋网进行焊接连接。地脚螺栓与连接导体、连接导体与水平钢筋网之间的搭接焊接长度不应小于60mm。在钢柱就位后，将地脚螺栓、螺母和钢柱焊为一体。当无法利用钢柱的地脚螺栓时，应按钢筋混凝土杯型基础接地体的施工方法施工。将连接导体引至钢柱就位的边线外，在钢柱就位后，焊接到钢柱的底板上。

有垂直和水平钢筋网的基础，应将与地脚螺栓相连接的一根垂直钢筋焊接到水平钢筋网上，当不能直接焊接时，应采用 $\geqslant \phi 12$ 的钢筋或圆钢跨接焊接，见图 16-11。若四根垂直主筋能接触到水平钢筋网时，可将垂直的四根钢筋与水平钢筋网进行绑扎连接。当钢柱钢筋混凝土基础底部有桩基时，宜将每一桩基的一根主筋同承台钢筋焊接。

图 16-10 独立柱基础接地装置安装示意

图 16-11 有垂直和水平钢筋网的
基础接地装置安装示意

4. 施工总结

① 当建筑物用金属柱子、桁架、梁等建造时，对防雷和电气装置需要建立连续电气通路而言，采用螺栓、铆钉和焊接等连接方法已足够；在金属结构单元彼此不用上述方法连接的地方，对电气装置应采用截面面积不小于 $100mm^2$ 的扁钢跨接焊接。对防雷装置应采用不小于 $\phi 8$ 的圆钢或 $12mm \times 4mm$ 的扁钢跨接焊接。

② 当利用钢筋混凝土构件的钢筋网作电气装置的保护接地线（PE 线）时，从供接地用

的预埋连接板起，沿钢筋直到接地体连接为止的这一段串联线上的所有连接点均采用焊接。

二、人工接地装置的安装

1. 示意图和施工现场图

人工接地装置示意和施工现场分别见图 16-12 和图 16-13。

图 16-12　人工接地装置示意　　　　　　图 16-13　人工接地装置施工现场

2. 注意事项

① 安装接地体时，不得破坏散水和外墙装修。

② 接地模块应垂直或水平就位，不应倾斜设置，应保持与原土层接触良好。

③ 接地模块顶面埋深不小于 0.6m，接地模块间距不应小于模块长度的 3～5 倍。接地模块埋设基坑，一般为模块外形尺寸的 1.2～1.4 倍，且在开挖深度内详细填写地层记录。

3. 施工做法详解

(1) 垂直接地体的埋设

① 一般接地体都由几根经过加工的钢管（角钢或圆钢）沿接地极沟的中心线垂直打入，埋设成一圈或一排，并且在其上端用扁钢或圆钢焊成一个整体。

② 沟挖好后应尽快敷设接地体，接地体长度通常为 2.5m，按设计位置将接地体打入地下，打到接地体露出沟底 150～200mm 时停止。然后再打入相邻一根接地体。相邻接地体之间的距离通常为 5m。距离有限时，不应小于接地体的长度。

③ 接地体与建筑物和人行道的距离不应小于 1.5m；接地体与独立避雷装置接地体之间的地下距离不应小于 3m，地上部分的空间距离不应小于 5m。

④ 接地体之间的连接一般采用镀锌扁钢，扁钢的规格应按设计图规定，扁钢与接地体用焊接方法连接。扁钢应立放，这样既便于焊接，也可减少接地流散电阻。接地体连接好后，经检查确认接地体埋设深度、焊接质量等均符合要求即可将沟回填。回填时应注意回填土中不应夹杂石块、建筑碎料或垃圾，回填土应分层夯实，使土壤与接地体紧密接触。

(2) 水平接地体的埋设

① 水平接地体多用于环绕建筑物四周的联合接地，通常采用镀锌圆钢或镀锌扁钢。采用圆钢时，其直径多为 16mm；采用扁钢时，多采用 40mm×4mm 的镀锌扁钢，截面面积不应小于 100mm²，厚度不应小于 4mm。由于接地体垂直放置时，流散电阻小，所以，接地体沟挖好后，应垂直敷设在地沟内（不应平放）。

② 水平接地体的形式，常见的包括带形、环形和放射形等几种，埋设深度通常在 0.6～1m，不得小于 0.6m。带形接地体多为几根水平安装的圆钢或扁钢并联而成，埋设深度不小于 600mm，使用的根数和长短可根据实际情况通过计算确定。环形接地体用圆钢或扁钢焊接而成，水平埋设于地下 0.7m 以上，其直径大小由设计规定。放射形接地体的放射根数通

常为 3 根或 4 根，埋设深度不小于 0.7m，每根长度按设计要求。

（3）**人工接地线安装** 接地线的安装包括接地体连接用的扁钢以及接地干线和接地支线的安装。为了连接可靠并且具有一定机械强度，人工接地线一般采用扁钢或圆钢。圆钢直径不小于 6mm；扁钢截面面积不小于 24mm²。只有在使用移动式电气设备或使用钢导体有困难的地方，才可使用截面面积不小于 4mm² 的铜线或 6mm² 的铝线（地下接地线严禁使用裸铝导线）。接地网中各接地体间的连接干线，通常采用扁钢宽面垂直安装，连接处应尽可能采用焊接并加镶块，以增大焊接面积。若无条件焊接时，也允许用螺钉压接，但要先在接地体上端装设接地干线连接板。连接板须经镀锌处理，螺钉也要采用镀锌螺钉。安装时，接触面应保持平整、严密，不可有缝隙，螺钉要拧紧。在有振动的地方，螺钉上应加弹簧垫圈。

① 接地干线的安装要求如下。

a. 接地干线应水平或垂直敷设，在直线段不应有弯曲现象。安装位置应便于检修，并且不妨碍电气设备的拆卸与安装。接地干线与建筑物或墙壁之间应有 15～20mm 的间隙。水平安装时离地面的距离按设计图样执行，若无具体规定一般为 200～600mm。接地线支持卡子之间的距离，水平部分为 1～1.5m，垂直部分为 1.5～2m，转角部分为 0.3～0.5m。在接地干线上应做好接线端子（位置由设计图样定）以便连接接地支线。接地线由建筑物内引出时，可由室内地坪下引出，也可由室内地坪上引出。接地线穿过墙壁或楼板，必须预先在需要穿越处装设钢管，接地线在钢管内穿过，钢管伸出墙壁至少 10mm，在楼板上面至少要伸出 30mm，在楼板下面至少要伸出 10mm，接地线穿过后，钢管两端要用沥青棉纱做好密封。

b. 采用圆钢或扁钢作接地干线时，其连接必须用搭接焊接。圆钢搭接时，焊缝长度至少为圆钢直径的 6 倍；两扁钢搭接时，焊缝长度为扁钢宽度的 2 倍；采用多股绞线连接时，应采用接线端子。

c. 接地干线与电缆或其他电线交叉时，其间距不应小于 25mm；与管道交叉时，应加设保护钢管；跨越建筑物伸缩缝时，应有弯曲，以便有伸缩余地，防止断裂。

② 接地支线的安装要点如下。

a. 安装接地支线时应注意，多个设备与接地干线相连接时，每个设备用一根接地支线，不允许几个设备共用一根接地支线，也不允许几根接地支线并接在接地干线的同一个连接点上。接地支线与电气设备金属外壳连接，接地支线的两头焊接接线端子，并且用镀锌螺钉压接。

b. 明设的接地支线在穿越墙壁或楼板时应穿管保护；固定敷设的接地支线需要加长时，连接必须牢固，用于移动设备的接地支线不允许中间有接头；接地支线的每一个连接处都应置于明显的地方，以便检修维护。

（4）**接地模块的安装** 安装接地模块（图 16-14）时，埋设应尽量选择合适的土层进行，预先挖 0.8～1.0m 的土坑，不应倾斜设置，底部尽量平整，使埋设的接地模块受力均匀，保持与原土层接触良好。接地模块应垂直或水平设置，用连接线使连接头与接地网连接，用螺栓连接后进行热焊或热熔焊。焊接完成后，应除去焊渣，再用防腐剂或防锈漆进行焊接表面的防腐处理，回填需要分层夯实，保证土壤的密实以及接地模块与土壤的紧密接触，底部回填 0.4～0.5m 后，应适量加水，保证土壤湿润，使接地模块充分吸湿。使用降阻剂时，为防腐，包裹厚度应在 30mm 以上。

(a) ZGD-Ⅰ-3型垂直设置   (b) ZGD-Ⅱ-1型水平设置

图 16-14　接地模块设置示意

（5）接地装置的涂色　接地装置安装完毕后，应对各部分进行检查，尤其是焊接处更要仔细检查焊接质量，对合格的焊缝应按规定在焊缝各面涂漆。

明敷接地线表面应涂黑漆，若因建筑物的设计要求需要涂其他颜色时，则应在连接处和分支处涂以各宽15mm的两条黑带，间距为150mm。中性点接至接地网的明敷接地导线应涂紫色带黑色条纹。在三相四线网络中，若接有单相分支线并且零线接地时，零线在分支点处应涂黑色带以便识别。在接地线引向建筑物的入口处，通常在建筑物的外墙上标以黑色接地图形符号，以引起维修人员注意。在检修用临时接地点，应刷白色底漆后标以黑色接地图形符号。

4．施工总结

选用人工接地线时应考虑以下问题。

① 当电气设备很多时，可以敷设接地干线。接地干线与接地体之间最少要有两处的连接。电气设备的接地支线应单独与干线相连，不允许串联。

② 接地线与设备连接通常用螺栓连接或焊接。采用螺栓连接时，应设防松螺母和防松垫片。接地线不应接在电极、台扇的风叶罩壳上。

③ 接地线之间及接地线与接地体连接宜用焊接，若采用搭接焊接时，其搭接长度为扁钢宽度的2倍或圆钢直径的6倍。接地线与管道等伸长接地体的连接若焊接有困难时，可采用卡箍，但是应保证电气设备接触良好。

主要参考文献

［1］ 中华人民共和国住房和城乡建设部. 建筑给水排水制图标准：GB/T 50106—2010 ［S］. 北京：中国建筑工业出版社，2010.

［2］ 中华人民共和国住房和城乡建设部. 机械设备安装工程施工及验收通用规范：GB 50231—2009 ［S］. 北京：中国计划出版社，2009.

［3］ 中华人民共和国住房和城乡建设部. 给水排水管道工程施工及验收规范：GB 50268—2008 ［S］. 北京：中国建筑工业出版社，2008.

［4］ 中华人民共和国国家质量监督检验检疫总局. 低压流体输送用焊接钢管：GB/T 3091—2008 ［S］. 北京：中国标准出版社，2008.

［5］ 中华人民共和国卫生部. 生活饮用水卫生标准：GB 5749—2006 ［S］. 北京：中国标准出版社，2006.

［6］ 中华人民共和国建设部. 建筑给水排水及采暖工程施工质量验收规范：GB 50242—2002 ［S］. 北京：中国标准出版社，2002.

［7］ 中华人民共和国建设部. 民用建筑电气设计规范：JGJ 16—2008 ［S］. 北京：中国建筑工业出版社，2008.

［8］ 中华人民共和国建设部，国家质量监督检验检疫总局. 建筑电气工程施工质量验收规范：GB 50303—2002 ［S］. 北京：中国计划出版社，2004.

［9］ 中华人民共和国建设部，国家质量监督检验检疫总局. 建筑照明设计标准：GB 50034—2004 ［S］. 北京：中国建筑工业出版社，2004.

［10］ 中国建筑标准设计研究院. 建筑电气常用数据：04DX101-1 ［S］. 北京：中国计划出版社，2006.

［11］ 中华人民共和国住房和城乡建设部. 建筑电气工程设计常用图形和文字符号：09DX001 ［S］. 北京：中国计划出版社，2009.